普通高等教育"十三五"规划教材

防 火 防 爆

张培红　尚融雪　主编

扫一扫　课件、习题及答案

北　京

冶金工业出版社

2022

内 容 提 要

本书从火灾的燃烧学机理出发,讨论了火灾发生、发展和烟气蔓延的规律,分析了爆炸的基本理论和实质。全书重点介绍了工业企业生产过程和建筑工程中火灾与爆炸事故的预防及控制措施,包括建筑物防火以及防排烟设计方法和技术措施、耐火设计、消防规划和消防布局等防火方法与技术,火灾探测报警和自动灭火方法与技术及工业建筑防爆泄压设备设施等防爆技术措施。结合火灾爆炸事故案例和消防工程实例,介绍了隧道等特殊建筑工程、乙炔站、煤气储配站等典型危险作业场所和冶金、矿山等工业企业的防火与防爆技术措施。

本书可作为高等学校安全工程、消防工程、建筑技术、工程管理等专业的教材,也可供相关专业的管理人员和科研人员参考。

图书在版编目(CIP)数据

防火防爆/张培红,尚融雪主编 .—北京:冶金工业出版社,2020.5
(2022.8 重印)
普通高等教育"十三五"规划教材
ISBN 978-7-5024-8464-4

Ⅰ.①防… Ⅱ.①张… ②尚… Ⅲ.①防火—高等学校—教材 ②防爆—高等学校—教材 Ⅳ.①X932

中国版本图书馆 CIP 数据核字 (2020) 第 068042 号

防火防爆

出版发行 冶金工业出版社			**电　话**	(010)64027926
地　址 北京市东城区嵩祝院北巷 39 号			**邮　编**	100009
网　址 www.mip1953.com			**电子信箱**	service@ mip1953.com

责任编辑　宋　良　郭冬艳　美术编辑　吕欣童　版式设计　孙跃红
责任校对　卿文春　责任印制　禹　蕊
三河市双峰印刷装订有限公司印刷
2020 年 5 月第 1 版, 2022 年 8 月第 2 次印刷
787mm×1092mm 1/16; 15.75 印张; 377 千字; 240 页
定价 39.00 元

投稿电话 (010)64027932 投稿信箱 tougao@cnmip.com.cn
营销中心电话 (010)64044283
冶金工业出版社天猫旗舰店 yjgycbs.tmall.com
(本书如有印装质量问题,本社营销中心负责退换)

前　言

　　火灾是火在时间和空间上失去控制而导致蔓延的一种灾害性燃烧现象。爆炸是一种物质由某种状态迅速转变为另一种状态，并在瞬间内放出大量能量及发出巨大声响的物理、化学或物理化学现象。由于火灾爆炸事故具有随机性、不确定性、突发性以及灾难性的特点，近年来，大型公共建筑、高层建筑、地下建筑、工业建筑以及工业企业火灾爆炸事故频发，从而造成了严重的人员伤亡和财产损失，甚至对环境也造成了严重的污染和破坏。火灾爆炸事故已经成为威胁社会公共安全水平的一个重要因素。研究火灾爆炸事故发生发展的规律，开发切实有效的火灾爆炸防治技术，具有重要的意义。

　　虽然火灾与爆炸事故的发生及防治有许多相似之处，但实际上火灾与爆炸是两个不同的概念，它们之间有共同点，在一定条件下可以彼此转化。

　　本书从火灾的燃烧学机理和爆炸的反应历程出发，分析火灾和爆炸事故发生、发展的基本规律，对烟气控制、结构防火、火灾自动探测报警、主动及被动灭火、抑爆隔爆等主动防爆技术措施进行了综合分析。本书从系统安全的角度出发，吸收性能化防火设计的思想，结合典型工程的实际案例进行分析，研究实现火灾爆炸事故预防和控制的综合措施。

　　本书由东北大学张培红、尚融雪编写，其中第3~5章由尚融雪编写，其他章节由张培红编写，最后由张培红全面审核定稿。

　　本书在编写过程中，得到了东北大学李刚教授、研究生姜雪同学的大力帮助，在此致以衷心的感谢。

　　由于编者水平所限，书中不足之处，希望广大读者批评指正。

编　者

2020 年 5 月

目　　录

1 绪 论

随着社会经济的发展，城市化步伐的加速，火灾与爆炸事故的重大危险源不断增多，火灾与爆炸事故呈现出发生频率高、突发性强、危害大等特点，不仅造成了严重的人员伤亡和财产损失，而且破坏生态平衡，导致严重的环境污染，造成的灾难性后果日益严重。因此，加强火灾与爆炸事故的预防和控制，掌握最新的防火防爆技术，具有重要的意义。

1.1 火灾和爆炸事故的特征及其危害

1.1.1 火与火灾

人类用火的历史可以追溯到 100 多万年以前。那时，人类的祖先保存了落雷、火山爆发等原因产生的火种。火可以吓跑野兽，也可以给人类带来光明。古人类利用火驱赶严寒，结束了茹毛饮血的野蛮生活方式，使人类的大脑逐渐发达，生命得以延续和进化。渐渐地，火逐渐从生活领域扩展到生产领域，如制陶业、酿造业、冶金业。现在环绕地球飞行的几千颗人造卫星的火箭发射都是以燃烧反应为动力的。可以说，人类在利用、控制火的过程中建筑了自己的文明。

火在人类的控制下可以造福于人类。但是，当火在时间和空间上失去控制而造成蔓延，并发展成一种灾难性燃烧现象的时候，火就变成了火灾。据考证，距今 6000 多年的西安半坡遗址是迄今为止发现的最早的火灾现场遗址。我国在春秋左传中有关于公元前 698 年宫廷谷仓火灾的记载，这是史书记载的我国最早的火灾。北魏永熙三年（公元前 534 年）洛阳寺着火，当时的孝武帝派千余名官兵前去灭火但未能如愿，大火一直烧了三个月。据说这是我国古代燃烧时间最长的建筑物火灾。

邻国日本是个多地震的国家，为减少地震损失而广泛兴建木结构房屋，因而从历史上就有大量关于火灾的记载。自公元 794 年平安迁都以后的一千多年时间里，京都就发生过神社、寺庙和十条街以上的大火灾 400 多次。自 1603 年开始的江户时代的 300 年里，东京有记载的火灾 873 次，波及两公里以上的大火灾 110 次，每 2~3 年即发生一起大火灾。为防止火灾的发生，当政者实行"警火制度"，强调小心火灾和烟火管制，对失火肇事者处以重罪等以提高人们的警惕性。在房屋建筑上尽量采用难燃材料；在人口密集的市区设置防火用空地。

据史书记载，公元前一世纪前后罗马的一场大火持续了八天之久。当时的舆古兹皇帝在罗马成立了消防队。

在英、美等国，随着大都市的发展，各地大火灾相继发生。1666 年 9 月 2 日伦敦一家烤面包店引发的一场大火烧毁了市区的四分之三，并由此促使了火灾保险业的诞生。为防止再次卷入火灾之中，英国政府采取了严禁建造木房屋的政策。美国芝加哥市于 1871 年和

1874 年先后发生两起大火灾。在第一次大火灾后人们以木材便宜为理由仍用木材建造房屋，结果导致第二次大火灾的发生。当时已濒临破产的火灾保险业以芝加哥火灾为契机，设立了火灾保险局，为科学地计算保险费而开始火灾方面的研究。这些研究促进了一系列有关防火及消防研究的开展，推进了城市的不燃化。

1.1.2 火灾与爆炸

人们习惯于把火灾与爆炸分类在一起，这可能是出于火灾与爆炸的发生及防治有许多相似之处，而且火灾与爆炸的结果往往都导致严重的破坏。然而，实际上火灾与爆炸是两个不同的概念，它们之间虽然有共同点，一定条件下可以彼此转化，但需要特别注意的是，它们之间存在明显的区别。

火灾是个燃烧过程，在燃烧过程中氧化剂与可燃物质发生快速的氧化反应，生成新物质，并伴随着发光和放热现象。相对于爆炸事故，火灾的发生发展有一个随时间增长的过程，如果能够在早期及时发现并采取措施，可以防止火灾扩大和蔓延，减少火灾损失。

一般认为爆炸是一种物质由某种状态迅速转变为另一种状态，并在瞬间内放出大量能量及发出巨大声响的化学、物理或化学物理现象，包括物理爆炸、化学爆炸、核爆炸。化学爆炸和火灾都是由于燃烧过程引起的，但是化学爆炸的燃烧速度远远大于火灾的燃烧速度，从引爆到爆炸结束的整个过程在瞬间内完成，所以一旦发生爆炸几乎没有时间采取措施控制它，防治爆炸需要采用自动防爆措施。爆炸和火灾另一个显著的区别是爆炸会造成压力的急剧升高，爆炸产生的冲击波会对周围的设备、设施、建筑物等造成严重的破坏。

人类最初所遇到的爆炸现象是火山爆发。中国在很早以前就发明和创造了爆炸用的火药，当时火药的制造方法和使用方法以及火药的性能，主要从用作武器及狩猎的角度出发来考虑。公元九世纪，研究出相当于现在的黑火药的炸药。进入 13 世纪以来，黑火药类炸药的制造日益发展的同时，作为火药使用效果的爆炸现象的知识已逐渐丰富。18 世纪，由贝托莱制成的氯酸钾取代黑火药中的硝石，产生了更猛烈的爆炸。其后，为研究开发使用方便、破坏力强的火药，进行了多方面的试验，火药的应用已经从武器开发领域，扩展到采矿、土木工程、隧道桥梁等领域，以及异种金属的压合加工及金属表面处理等方面。然而，炸药在爆破工程及其他领域的应用中，若处理不当，往往容易造成重大事故。即使是现在，烟花爆竹生产、储存、运输及销售过程中所产生的爆炸事故也还屡见不鲜，造成了严重的人员伤亡和财产损失。

与上述炸药的爆炸不同，1857 年英国发生的城市煤气管道爆炸，造成了很大的破坏。由于煤气对社会生活至关重要，因而可燃气体的爆炸问题引起了各方的高度重视。许多前辈学者进行了划时代的实验与研究，直到 19 世纪末，才确认了对于主要可燃性气体，如氢气、甲烷、一氧化碳、乙炔、乙烯的燃烧与爆炸的观察结果，并为防止爆炸事故发生和控制事故后果的严重程度而采取的安全措施，提供了方案并付诸实施，取得了相当的成功，使工业爆炸事故的危险性渐趋减少。

人们通常将以上种种意外的、不希望发生的爆炸称为事故爆炸。因为事故爆炸的后果严重程度主要取决于爆炸所发生的场所、时间、季节、气象条件以及具有燃爆性物质的种类、数量和管理状态，设备状态、作业条件等多种因素的影响，微小的事故也会由于条件改变而发展成为严重灾害。尤其是，事故爆炸多米诺效应所带来的火灾，以及爆炸所造成的碎片和冲击波等，其结果不只是对作业现场的职工，甚至附近的居民、建筑物和设备设施也会受到很大的影响。例如 2015 年 8 月 12 日，位于天津市滨海新区天津港的瑞海国际物流有限公司危险品仓库，先后于 23 时 34 分 06 秒和 23 时 34 分 37 秒发生二次剧烈的爆炸，分别形成一个直径 15m、深 1.1m 的月牙形小爆坑和一个直径 97m、深 2.7m 的圆形大爆坑。以大爆坑为爆炸中心，150m 范围内的建筑被摧毁。这起特别重大火灾爆炸事故中受损最严重区域，东至跃进路、西至海滨高速、南至顺安仓储有限公司、北至吉运三道，面积约为 54 万平方米。由于爆炸产生地面震动，造成建筑物接近地面部位的门、窗玻璃受损，东侧最远达 8.5km（东疆港宾馆），西侧最远达 8.3km（正德里居民楼），南侧最远达 8km（和丽苑居民小区），北侧最远达 13.3km（海滨大道永定新河收费站）。因此，爆炸事故的预防和控制不仅是工业上的安全问题，更是社会问题。我们应该首先从工艺设计和设备设施等物理条件方面采取主动的技术措施，实现火灾爆炸事故预防的本质安全。一旦发生了火灾爆炸事故，应根据其情况采取有效的应急措施，使灾害减轻，并控制在局部范围内，以减少或消除其危害。

1.2　防火防爆技术的发展趋势与前景

人类从很早起就开始重视对火灾爆炸事故发生和发展的规律以及防火防爆技术的研究和开发，积累了大量火灾爆炸事故防治的宝贵经验，创造出了许多行之有效的防火防爆技术和措施。然而，由于火灾爆炸事故的随机性、不确定性、突发性以及灾难性特点，防火防爆科学及技术领域的研究仍是一个不断拓展和完善的过程。从目前的发展趋势来看，防火防爆工程学科领域今后需要在以下几个方面进一步深入开展研究和发展：

（1）多参数、智能型、复合型火灾爆炸探测报警系统的开发和应用。今后的工作将主要集中在以下几个方面：其一是开发具有特殊性能的火灾爆炸自动探测报警系统，使其具有高灵敏度、高可靠性、早期报警、快速响应，并能适用于高大、复杂或干扰因素较多等特殊空间和环境；其二是积极运用相关专业领域的高新技术和理论，如激光微粒计数技术、红外分光光谱技术、人工智能和神经网络控制理论等，开发研制高性能、高质量的防火防爆新设备新产品；三是特别注重工程应用技术的研究，对已开发出来的产品在各种不同环境、条件下进行工程应用试验和测试研究，以拓展其应用范围。此外，更重要的是，人们越来越认识到，火灾爆炸基础理论的研究，特别是早期的声、烟、光、热等信息特征及其与环境因素的关系等方面的基础理论研究，对于开发研制多参数、智能型、复合型火灾爆炸探测报警系统具有非常重要的意义。

（2）新型灭火剂和阻燃剂的开发与应用。由于哈龙灭火剂对臭氧层的破坏，国内外兴起了哈龙替代灭火剂的研究开发热潮。目前，已开发出一些比较成熟的产品，如：七氟丙烷（FM200）和混合气体（Inergen 烟烙烬），但这些产品都存在不足之处。目前，国际上尚未研制出一种既满足环保要求，又在灭火效能、安全性和成本等方面均超过哈龙的新灭火剂；更未能研制出可以充装到已使用的哈龙 1301 系统里直接替代哈龙 1301 的灭火剂。因此，开发新型哈龙替代灭火剂的工作是目前和今后几年世界瞩目的研究课题。

与此同时，随着材料与化工技术的不断进步，寻找其他各类新型灭火剂和阻燃剂的研究与开发工作也将进入一个新的高速发展阶段。国外对 A 类泡沫灭火剂和无卤阻燃剂的开发研究就是例证。但是，哈龙灭火剂对环境造成的破坏，带给人们深刻的教训，使新型灭火剂和阻燃剂的环境安全问题受到各方面的关注。因此，研究开发洁净、高效的灭火剂和阻燃剂将成为未来防火防爆领域科研人员的主要任务之一。

（3）防火防爆技术的信息化和网络化。计算机信息和网络技术在消防管理工作中的应用领域十分广阔，包括火灾爆炸重大危险源的辨识、评价及控制、防火防爆监督管理、应急通信调度指挥、消防训练与培训、火灾爆炸事故救援辅助决策、火灾统计、消防安全知识普及教育、消防队伍的后勤管理、人事管理以及日常办公自动化等。消防管理技术的信息化和网络化已成为各国消防部门所共同关注的热点，信息化和网络化的管理模式与资源共享是消防管理技术的必然发展趋势。

（4）性能化防火防爆规范的建立和完善。近年来，科学技术的发展和火灾爆炸事故的严重危害，促使国际消防界开始深入思考如何从规范和法规的完善出发，真正达到主动防火防爆的目的。现在广泛采用的传统的"指令式规范"只是强制规定防火设计必须满足的各项设计参数指标，如建筑设施的结构要求、耐火要求、机械系统、电气系统、消防系统等。"指令式规范"的优点是清楚明了，没有为不正当的验收评估留有余地。但容易造成建筑设计千篇一律，一定程度上阻碍了新材料、新产品、新施工技术或者创新设计的采用，很难满足技术进步的要求。"指令式规范"对具体建筑物要达到的总的安全目标不予要求，也不进行评估。而且对于工程师来说，只单纯地计算消防系统的某一独立部分是不够的，应该把整个建筑物作为一个整体来考虑，把每一部分的消防措施放到一个大系统中去分析。以前和现在仍然到处可见建筑物的结构耐火性能根本不考虑水喷淋的因素，水喷淋也不考虑烟控系统，烟控系统也不考虑建筑材料和装饰材料的因素。

国际上在 20 世纪 80 年代初提出了建立"以性能为基础"的防火设计规范的概念。英国于 1985 年完成了建筑规范，包括防火规范的性能化修改，新规范规定"必须建造一座安全的建筑"，但不详细规定应如何实现这一目标。澳大利亚于 1996 年颁布了性能化规范《澳大利亚建筑–1996》（BCA96），并自 1997 年陆续被各州政府采用。新西兰 1992 年发布了性能化的《新西兰建筑规范》，1993～1998 年开展了"消防安全性能评估方法"的研究，制定了性能化建筑消防安全框架，包括防止火灾的发生、安全疏散措施、防止倒塌、消防基础设施和通道要求以及防止火灾蔓延五部分。美国于 2001 年发布了国家级的建筑性能规范和防火性能规范。加拿大于 2001 年发布了性能化的建筑规范和防火规范。

我国现行的消防法律体系以《中华人民共和国消防法》为基础，以消防行政法规系列和消防技术法规系列构成庞大的支撑体系。由于受制订周期长和学科发展水平所限，加上建筑形式和建筑功能多样化、管理智能化等因素影响，现行技术规范越来越难以适应科技日新月异发展和我国工业以及城市化高速发展的形势。近年来，我国在性能化防火设计、细水雾灭火技术、大规模智能应急疏散和救援、火灾多参数智能探测等领域的研究和新技术开发取得了一系列可喜的成果。

（5）锂离子电池火灾的防治。锂离子充电电池技术自 20 世纪 90 年代问世以来，以其高能量密度等优势，在电动汽车、手机、笔记本电脑等便携式电子设备领域得到了广泛应用。然而，由于电池正负极及电解液材料本身化学性质的不稳定性，电池模块设计、制造过程及电池管理系统等的缺陷等原因，电池过充、过放、短路、刺穿、热滥用等原因造成的锂离子电池火灾事故频发，并且，锂离子电池火灾过程中伴生的放电和爆炸现象，进一步加大了该类事故造成的人员伤亡和财产损失。然而，目前关于锂离子电池火灾事故致因因素及火灾机理、火灾发生发展的规律、火灾抑制及灭火技术的研究仍处于起步阶段，是未来防火防爆领域研究的重点方向之一。

（6）防火防爆队伍装备的专业化、系列化和智能化。经济和社会的发展不断地给消防部门提出新的任务。目前，各国消防部门所面临的共同难题为：各种复杂的火灾爆炸和特种灾害条件下的救援行动、特大火灾爆炸事故的扑救、化学灾害事故的处置、恐怖破坏活动现场的救援与处置等。为了满足消防队伍的需要，各国消防装备的研究开发机构和厂家正在努力开发专业化的各种火灾爆炸事故救援和特种灾害处置装备，并使之系列化。同时，随着自动控制和人工智能技术的发展，消防装备的智能化程度也越来越高。各种智能化的救援装备和消防机器人将成为 21 世纪消防装备领域研究开发的重要任务。

1.3　本书的主要内容

火灾爆炸事故是一种与人类活动密切相关、但不完全以人的意志为转移的灾害现象，具有与社会环境条件和人类行为密切相关的特性。火灾统计资料的分析表明，80 年代以前，我国火灾主要集中在农村地区，火灾起数、死亡、受伤人数、直接经济损失四项指标农村占较大份额。近年来，伴随着生产规模不断扩大，被利用的各种形式能量的增大和集中以及易燃物质的不断被发现和利用，工业火灾爆炸事故的次数和规模都在不断增加。工业火灾爆炸事故中的可燃物质种类繁多，性质各异，引火源除了烟火及高温物体外，还有机械冲击、摩擦，绝热压缩、自燃发火、电火花及红外线等。因而其防火防爆方法也必须根据具体情况选择。

本书将重点介绍工业火灾爆炸事故的预防及控制的技术措施，同时也介绍一些民用建筑物火灾爆炸事故防治的知识。通过本书的学习，要求熟悉理解燃烧与爆炸的基本理论和实质，分析工业企业的生产过程、典型危险作业场所和建筑工程中发生火灾和爆炸事故的一般原理，理解采取防火与防爆技术措施以及制定防火与防爆条例的理论依据，掌握防火与防爆技术的基本理论和防火防爆的技术措施等。

第 1 章　课件

2 防火技术的理论基础

火灾的孕育、发生和发展包含着燃烧反应、相变、传热传质和流体流动等物理化学作用，是一种涉及物质、动量、能量和化学组分在复杂多变的环境条件下相互作用的三维、多相、多尺度、非定常、非线性、非平衡态的动力学过程。火灾的发生和发展受到可燃物、人为因素、环境条件、地理、生态等多方面因素的相互影响和综合作用。

2.1 燃烧及其机理

2.1.1 燃烧现象的基本特征

物质的氧化反应现象是普遍存在的，由于反应速度的不同，可以体现为一般的氧化现象和燃烧现象。燃烧是一种反应速度较快、放热量较多的氧化反应。由于在较短时间内放出大量的热，提高了燃烧产物的温度，并引起产物分子内电子的跃迁，而放出各种波长的光。因此，放热、发光和生成新物质是燃烧现象具有的三个基本特征，是区分燃烧和非燃烧现象的依据。

例如，点亮灯泡中的钨丝，在惰性介质中灼热的铁块，它们都能放热、发光，但没有新物质生成，因此属于物理过程，而非燃烧现象。油脂或煤堆在空气中与氧缓慢地发生化合反应、金属生锈、生石灰遇水反应等过程都放出热量，也有新物质生成，但由于反应速度慢，放出热量少，不发光，所以它们也只是一般的氧化现象，而不是燃烧反应。如果是剧烈的氧化反应，同时放出光和热，即是燃烧现象。例如由于散热不良，热量积聚，不断加快煤堆的氧化速度，温度升高到一定程度导致煤堆的燃烧；铁在通常的情况下被认为是不可燃物质，然而炽热的铁块在纯氧中却会剧烈氧化燃烧，等等。

在生产和日常生活中发生的燃烧现象，大都是可燃物质与空气（氧）的化合反应，也有的是分解反应。

简单的可燃物质燃烧时，大都只是该物质与氧的化合，例如碳和硫的燃烧反应，其反应方程式为：

$$C + O_2(g) == CO_2(g) \qquad \Delta_r H_m^{\ominus}(298.15K) = -393.511kJ/mol$$
$$S + O_2(g) == SO_2(g) \qquad \Delta_r H_m^{\ominus}(298.15K) = -296.9kJ/mol$$

复杂物质的燃烧，首先是物质受热分解，然后发生化合反应。例如甲烷、丙烷的燃烧反应：

$$CH_4(g) + 2O_2(g) == CO_2(g) + 2H_2O(l) \qquad \Delta_r H_m^{\ominus}(298.15K) = -890.31kJ/mol$$
$$C_3H_8(g) + 5O_2(g) == 3CO_2(g) + 4H_2O(l) \qquad \Delta_r H_m^{\ominus}(298.15K) = -2220.07kJ/mol$$

含氧的炸药燃烧是一个复杂的分解反应。例如硝酸甘油的燃烧反应：

$$4C_3H_5(ONO_2)_3(l) == 12CO_2(g) + 10H_2O(g) + O_2(g) + 6N_2(g)$$

$$\Delta_r H_m^{\ominus}(298.15K) = -5756.34kJ/mol$$

火是一种快速的氧化反应过程，具有一般燃烧现象的特点，往往伴随着发热、发光、火焰、发光的气团及燃烧爆炸造成的噪声等。区分火的燃烧现象与物质一般的氧化反应过程，对于利用燃烧原理造福人类和采取防火安全措施，以及查明火灾原因具有非常重要的现实意义和理论价值。

2.1.2 燃烧反应的机理

近代常用苏联科学家谢苗诺夫提出的游离基的链锁反应理论来解释燃烧的机理。所谓游离基是一种瞬变的不稳定的化学物质，它们可能是原子、分子碎片或其他中间物，反应活性非常强，在反应中成为活化中心。可以利用热解法、光化法、放射性辐射法、催化等方法产生游离基。游离基由于具有比普通分子平均动能更多的活化能，所以其活动能力非常强，在一般条件下是不稳定的，容易与反应体系中其他参与反应的物质分子发生作用，产生新的游离基，并引起链传递，促使链锁步骤自动发展下去，直至反应物全部消耗完为止。

按照链锁反应理论，燃烧不是参与反应的物质分子之间直接起作用，而是它们的分裂物——游离基这种中间产物引发的链锁反应。链锁反应机理大致可分为三个过程：（1）链引发，即游离基生成，使链反应开始；（2）链传递，游离基与其他参与反应的物质相互作用，产生新的游离基；（3）链终止，即游离基的消耗，使链锁反应终止。造成游离基消耗的原因是多方面的，如游离基相互碰撞生成稳定的分子，与掺入混合物中的杂质起副反应，与非活性的同类分子或惰性分子互相碰撞而将能量分散，撞击器壁而被吸附等。防火工程中阻火剂、防火涂料等即是根据链锁反应原理研制出来的。

链锁反应有直链反应和支链反应两种。

氯和氢的反应是典型的直链反应，即活化一个氯分子可出现两个氯的游离基，也就是两个链锁反应的活化中心，每一个游离基均进行自己的链锁反应，而且每次链锁反应只引出一个新的游离基。氯和氢的直链反应过程如下：

（1）链引发：$\quad Cl_2 + h\nu(光量子) = Cl + Cl$

（2）链传递：$\quad Cl + H_2 = HCl + H$

$\qquad\qquad\qquad H + Cl_2 = HCl + Cl$

（3）链终止：$\quad Cl + Cl = Cl_2$

$\qquad\qquad\qquad H + H = H_2$

支链反应的特点是：在反应中一个游离基能生成一个以上的游离基，于是反应链就会分支（见图2-1）。在反应可以增殖游离基（即链增长）的情况下，如果与之同时发生的销毁游离基（链终止）的反应速度不高，则游离基的数目就会增多，反应链的数目也会增加，反应速度随之加快，这样又会增殖更多的游离基，如此循环进展，使反应速度加快到燃烧的等级。氢和氧的链锁反应属于支链反应，它的反应过程为：

（1）链引发：$\quad H_2 + O_2 = 2OH$

（2）链传递：$\quad OH + H_2 = H_2O + H$

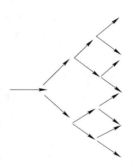

图2-1 分支连锁反应

（3）链分支：　　　　　　$H + O_2 \rightleftharpoons OH + O$

　　　　　　　　　　　　　　$O + H_2 \rightleftharpoons OH + H$

（4）链终止：　　　　　　$H + H \rightleftharpoons H_2$

2.1.3　燃烧反应的三要素

燃烧反应在本质上是可燃物与氧化剂在一定热源作用下发生的快速氧化-还原反应。要发生火灾，必须同时具备可燃物、氧化剂和引火源三个条件并达到一定的极限值，缺一不可。通常称之为发生火灾的三要素，或称为火三角。在一般情况下，例如，气体可燃物或氧化剂未能达到一定浓度，引火源没有足够的热量或一定的温度，即使具备了燃烧的三个必要条件也不能燃烧。例如，一根火柴的热量不足以点燃一根木材；甲烷在空气中燃烧，当甲烷浓度小于4%，或空气中氧气含量小于12%时燃烧就不会继续；若用热能引燃甲烷-空气混合物，当温度低于595℃时燃烧就不会发生。

2.1.3.1　可燃物

物质被分为可燃物质、难燃物质和不可燃物质三类。可燃物质是指在火源作用下能被点燃，并且当火源移去后能继续燃烧，直到燃尽的物质。可燃物是多种多样的。常见的可燃物如汽油、木材、纸张等。其他还有很多种，如化工生产设备内流动着大量高温、高压的易燃、可燃液体，只要管道出现漏洞，喷出来就是火；工地上的生石灰遇火发热能把草袋烧着；住宅类建筑里的煤气、家用电器等，使用不当也会引起火灾。难燃物质是指在火源作用下能被点燃，当火源移去后不能继续燃烧的物质，如聚氯乙烯、酚醛塑料等。不可燃物质是指在正常情况下不会被点燃的物质，如钢筋、水泥、砖、瓦、灰、砂、石等。

可燃物按形态可分为固态、液态和气态可燃物三种，一般是气体较易燃烧，其次是液体，固体的可燃性相对最小。按来源不同，可燃物可分为天然可燃物和各种人工聚合物。火灾燃烧产物中也含有未完全燃烧的可燃气体，以及多种可燃液滴和固体颗粒。对于人工聚合物，其火灾燃烧产物的成分更加复杂，其中常含有大量的毒性成分，火灾危险性更加严重。

从组成上讲，可燃物可以是由一种分子组成的单纯物质，例如 H_2、CO、CH_4、H_2S 等可燃气体和低分子的可燃液体。绝大部分可燃物都是多种单纯物质的混合物或多种元素的复杂化合物。例如天然气的组分通常主要包括甲烷（CH_4）和氢气，液化石油气的主要组分包括丙烷（C_3H_8）、丙烯（C_3H_6）、丁烷（C_4H_{10}）、丁烯（C_4H_8）等多种碳氢化合物。

在一定的温度和压力条件下，可燃气体或蒸汽只有达到一定的浓度极限范围时才会发生燃烧（见图2-2和图2-3），这就是所谓的可燃气体的爆炸极限，或称爆炸浓度极限。燃料气的浓度低于或高于某一极限值都不会被点燃或爆炸。可燃性气体混合物遇明火发生燃烧时可燃气体的最低浓度，称为爆炸浓度下限；遇明火能发生燃烧的最高浓度，称为爆炸浓度上限。例如，氢气的浓度低于4%时，便不可点燃；煤油在20℃时，接触明火也不会燃烧，这是因为在此温度下，煤油蒸气的数量还没有达到燃烧所需浓度的缘故。

从图2-2、图2-3可以看出，当压力或温度下降时，可燃浓度极限范围缩小，火灾危险性降低；当压力或温度下降到某一值时，可燃浓度上限和下限可为一点；当温度或压力继续下降，则任何混合气体成分都不能着火。当环境处于1个标准大气压、273.15K时，若干燃料气的可燃浓度极限范围见表2-1。

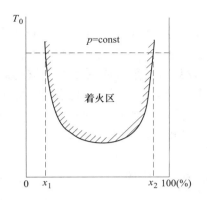

图 2-2 着火温度与混合气成分的关系

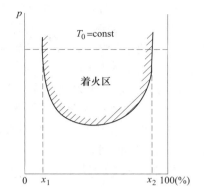

图 2-3 临界压力与混合气成分的关系

表 2-1 若干燃料气的可燃浓度极限（273.15K、1 个标准大气压）

气体名称	可燃浓度极限/%		气体名称	可燃浓度极限/%	
	下 限	上 限		下 限	上 限
氢气	4.0	75.0	一氧化碳	12.5	74.2
甲烷	5.0	15.0	氨	15.0	28.0
乙烷	2.9	13.0	硫化氢	4.3	45.5
丙烷	2.1	9.5	苯	1.5	9.5
丁烷	1.5	8.5	甲苯	1.2	7.1
戊烷	1.5	7.8	甲醇	6.0	36.0
乙烯	2.7	34.0	乙醇	3.3	18.0
丙烯	2.0	11.7	1-丙醇	2.2	13.7
乙炔	2.5	82.0	乙醚	1.85	40.0
丙酮	2.0	13.0	甲醛	7.0	73.0

建筑物中可燃物种类很多，其燃烧发热量也因材料性质不同而异。为便于研究，在实际中常根据燃烧热值把某种材料换算为等效发热量的木材，用等效木材的重量表示可燃物的数量，称为当量可燃物的量。一般地说，大空间所容纳的可燃物比小空间要多，因此当量可燃物的数量与建筑面积或容积的大小有关。为便于比较研究火灾危险性，一般把火灾范围内单位地板面积的当量可燃物的质量（kg/m²）定义为火灾荷载。火灾荷载可按以下公式进行计算：

$$W = \frac{\sum (G_i \cdot H_i)}{H_0 A_F} = \frac{\sum Q_i}{H_0 A_F} \tag{2-1}$$

式中　W——火灾荷载，kg/m^2；

　　　G_i——某可燃物质量，kg；

　　　H_i——某可燃物热值，kJ/kg；

　　　H_0——木材的热值，kJ/kg；

　　　A_F——室内的地板面积，m^2；

$\sum Q_i$——室内各种可燃物的总发热量，kJ。

火灾荷载是衡量建筑物室内所容纳可燃物数量多少的一个参数，是分析建筑物火灾危险性的一个重要指标。在建筑物发生火灾时，火灾荷载直接决定着火灾持续时间的长短和室内温度的变化情况。因而，在进行建筑结构防火设计时，很有必要了解火灾荷载的概念，合理确定火灾荷载数值。实验证明，火灾荷载为 $60kg/m^2$ 时，其持续燃烧时间为1.3h。一般住宅楼的火灾荷载约为 $35\sim60kg/m^2$。高级宾馆达到 $45\sim60kg/m^2$。这样当火灾发生时，由于火灾荷载大，火势燃烧猛烈，燃烧持续时间长，火灾危险性增大。

2.1.3.2　氧化剂

凡是能帮助和支持燃烧的物质称为氧化剂。火灾时空气中的氧气是一种最常见的氧化剂。例如：

$$2H_2(g) + O_2(g) \xrightarrow{燃烧} 2H_2O(l) \qquad \Delta_r H_m^{\ominus}(298.15K) = -571.676kJ/mol$$

理论上，凡是有物质的元素失去电子的反应就是氧化反应。以氯和氢的化合为例，其中氯从氢中取得一个电子，因此，氯在此反应中即为氧化剂。这就是说，氢被氯所氧化并放出热量和呈现出火焰，此时虽然没有氧气参与反应，但发生了燃烧，其反应方程式为：

$$H_2(g) + Cl_2(g) \xrightarrow{燃烧} 2HCl(g) \qquad \Delta_r H_m^{\ominus}(298.15K) = -184.622kJ/mol$$

其他没有氧气参与的燃烧反应如：铁能在硫中燃烧，铜能在氯中燃烧等。虽然铁和铜没有和氧化合，但所发生的反应是激烈的氧化反应，并伴有热和光发生，因此为燃烧反应。

除氯之外，生活中的许多元素和物质如氟、溴、碘，以及硝酸盐、氯酸盐、高锰酸盐、双氧水等，都是氧化剂。几种可燃物质燃烧所需要的最低含氧量如表2-2所示。

表 2-2　几种可燃物质燃烧所需要的最低含氧量

可燃物名称	最低含氧量/%	可燃物名称	最低含氧量/%
汽油	14.4	乙炔	3.7
乙醇	15.0	氢气	5.9
煤油	15.0	大量棉花	8.0
丙酮	13.0	黄磷	10.0
乙醚	12.0	橡胶屑	12.0
二硫化碳	10.5	蜡烛	16.0

在热源能够满足持续燃烧要求的前提下，氧化剂的量和供应方式是影响和控制火灾发展势态的决定性因素。地下建筑火灾中常采用"封堵降氧"的方法控制火势的发展。

2.1.3.3　引火源

能引起可燃物质燃烧的热能源叫引火源。引火源可以是明火，也可以是高温物体，如火焰、电火花、高温表面、自然发热、光和热射线等，它们的能量和能级存在很大差别。在一定温度和压力下，能引起燃烧所需的最小能量称为最小点火能，这是衡量可燃物火灾危险性的一个重要参数。

A　引火源的种类

（1）电火花。电火花在极短的时间内集中地放出热量，故是一种高能量密度的引火源。因很难释放出能够引燃固体的能量，所以电火花引燃的对象多是可燃性气体、可燃性液体以及粉尘。可以认为，电火花引燃是以放电的形式向电极间的可燃气体混合物供给能量引起发火。根据可燃物质的种类及外部条件，其最小点火能随着可燃气体混合物的组成、压力和温度等条件变化。在石油储运企业、危险化学品生产储存领域、煤矿和非煤矿山、粮食储存加工企业等，由于电火花引起的火灾爆炸事故频繁发生。

（2）热表面。在有氧化剂存在的条件下，任何状态的可燃物质与高温的固体表面接触都可能被引燃。热表面引燃可燃物质的本质是通过热表面向可燃混合系统传热，使其温度上升而在热表面附近引起的自燃发火。考虑到系统内部的发热和放热的平衡问题，热表面温度有一临界值，当温度低于此临界值时可燃物质不能被引燃。该临近温度称为点火温度。

热表面引燃的场合是局部热源，往往从一面加热而系统的其他面放热。因此，热表面引燃的点火温度高于自燃发火温度。热表面越小则这种差异越显著。当用热金属球引燃可燃性混合气体时，当气体流速低时有充分的热传递时间，故点火温度降低。

由于可燃性固体的热解过程比较复杂，当用热表面引燃可燃固体物质时，引燃之前必须被分解，产生可燃性气体，再与空气混合等，其过程比较复杂，近似于热辐射或高温气体的引燃。

（3）高温气体。高温气体引火源通常是指火焰。火焰引燃可燃性混合气体的本质，可认为是与火焰接触的混合气主要受到对流传热的作用而起火。因此，作为引火源的高温气流的大小影响起火所必需的温度，并且起火温度大于自燃发火的温度。许多火焰的温度都超过高温气体的自燃点，如表2-3所示。由于电火花引燃时的临界能量不同于其他种类引火源的引燃，不能用温度表示，这里用细电热线与电火花的点火能对比折算来解决。

（4）热辐射。高温气体、热表面引燃可燃物质的过程中，均有热辐射的作用。尤其是当可燃物质和高温气体或热表面不处于直接接触状态时，引燃过程可以认为主要是热辐射作用的结果，这也是为什么在建筑物以及石油储罐区防火设计中要保持必要的防火间距的主要原因。

表 2-3 各种发火形式的点火温度

燃料	点火源的点火温度/℃			
	自燃发火	高温固体	电热线	高温气体
氢气	554	635	—	640
苯	562	685	—	1020
甲烷	537	745	—	1040
乙烷	515	589	—	840
n-丁烷	405	630	—	910
n-乙烷	234	605	670	765
n-辛烷	220	585	660	755
n-葵烷	208	585	650	750

对于可燃性固体的引燃过程而言，通过热辐射传递的热量首先到达可燃性固体表面，然后向内部传递。在固体内部以与此温度相应的速度分解产生出可燃性和不燃性气体。由

于表面部分温度较高，分解产生的气体逐次向外放出。通过析出的可燃性气体与空气的互相扩散，形成可燃性混合气体并发生化学反应而着火。

B　引火源的能量

a　最小点火能的概念

能引起可燃物燃烧的最小点火能量，称为最小点火能（minimum ignition energy）。

下面以球形电火花为例，说明最小点火能的概念。图2-4为电火花点火的简化模型，相应的简化条件为：

（1）可燃混合气体处于静止状态；

（2）电极间距足够大（不考虑电极的冷熄作用）；

（3）化学反应为二级反应。

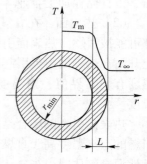

图2-4　电火花点火模型

假设从球心到球面温度分布均匀，球形火焰温度为绝热火焰温度 T_m，环境温度为 T_∞。点燃的判据是在火焰厚度 δ 内形成 $T_m \sim T_\infty$ 的稳定分布。

则用电火花将半径为 r_{min} 球体内的可燃混合气体从 T_∞ 加热到 T_m 时，所需要的最小点火能应为：

$$H_{mim} = k_1 \frac{4}{3} \pi r_{min}^3 c_p \rho (T_m - T_\infty) \tag{2-2}$$

式中　k_1——修正系数，用来修正电火花加热温度总低于 T_m 而带来的误差；

　　　T_m——球形火焰温度，K；

　　　T_∞——为环境温度，K；

　　　r_{min}——球形可燃混合气体半径，m；

　　　c_p——可燃混合气体比定压热容，kJ/（kg·℃）；

　　　ρ——可燃混合气体密度，kg/m³。

对于可燃性混合气，其最小点火能随混合气体的组成成分不同、压力和温度条件而变化。通过上述球形电火花点火模型分析可见，随着初始温度和压力的增加，最小点火能降低，火灾危险性增大。

在其他条件都相同的情况下，缩小放电电极的间距，最小点火能逐渐减少，然后趋于一定，在某一间距处突然变为无穷大。该电极间距值称为熄火距离（quenching distance），它随外部条件变化的规律与最小点火能的变化规律类似。

由于可燃物种类繁多，状态有气、液、固三种，化学性质又有活泼与不活泼之分，又由于助燃物的氧化能力对可燃物的燃烧性能也起着至关重要的作用，所以，不同的可燃物发生燃烧所需要点火源的最小能量（即最小点火能）也不尽相同，如表2-4所示。例如，对于气体或液体蒸气来说，甲烷在空气中用电火花点火时，能引起燃烧的最小点火能为0.28mJ（毫焦耳），而二硫化碳蒸气燃烧所需要的最小点火能仅为0.015mJ。再如，甲烷和二硫化碳蒸气，若改用高温物体点火时，则需高温物体的最低温度分别为537℃和90℃。对于固体来说，在氧气中的硬纸板在380℃的热源作用下仅3s即被点燃，而毛毡只需250℃的热源作用3s便被点燃。这就是说，每一种可燃物被点燃，都需要有一定强度的点火源，否则，燃烧便不能发生。因此，在防火工作中，要针对生活和生产各种场所的点火源进行科学的管理，不能不看可燃物的燃烧性能如何，而限制一切点火源的存在；在火灾调查工作中，要根据可燃物性质的不同，对点火源进行科学的分析，不能一概而论；在灭火工作中，要根据火场周围可燃物性质的不同，及时做出火势是否会蔓延的清醒判断，这些工作都离不开对点火源进行定性定量的研究。

表 2-4　部分可燃物的最小点火能

可燃物名称	最小点火能/mJ		熄火距离/m	可燃物名称	最小点火能/mJ	
	空气中	氧气中			粉尘云	粉尘层
二硫化碳	0.015	—	0.0078	铝粉	15	1.6
氢	0.019	0.0013	0.0098	镁粉	80	0.24
乙炔	0.019	0.0003	0.011	乙酸纤维素粉	15	—
乙烯	0.09	0.001	0.019	沥青粉	80	6.0
环氧乙烷	0.105	—	—	聚乙烯粉	10	—
甲醇	0.215	—	0.028	聚苯乙烯粉	40	—
甲烷	0.28	—	0.039	酚醛塑料粉	10	40
丙烯	0.282	0.031	—	脲醛树脂粉	80	—
乙烷	0.25	—	0.055	乙烯基树脂粉	10	—
丙烷	0.26	—	0.031	苯二甲酸酐粉	15	—
苯	0.55	—	0.043	硫黄粉	15	1.6
氨	0.77	—	—	烟煤粉	40	—
丙酮	0.15	—	—	木粉	30	—

应当指出，在周围环境中常见的点火源的温度，如表 2-5 所示，大多数都超过一般可燃物所需要的最小点火能。所以，要求在有火灾爆炸危险的场所严禁烟火，禁止使用易产生火花的金属工具，不准机动车辆随便驶入，采用防爆电器，严格动火检修制度等，是十分必要的。

表 2-5　常见点火源的温度

点火源名称	火源温度/℃	点火源名称	火源温度/℃
火柴焰	500~650	气体灯焰	1600~2100
烟头（中心）	700~800	酒精灯焰	1180
烟头（表面）	250	煤油灯焰	700~900
机械火星	1200	植物油灯焰	500~700
电火花	700	蜡烛焰	640~940
煤炉炽热体	800	打火机焰	1000
烟囱飞火	600	焊割火花	2000~3000
石灰遇水发热	600~700	汽车排气管火星	600~800

b 最小点火能的测定

最小点火能的测定可以用电火花法。测定装置是一个放电回路，通过改变电源电压和可变电容值来调节电极放出的能量的大小，找出使可燃物质引燃的最小能量，即临界值。最小点火能可由下式计算：

$$E_{min} = \frac{1}{2}CU^2 \tag{2-3}$$

式中 E_{min}——最小点火能，J；

      C——可变电容值，F；

      U——电源电压，V。

电火花点燃混合气时，可燃气体和空气混合物的比例对点火所需的能量有影响。乙炔在燃烧下限附近时需要很大的点火能，在稍大于化学计算浓度7.8%的附近（约9%）则只需最低的点火能（约0.02mJ）；10%的乙炔只要给足点火能（约100J）就能被点燃。当两导体内的电位低于15kV时，将不会因静电放电使最小点火能不小于25mJ的烷烃类石油蒸气引燃；在接地针尖等局部空间发生的感应电晕放电不会引燃最小点火能大于0.2mJ的可燃气体（富氧环境除外）。非导体放电通常只释放出其贮存能量的一部分或一小部分，其引燃界限见表2-6。

表2-6 非导体放电的引燃界限

最小点燃能量/mJ	产生放电的带电电位/kV
<0.01（H_2和O_2混合物）	1
0.01~0.1（H_2，C_2H_2等）	8~10
0.1~1（烃类气体蒸气）	20~30
>1（一般为粉尘）	40~60

空间电荷云产生电晕放电可引燃最小点火能为0.1mJ以下的可燃气体。

判定粉尘和空气混合物（粉尘云）爆炸危险性的重要标准就是它的点火敏感性，而点火敏感性通常由最小点火能来描述。最小点火能是在最敏感的粉尘浓度下，刚好能点燃粉尘引起爆炸的最小能量，最小点火能的大小受很多因素的影响，特别是湍流度、粉尘浓度和粉尘分散状态（粉尘分散质量）对最小点火能影响很大。由于同一粉尘其湍流度、粉尘浓度和粉尘分散质量会随不同测试装置而不同，因此最小点火能测量值的大小与测试装置有关。最小点火能的理想测试条件是在最敏感粉尘浓度、低湍流度和粉尘以单个粒子均匀分布的条件下进行测量。最小点火能是在受上述诸因素综合影响下的测量结果。

（1）粉尘分散方法以及粉尘初始湍流度的大小对粉尘分散质量影响很大，而粉尘分散质量对最小点火能测量的影响起着主导作用。

（2）在粉尘分散方法中，气流携带法（20L球）分散得最好，堆积法（1.2L哈特曼管）次之，自由下降法（振动筛落管）最差。

因此，振动筛落管不适宜作为最小点火能测试装置。

（3）20L球上较高的湍流度正好通过其好的粉尘分散质量与1.2L哈特曼管上较低湍

流度和相对较差的分散质量相平衡，也就是说，在两种装置上得到的最小点火能基本相同。

粉尘云最小点火能测试仪如图 2-5 所示。

2.1.4 燃烧的类型

燃烧现象按其发生瞬间的特点，可分为闪燃、着火、自燃、爆燃等类型，每一种类型的燃烧有各自的特点。

2.1.4.1 闪燃

各种液体的表面都有一定量的蒸气存在，蒸气的浓度取决于该液体的温度和蒸发的速度。当火焰或炽热物体接近易燃和可燃液体时，其液面上的蒸气与空气形成的可燃气体

图 2-5　粉尘云最小点火能测试仪

混合物到达一定的浓度，遇到明火点燃即发生蓝色火焰且一闪即灭，不再继续燃烧的现象，称为闪燃。闪燃是短暂的闪火，不是持续的燃烧，这是因为液体在该温度下蒸发速度不快，尚不能满足燃烧的需要，液体表面上聚积的蒸气一瞬间燃尽，而新的蒸气还未来得及补充，故火焰一闪就熄灭了。随着温度的升高，液体的蒸发加快，达到着火浓度的时间缩短，这时便有起火甚至爆炸的危险了。

在一定的条件下，易燃和可燃液体产生足够的蒸气，在液面上能发生闪燃的最低温度，叫做该物质的闪点。闪点这个概念主要适用于可燃性液体，几种常见可燃液体的闪点如表 2-7 所示。

表 2-7　若干常见可燃液体的闪点

液体名称	闪点/℃	液体名称	闪点/℃
汽油	-58～+10	乙醚	-45
煤油	28～45	丙酮	-20
酒精	11	乙酸	40
苯	-14	松节油	35
甲苯	5.5	柴油	60～90
二甲苯	2.5	乙二醇	110
二硫化碳	-45	菜籽油	163

闪点是表征可燃液体火灾危险性的重要参数。不同种类的液体，由于化学组成不同而有不同的闪点。闪点与物质的饱和蒸气压有关，饱和蒸气压越大，闪点越低。同一液体饱和蒸气压随温度的增高而变大，所以温度较高时容易发生闪燃。如果可燃液体的温度高于它的闪点，一旦接触点火源就会被点燃，把闪点低于45℃的液体叫易燃液体，易燃液体比可燃液体危险性高。易燃液体与可燃液体又分别根据其闪点的高低分成不同的级别，如表2-8 所示。

闪点低的比闪点高的可燃性液体的火灾危险性大。许多液体的闪点低于常温。在建筑防火设计中，常以 28℃ 和 60℃ 为界，将易燃和可燃液体分为甲、乙、丙三类火险物质。

表 2-8　易燃和可燃液体分级

种类	级别	闪点/℃	举　例
易燃液体	I	≤28	汽油、甲醇、乙醇、乙醚、苯、甲苯等
	II	28~45	煤油、丁醇等
可燃液体	III	45~120	戊醇、柴油、重油等
	IV	>120	植物油、矿物油、甘油等

闪点小于28℃的可燃液体属甲类火险物质，例如汽油；闪点不小于28℃，小于60℃的可燃液体属乙类火险物质，例如煤油；不小于60℃的可燃液体属丙类火险物质，例如柴油、植物油。乙醚、二硫化碳、乙醛是在实验室中常用而又特别易燃的物质，在使用中应特别注意：

（1）由于着火温度及燃点极低而很易着火，所以使用时，必须熄灭附近的火源。

（2）因为沸点低，爆炸浓度范围较宽，因此，要保持室内通风良好，以免其蒸气滞留在使用场所而达到爆炸极限范围。

（3）此类物质一旦着火，爆炸范围很宽，由此引起的火灾很难扑灭。

（4）容器中贮存的易燃物减少以后，往往容易着火爆炸，要加以注意。

同类液体的闪点一般有如下规律：

（1）同系物的闪点随分子量增加而增高。

（2）同系物的闪点随沸点的增加而增高。

（3）同系物中异构体比正构体的闪点低。

此外，油漆类的闪点取决于所用的溶剂，能溶于水的液体的闪点随含水量的增加而提高，如表 2-9 列出的醇水溶液，其闪点随醇含量的减少而升高。从表中所列数值可以看出，当乙醇含量为100%时，9℃即发生闪燃，而含量降至3%时则没有闪燃现象。利用此特点，对水溶性液体的火灾，用大量水扑救，降低可燃液体的浓度可减弱燃烧强度，使火熄灭。

表 2-9　醇水溶液的闪点

溶液中醇的含量/%	闪点/℃		溶液中醇的含量/%	闪点/℃	
	甲醇	乙醇		甲醇	乙醇
100	7	11	10	60	50
75	18	22	5	无	60
55	22	23	3	无	无
40	30	25			

两种可燃液体混合物的闪点一般是位于原来两液体的闪点之间，并且低于这两个液体闪点的平均值。例如，车用汽油的闪点为-36℃，照明用煤油的闪点为40℃，如果将汽油和煤油按 1:1 的比例混合，得到的混合物的闪点应低于2℃。

同样的原因，在易燃的溶剂中掺入四氯化碳，其闪点即提高，加入量达到一定数值后，不能闪燃。例如，在甲醇中加入41%的四氯化碳，则不会出现闪燃现象。生产中利用这种性质，可以有效地减少可燃易燃液体的火灾危险性。

除了可燃液体以外，某些能蒸发出蒸气的固体，如石蜡、樟脑、萘等，其表面上所产生的蒸气达到一定浓度时，与空气混合而成为可燃的气体混合物，若与明火接触，也能出现闪燃现象。例如，木材的闪点为260℃左右，部分塑料的闪点见表2-10。

表 2-10　部分塑料的闪点

材料名称	闪点/℃	材料名称	闪点/℃
聚苯乙烯	370	聚氯乙烯	530
聚乙烯	340	苯乙烯、异丁烯酸甲酯共聚物	338
乙烯纤维	290	聚胺基甲酸乙酯泡沫	310
聚酰胺	420	聚酯+玻璃钢纤维	298
苯乙烯丙烯腈共聚树脂	366	密胺树脂+玻璃纤维	475

测定闪点有开口杯法和闭口杯法，一般前者用于测定高闪点液体，后者用于测定低闪点液体。

图2-6所示为开口杯法闪点测定仪，主要由内坩埚4、外坩埚5、温度计3和点火器8等组成。被测试样在规定升温速度等条件下加热到它的蒸气与点火器火焰接触发生闪火时，温度计上显示的最低温度，即为被测定可燃液体的闪点，并标注为"开杯闪点"。对闪点较高的可燃液体，经常用开口杯闪点测定仪测定。加热可采用煤气灯、酒精灯或电炉。当测定闪点高于200℃时，须用电炉加热。

图2-7所示为闭口杯闪点测定仪，主要由点火器2、油杯5、搅拌桨7、电炉盘9、电动机10和温度计14等组成。油杯在规定的温升速度等条件下加热，并定期进行搅拌（在点火时停止搅拌）。点火时打开孔盖1s后，出现闪火时的温度则为该试样的闪点，并标注"闭杯闪点"。闭杯闪点测定器通常用于测定常温下能闪燃的液体。同一种物质的开杯闪点要高于闭杯闪点。

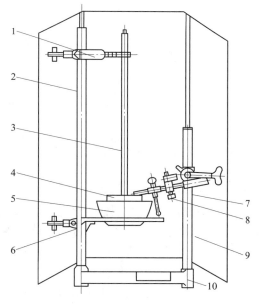

图 2-6　开口杯闪点测定仪
1—温度计夹；2—支柱；3—温度计；4—内坩埚；
5—外坩埚；6—坩埚托；7—点火器支柱；
8—点火器；9—屏风；10—底座

2.1.4.2　引燃

可燃物质在某一点被引火源引燃后，若该点上燃烧所放出的热量足以把邻近的可燃物层加热到燃烧所必须的温度，火焰就会蔓延开来。因此，所谓引燃就是看可燃物质遇火源接触而燃烧，并且在火源移去后仍能保持持续燃烧的现象。

可燃物质遇引火源时开始持续燃烧所必需的最低温度叫做该物质的燃点或着火点。

图2-8说明了可燃物质燃点的物理意义。其中曲线L为可燃物的氧化反应过程发生的

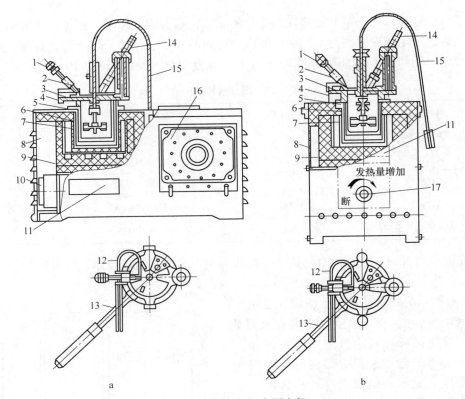

图 2-7 闭口杯闪点测定仪

a—电动搅拌；b—手动搅拌

1—点火器调节螺丝；2—点火器；3—滑板；4—油杯盖；5—油杯；6—浴套；7—搅拌桨；8—壳体；9—电炉盘；
10—电动机；11—铭牌；12—点火管；13—油杯手柄；14—温度计；15—传动软轴；16—开关箱；17—旋钮

热量随系统温度变化的指数曲线，曲线 M、M'、M'' 为随建筑物或可燃气体容器内壁温度升高，系统的散热曲线。当建筑物或可燃气体容器内壁初始温度 T_0 较低时，散热线 M 和发热曲线 L 有两个交点 1 和 2。当建筑物或可燃气体容器内壁温度逐渐升高时，散热线 M 向右移动，到 M' 位置时和曲线 L 相切于 i 点。i 点是稳定状态的极限位置，若系统内壁温度比 T_{0i} 再升高一点儿，曲线 M' 就移动到 M'' 的位置，曲线 L 和 M'' 就没有交点。这时发热量总是大于散热量，温度不断升高，反应不断加速，化学反应就从稳定的、缓慢的氧化反应转变为不稳定、激烈的燃烧。发热曲

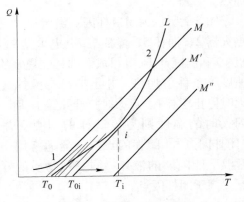

图 2-8 可燃物的着火过程

线 L 和散热曲线 M' 的切点 i，即为着火点，相应于该点的温度 T_i 称为着火点或燃点。

所有固态、液态和气态可燃物质均有其燃点。燃点对评价可燃固体和闪点较高的可燃液体（闪点在 100℃以上）的火灾危险性具有实际意义，控制这类可燃物质的温度在燃点以下是预防发生火灾的有效措施之一。几种常见可燃物质的燃点如表 2-11 所示。

表 2-11 几种可燃物质的燃点

物质	燃点/℃	物质	燃点/℃	物质	燃点/℃
磷	34	棉花	150	豆油	220
松节油	53	麻绒	150	烟叶	222
樟脑	70	漆布	165	黏胶纤维	235
灯油	86	蜡烛	190	松木	250
赛璐珞	100	布匹	200	无烟煤	280~500
橡胶	130	麦草	200	涤纶纤维	390
纸	130	硫	207		

引燃过程是在局部开始进行的，可燃混合物局部受到火源的加热，燃烧只在火源附近发生，然后依靠火焰传播到整个可燃物中。在火场上，如果有两种燃点不同的物质处在相同的条件下，受到火源作用时，燃点低的物质首先着火，所以，存放燃点低的物质的地方通常是火势蔓延的主要方向。用冷却法灭火，其原理即是将燃烧物质的温度降低到燃点以下，使燃烧停止。

燃点是表征固体物质火灾危险性的主要参数。可燃固体的燃点越低，越容易着火，火灾危险性就越大。可燃固体按燃烧的难易程度分为易燃固体和可燃固体两类。在危险物品的管理上，对于熔点较高的可燃性固体，通常以燃点 300℃作为划分易燃固体和可燃固体的界线。

易燃固体的着火点都比较低，一般都在 300℃以下，在常温下只要有能量很小的引火源与之作用即能引起燃烧。如镁粉、铝粉只有 20mJ 的点火能即可点燃；硫黄、生松香则只需 15mJ 的点火能即可点燃。有些易燃固体当受到摩擦、撞击等外力作用时也能引发燃烧。控制可燃物质的温度在燃点以下是防火措施之一。所以，易燃固体在储存、运输、装卸过程中，应当注意轻拿轻放，避免摩擦、撞击等外力作用。

易燃固体按危险性程度又可分为一、二两级。一级易燃固体的燃点低，易于燃烧和爆炸，燃烧速度快，并能放出剧毒的气体，如红磷、三硫化磷、五硫化磷、二硝基甲苯、闪光粉等；二级易燃固体的燃烧性能比一级易燃固体差，燃烧速度较慢，燃烧产物的毒性较小，例如硫磺、赛璐珞板、萘及镁粉、铝粉、锰粉等。

可燃液体的燃点与闪点的区别是：在燃点时燃烧的不只是蒸气，而且还有液体（即液体已达到燃烧温度，可提供保持稳定燃烧的蒸气）。另外，在闪点时移去火源后闪燃即熄灭，而在燃点时液体则能继续燃烧。液体的燃点可采用测定闪点的开口杯法进行测定。为取得试样的燃点，应继续进行加热，并定时断续点火。当试样的蒸气接触点火器火焰时立即着火，并能持续燃烧不少于 5s，此时的温度为试样的燃点。可燃液体的燃点都高于闪点，而且闪点越低的可燃液体，其燃点与闪点的差值越小。例如，汽油、二硫化碳等的燃点与闪点仅相差 1℃。

2.1.4.3 自燃

可燃物质虽没有受到外界点火源的直接作用，但当受热达到一定温度，或由于物质内部的物理（辐射、吸附等），化学（分解、化合等）或生物（细菌、腐败作用等）反应过程所提供的热量聚积起来使其达到一定的温度，从而发生自行燃烧的现象叫自燃。例如黄磷暴露于空气中时，即使它与氧在室温下发生氧化反应放出的热量也足以使其达到自行燃烧的温度，故黄磷在空气中很容易自燃。

A　自燃的类型

自燃是物质自发的着火燃烧，通常是由缓慢的氧化作用而引起的，即物质在无外部火源的条件下，在常温中自行发热，由于散热受到阻碍，使热量积蓄逐渐达到自燃点而引起的燃烧。自燃可以分为受热自燃和自热自燃。

（1）受热自燃。可燃物质在外部热源作用下，使温度升高，当达到其自燃点时，即着火燃烧，这种现象称为受热自燃。

可燃物质与空气一起被加热时，首先开始缓慢氧化，氧化反应产生的热使物质温度升高，同时，也有部分散热损失。若物质受热少，则氧化反应速率慢，反应所产生的热量小于散热量，则温度不再会上升。若物质继续受热，氧化反应加快，当反应所产生的热量超过散热量时，温度逐步升高，达到自燃点而自燃。在工业生产中，可燃物由于接触高温表面、加热或烘烤过度、冲击摩擦等，均可导致的自燃就属于受热自燃。

（2）自热自燃。某些物质在没有外来热源影响下，由于物质内部所发生的化学、物理或生化过程而产生热量，这些热量在适当条件下会逐渐积聚，使物质温度上升，达到自燃点而燃烧。这种现象称为自热燃烧。

造成自热燃烧的原因有氧化热、分解热、聚合热、发酵热等。自热燃烧的物质可分为：自燃点低的物质；遇空气、氧气发热自燃的物质；自然分解发热的物质；易产生聚合热或发酵热的物质。

B　自燃点

可燃物质无需直接的点火源就能自行燃烧的最低温度叫做该物质的自燃点。物质的自燃点越低，发生火灾的危险性越大。几种物质的自燃点如表2-12所示。

表2-12　几种可燃物质的自燃点

物质	自燃点/℃	物质	自燃点/℃	物质	自燃点/℃
黄磷	34～35	二硫化碳	102	棉籽油	370
三硫化四磷	100	乙醚	170	桐油	410
赛璐珞	150～180	煤油	240～290	芝麻油	410
赤磷	200～250	汽油	280	花生油	445
松香	240	石油沥青	270～300	菜籽油	446
锌粉	360	柴油	350～380	豆油	460
丙酮	570	重油	380～420	亚麻仁油	343

可燃固体的自燃点一般都低于可燃液体和气体的自燃点，大体上介于180～400℃之间。这是由于固体物质组成中，分子间隔小，单位体积的密度大，因而受热时蓄热条件好。可燃固体的自燃点越低，其受热自燃的危险性就越大。

可燃固体达到自燃点时，首先分解出可燃气体，并与空气发生氧化而燃烧，这类物质的自燃温度一般较低，例如纸张和棉花的自燃温度为130~150℃。熔点高的可燃固体的自燃点比熔点低的可燃固体的自燃点低一些，粉状固体的自燃点比块状固体的自燃点低一些。

此外，可燃固体与空气接触的表面积越大，其化学活性亦越大，越容易燃烧，并且燃烧速度也越快。所以，同样的可燃固体，比表面积越大，其危险性就越大。例如铝粉比铝制品容易燃烧，硫粉比硫块燃烧快等。由多种元素组成的复杂固体物质（如棉花、硝酸纤维等），其受热分解的温度越低，火灾危险性则越大。

C　影响自燃点的因素

压力对自燃点有很大的影响，压力越高，则自燃点越低。例如，苯在101.3kPa（1atm）时，自燃点为680℃；在$1.01×10^6$Pa（10atm）下为590℃；在$2.5×10^6$Pa（25atm）下为490℃。

可燃气体与空气混合时的自燃点随其组成而变化，当混合物的组成符合于化学计量比时自燃点最低。混合气体中氧含量增高，也将使自燃点降低。如果可燃气体与氧气（或空气）以适当的比例混合，则燃烧可在混合物中高速扩展，以致达到爆炸的速度。

催化剂对液体及气体的自燃点也有很大影响。活性催化剂能降低物质的自燃点，钝性催化剂能提高物质的自燃点。例如汽油中加入钝性催化剂四乙基铅［$Pb(C_2H_5)$］可以起到防爆剂的作用。容器壁与加热面也有催化性能，因而材质不同的仪器所测得的自燃点数值也不一样，这种现象称为接触影响。例如，汽油的自燃点在铁管中测得的是685℃，在石英管中测得的是585℃，而在铂坩埚中测得的是390℃。此外，容器的直径与容积大小也影响物质的自燃点。容器的直径很小时，由于热损失太大，可燃性混合物一般不能自行着火。

受热后能熔融并气化的固体物质，其自燃点的影响因素与液体相似。受热后能分解并析出可燃气体产物的固体，析出挥发物越多者，自燃点越低。例如木材的自燃点为250~350℃，煤为400~500℃，焦炭的自燃点则在700℃以上。各种固体粉碎得越细，自燃点也越低。硫铁矿矿粉自燃点随粒度变化情况如表2-13所示。

表2-13　硫铁矿矿粉的自燃点

分　级	筛子网眼/mm	自燃点/℃
1	0.20~0.15	406
2	0.15~1.10	401
3	0.10~1.186	400
4	0.086	340

有机物的自燃点还有以下特点：

（1）同系物中，自燃点随相对分子质量增加而减少。如甲烷的自燃点高于乙烷、丙烷的自燃点。

（2）正位结构的自燃点低于其异构物的自燃点。如正丙醇的自燃点为540℃，而异丙醇的自燃点则为620℃。

（3）饱和碳氢化合物的自燃点比相当于它的不饱和碳氢化合物的自燃点为高。如乙烯的自燃点425℃，高于乙炔的自燃点305℃，而低于乙烷的自燃点515℃。

（4）苯系的低碳氢化合物自燃点高于有同样碳原子数的脂肪族碳氢化合物。如苯（C_6H_6）与甲苯（C_7H_8）的自燃点分别高于己烷（C_6H_{14}）、庚烷（C_7H_{16}）的自燃点。

自燃点还与测定时的条件有关，不同的仪器、不同的测试步骤和测试条件有不同的结果。如在氧气中所测得的数值较在空气中测得的为低。如氢气在空气中测定的自燃点为572℃，而在氧气中则为560℃，其他物质亦具有上述性质，如表2-14所示。

表2-14　部分气体和液体的自燃点

物质	自燃点/℃		物质	自燃点/℃	
	空气中	氧气中		空气中	氧气中
氢气	572	560	乙烯	490	485
一氧化碳	609	588	乙烯	305	296
二硫化碳	120	107	苯	580	566
硫化氢	292	220	环丙烷	498	454
甲烷	632	556	甲醇	470	461
丙烷	493	468	乙醛	275	159
丁烷	408	283	乙醚	193	182
戊烷	290	258	丙酮	561	485
乙酸	550	490	二甲醚	350	352

一般液体密度越大，闪点越高、而自燃点越低。例如各种油类密度排列为：汽油＜煤油＜轻柴油＜重柴油＜蜡油＜渣油，其闪点依次升高，而自燃点依次降低，如表2-15所示。

表2-15　部分液体燃料的自燃点和闪点比较　　　　　　　　　　（℃）

物质	闪点/℃	自燃点/℃	物质	闪点/℃	自燃点/℃
汽油	＜28	510~530	重柴油	＞120	300~330
煤油	28~45	380~420	蜡油	＞120	300~320
轻柴油	45~120	350~380	渣油	＞120	230~240

D　自燃物质的类型

常见的能引起本身自燃的物质有植物类、油脂类、煤、硫化铁及其他化学物质等。

（1）自燃点低的物质，例如磷、磷化氢等。

（2）遇空气、氧气发热自燃的物质，可分为如下几类。

1）油脂类。油脂类自燃主要是由于氧化作用所造成的，但与所处条件有关。油脂盛于容器中或倒出成薄膜状时不能自燃。但如浸渍在棉纱、锯木屑、破布等物质中形成很大的氧化表面时，则能引起自燃。油脂的自燃能力与不饱和程度有关，不饱和的植物油如亚麻油等具有较大的自燃可能性，动物油次之，矿物油一般不能自燃。

2）金属粉尘及金属硫化物类。如锌粉、铝粉、金属硫化物等。

这类物质很危险，例如铁的硫化物（FeS、Fe_2S_3）极易自燃，其中最危险的是设备受腐蚀后生成的硫化铁。

在硫化染料、二硫化碳、石油产品与某些气体燃料的生产中，由于硫化氢的存在，使铁制设备或容器的内表面腐蚀而生成硫化铁的机会较多。

例如设备腐蚀，在常温下

$$2Fe_2(OH)_3 + 3H_2S \longrightarrow Fe_2S_3 + 6H_2O$$

在300℃左右

$$Fe_2O_3 + 4H_2S \longrightarrow 2FeS_2 + 3H_2O + H_2 \uparrow$$

在310℃以上

$$2H_2S + O_2 \longrightarrow 2H_2O + 2S$$

$$Fe + S \longrightarrow FeS$$

如果空油罐等容器，敞开与空气接触，硫化铁类在常温下与空气发生氧化反应，可自燃。如有可燃气体存在，则可能形成火灾爆炸事故。

硫化铁类自燃的主要反应式如下：

$$FeS_2 + O_2 \longrightarrow FeS + SO_2 \qquad \Delta_r H_m^{\ominus} = -222.17kJ/mol$$

$$FeS + 1.5O_2 \longrightarrow FeO + SO_2 \qquad \Delta_r H_m^{\ominus} = -48.95kJ/mol$$

$$2FeO + 0.5O_2 \longrightarrow Fe_2O_3 \qquad \Delta_r H_m^{\ominus} = -270.70kJ/mol$$

$$Fe_2S_3 + 1.5O_2 \longrightarrow Fe_2O_3 + 3S \qquad \Delta_r H_m^{\ominus} = -585.76kJ/mol$$

3）活性炭、木炭、油烟类。

4）其他类。例如鱼粉、原棉、骨粉、石灰等。

（3）自然分解发热的物质，如硝化棉。天津港"8·12"瑞海公司危险品仓库特别重大火灾爆炸事故调查报告认定最初着火物质为硝化棉。瑞海公司危险品仓库运抵区南侧集装箱内的硝化棉由于湿润剂散失出现局部干燥，在高温（天气）等因素的作用下加速分解放热，积热自燃，引起相邻集装箱内的硝化棉和其他危险化学品长时间大面积燃烧，导致堆放于运抵区的硝酸铵等危险化学品发生爆炸。

（4）产生聚合热的物质，如液体氰化氢、乙酸乙烯酯、丙烯腈等，具有很强的化学活性，在聚合生成高分子聚合物的反应过程中大都伴随着放热，如果聚合热不能散出反应体系外，就会使聚合速度剧增，发生冲料或自燃爆炸。

（5）产生发酵热的物质，例如，植物类产品、未充分干燥的干草、湿木屑等，由于水分的存在，植物细菌活动产生热量，若散热条件不良，热量逐渐积聚而使温度上升，当达到70℃后，植物产品中的有机物便开始分解而析出多孔性炭，再吸附氧气继续放热，最后使温度提高到250~300℃而自燃。

（6）煤发生自燃的主要原因，一是煤的吸附和氧化作用，尤以前者为主。二是热交换条件。各种煤的自燃点见表2-16。

表 2-16 各种煤的自燃点

煤的名称	挥发物	化学组成（不饱和化合物）/%	硫化物	自燃危险温度/℃	炭化点/℃	自燃点/℃
褐煤	41~60	20~25	8~10	60~65	100~130	250~450
烟煤	12~44	5~15	0.5~6.3	65	150~250	400~500
泥煤	—	50		70~80	100~105	205~230
无烟煤	3.5				300~400	500 以上

影响煤自燃的因素有：

1）煤的粉碎程度。煤愈细碎，其表面积就愈大，因而吸附和氧化的过程就进行得愈快，析出的热量也就愈多，则越易自燃。例如，曾有堆垛储存了一年多的烟煤，没有自燃，但粉碎成粉末后，经过若干小时就发生了自燃。

2）挥发分的含量。煤中含有挥发分愈多，愈容易自燃，故烟煤易自燃而焦炭不易自燃。这是因为含挥发分多的煤的氧化能力强，燃烧的速度快。

3）湿度。煤中含有硫化铁，它能在低温下被氧化。若遇水分则加速其氧化过程。氧化后的产物硫酸亚铁比硫化铁本身的体积大，结果使煤块裂碎，表面增大；同时硫化铁氧化时还放出热量，从而加速自燃过程。其反应方程式如下：

$$FeS_2(s) + O_2(g) \Longrightarrow FeS(s) + SO_2(g) \qquad \Delta H_m^{\ominus}(298.15K) = -222.17kJ/mol$$

$$2FeS_2 + 7O_2 + 2H_2O \Longrightarrow 2FeSO_4 + 2H_2SO_4$$

因此，煤中含水分多，容易自燃。在雨水多的季节里，煤堆容易发生自燃。

4）蓄热条件。煤在单位体积中散热量愈小，发生自燃的过程就愈快。这主要取决于煤的堆垛情况。如果煤的堆垛很高大，由煤堆内向外导出的热就很少，因而氧化时放出的热量就会很快地超过导出的热量，从而促使煤本身自燃。防止煤自燃的主要措施是：限制煤堆的高度，将煤堆压实，控制煤堆的温度。

煤在低温时，氧化速度不大，但由于它能吸附蒸气和气体，并使蒸气在煤的表面浓缩而变成液体，放出的热使温度升高到 60℃。在这以后，煤的氧化速度加快，若热量不散，温度继续升高，直到发生自燃。

2.1.4.4 爆燃（deflagration）

爆燃（或叫燃爆）是火炸药或燃爆性气体混合物的快速燃烧，是混合气体在燃烧时的一个特例。爆燃时其反应区向未反应物质中推进速度小于未反应物质中的声速。

一般燃料的燃烧需要外界供给助燃的氧，没有氧，燃烧反应就不能进行，例如煤炭在空气中的燃烧。某些含氧的化合物（如硝基甲苯等）或混合物，在缺氧的情况下虽然也能燃烧，但由于其含氧量不高，隔绝空气后燃烧就不完全或熄灭。而火炸药或燃爆性气体混合物中含有较丰富的氧元素或氧气、氧化剂等，它们燃烧时无需外界的氧参与反应，所以它们是能发生自身燃烧反应的物质。燃烧时若非在特定条件下，其燃烧转变为爆炸，例如黑火药的燃烧爆炸，煤矿井下巷道中甲烷气体或煤尘与空气混合物发生的燃烧爆炸事故（即所谓瓦斯爆炸）等。

火炸药或燃爆性气体混合物发生爆炸时所需要的最低点火温度叫做该物质的发火点。由于从点燃到爆燃有个延滞时间，通常都规定采用 5s 或 5min 作延滞期，以比较不同物质在相同延滞期下的发火点。例如含甲烷 8% 的甲烷—空气混合物在 5min 延滞期下的点火温度为 725℃，2 号岩石铵梯炸药的发火点为 186~230℃。

2.1.5 燃烧热及火灾的释热速率

在火灾燃烧过程中，会产生新的物质，一般还伴随着放出大量的热量。1 摩尔的可燃物完全燃烧释放的热量称为燃烧热（kJ/mol）。在标准状态（1atm、273K）下的燃烧热称为标准燃烧热（kJ/mol）。在火灾研究中，可燃物的燃烧热是一个经常使用的重要参数。

工程计算时，可燃物的量还经常使用质量（kg）或体积（m³）作为燃烧热的基本计量单位，称为燃料的热值（kJ/kg 或者 kJ/m³）。燃料的热值分为高热值和低热值。高热值是指常温下（一般为 25℃）燃料完全燃烧后，将燃烧产物冷却到初始温度，并使其中的水蒸气凝结为水所放出的热量。低热值是指常温下的燃料完全燃烧后，将燃烧产物冷却到初始温度，但产物中的水仍以蒸气形式存在时所放出的热量。

固体和液体燃料的热值通常使用氧弹式量热计测定，气体燃料的热值通常用水流式气体量热计测定。表 2-17 列出了部分具有代表性的可燃物的高热值。混合液体和混合气体的热值可按照混合组分的百分含量，根据混合法则计算得到，或通过实测得到。

表 2-17　部分可燃物的高热值（1 标准大气压、25℃）

可燃物名称	状态	高热值/kJ·mol⁻¹	可燃物名称	状态	高热值/kJ·mol⁻¹
碳	固	392.88	乙烯	气	1411.26
氢气	气	285.77	乙醇	液	1370.94
一氧化碳	气	282.84	甲醇	液	712.95
甲烷	气	881.99	苯	液	3273.14
乙烷	气	1541.39	苯乙烯	液	4381.09
丙烷	气	2201.61	氨基甲酸乙酯	固	1661.88
丁烷	气	2870.64			

需要指出的是，在火灾中，可燃物的燃烧通常是不完全燃烧。因此，火灾时的实际放热量即热释放速率（Heat Release Rate，HRR）一般是以燃烧热为基础，结合燃烧场景的特点通过燃烧效率因子进行适当修正来确定。

一般地，如果知道火灾中可燃物的质量燃烧速率，可以按式（2-4）计算释热速率：

$$\dot{Q} = \varphi \times \dot{m} \times \Delta H \tag{2-4}$$

式中　$\dot{Q}$——可燃物的释热速率，kW；

　　　$\dot{m}$——可燃物的质量燃烧速率，kg/s；

　　　φ——燃烧效率因子，反映不完全燃烧的程度，一般在 0.3~0.9 范围内变化；

　　　ΔH——该可燃物的热值，kJ/kg。

如果已知空气消耗的质量速率 $\dot{m}_e$ 和燃料的热解速率 $\dot{m}_f$，以及空气和燃料质量速率的化学计量比 S_r，可以按照下式计算火灾的释热速率：

$$G = \begin{cases} \chi \dot{m}_f \Delta h_c & \dfrac{\dot{m}_e}{\dot{m}_f} \geqslant S_r \\ \chi \left(\dfrac{\dot{m}_e}{S_r} \right) \Delta h_c & \dfrac{\dot{m}_e}{\dot{m}_f} < S_r \end{cases} \tag{2-5}$$

式中，χ 为燃烧效率。

现在已发展了多种释热速率的测量方法，应用最成功的是锥形量热计，见图 2-9。

该仪器主要由两部分组成，一是量热计，用于测量释热速率、CO 和 CO_2 的生成速率和烟气浓度；二是以锥形辐射加热器为主的燃烧控制器，用于固定燃烧试样和调节引燃条件。锥形辐射加热器可以对试样施加 10~100kW/m² 的辐射热，基本上覆盖了从燃烧初起阶段到燃烧充分发展阶段的热通量。该仪器使用前应当用厚度为 25mm 的黑色聚甲基丙烯

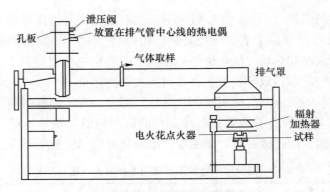

图 2-9   锥形量热计结构简图

酸甲酯（PMMA）进行标定。完成了对仪器的标定后就可以进行有关材料的释热速率的测量。许多材料的释热速率是不均匀的，材料的厚度、外保护状况等均对释热速率有一定的影响。在有的资料中，常用平均值和峰值两个参数表示材料的释热速率特性。

建筑火灾中往往是一件物品先着火，再引燃其周围的其他物品从而逐渐扩大的，可以根据有关数据对不同物品组合状况下的释热速率作出估计。例如，如果知道建筑内各物品的释热速率、引火源及其他物品被引燃的时间，就能够将它们的释热速率曲线按点燃的时间叠加起来，从而得到总的释热速率，见图 2-10。

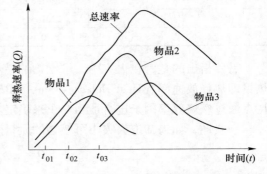

图 2-10   三件物品依次着火的总释热速率曲线

使用锥形量热计只能测定一些小试样（通常试样尺寸为 100mm×100mm）。然而建筑物内使用的物品基本上都是由多种材料组成的，且具有较大的质量和体积，其释热性能可用家具量热仪测定，如图 2-11 所示。家具量热仪测量的数据很接近实际火灾环境的结果，因此很有实用价值。

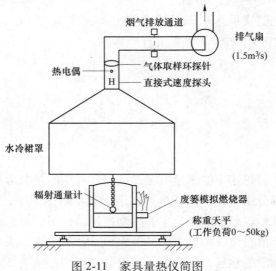

图 2-11   家具量热仪简图

可能发生火灾的释热速率是决定火灾发展及火灾危害的主要参数，也是采取消防对策的基本依据，因此具有重要的参考意义。在建筑设计或建筑物消防安全评价时，需要对释热速率进行合理的假设。火灾释热速率设定得越合理，所用消防设施的有效性和经济性越好，称为火灾功率设定。

有些物品的燃烧在火灾初期发展迅速，经过一段时间后，释热速率便趋向于某一确定值，例如泄漏气体的喷射火、油池火、某些热塑料火等。这些情况火灾的释热速率可按图2-12的方式进行简化。

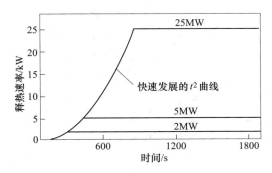

图 2-12　火灾由快速增长到稳定燃烧的曲线

建筑防排烟系统技术标准 GB 51251—2017（第 4.6.7 条款）规定在排烟系统设计计算时，各类场所的火灾热释放速率不应小于表 2-18 规定的值。设置自动喷水灭火系统（简称喷淋）的场所，其室内净高大于 8m 时，应按无喷淋场所对待。

表 2-18　火灾达到稳态时的热释放速率

建筑类别	喷淋设置情况	热释放速率/MW
办公室、教室、客房、走道	无喷淋	6.0
	有喷淋	1.5
商店、展览厅	无喷淋	10.0
	有喷淋	3.0
其他公共场所	无喷淋	8.0
	有喷淋	2.5
汽车库	无喷淋	3.0
	有喷淋	1.5
厂房	无喷淋	8.0
	有喷淋	2.5
仓库	无喷淋	20.0
	有喷淋	4.0

2.2　火灾的类型及分级

火灾是火在时间和空间上失去控制而导致蔓延的一种灾害性燃烧现象。

火灾的类型不同，其特点也有所不同。国家标准《火灾分类》（GB/T 4968—2008）根据可燃物类型和物质的燃烧特性，将火灾划分为以下六种类型：

A 类火灾：指固体物质火灾。这种物质往往具有有机物质，一般在燃烧时能产生灼热的灰烬。如木材、棉、毛、麻、纸张火灾等。

B 类火灾：指液体火灾和可熔化的固体物质火灾。如汽油、煤油、柴油、原油、甲醇、乙醇、沥青、石蜡火灾等。

C 类火灾：指气体火灾。如煤气、天然气、甲烷、乙烷、丙烷、氢气火灾等。

D 类火灾：指金属火灾。如钾、钠、镁、钛、锆、锂、铝镁合金火灾等。

E 类火灾：带电火灾。指电器、计算机、发电机、变压器、配电盘等电气设备或仪表及其电线电缆在燃烧时仍带电的火灾。一般说这类火灾与 A 类或 B 类火灾共存。

F 类火灾：烹饪器具内的烹饪物（如动植物油脂）火灾。

根据火灾发生的场所，通常包括建筑火灾、森林火灾、交通工具火灾等。其中，根据建筑物功能的不同特点，建筑火灾包括民用建筑火灾、公共建筑火灾、工厂仓库火灾等。根据建筑物结构的不同特点，建筑火灾可分为高层建筑火灾、地下建筑火灾等。

依据《生产安全事故报告和调查处理条例》（国务院令 493 号），公安部办公厅《关于调整火灾等级标准的通知》（公消〔2007〕234 号）将火灾等级分为特别重大火灾、重大火灾、较大火灾和一般火灾四个等级：

（1）特别重大火灾，是指造成 30 人以上死亡，或者 100 人以上重伤（包括急性工业中毒，下同），或者 1 亿元以上直接经济损失的事故。

（2）重大火灾，是指造成 10 人以上 30 人以下死亡，或者 50 人以上 100 人以下重伤，或者 5000 万元以上 1 亿元以下直接经济损失的事故。

（3）较大火灾，是指造成 3 人以上 10 人以下死亡，或者 10 人以上 50 人以下重伤，或者 1000 万元以上 5000 万元以下直接经济损失的事故。

（4）一般火灾，是指造成 3 人以下死亡，或者 10 人以下重伤，或者 1000 万元以下直接经济损失的事故。

2.3　不同类型可燃物的火灾燃烧过程

2.3.1　可燃气体的火灾燃烧过程

根据可燃气体与空气混合过程的特点，可燃气体的燃烧过程可以归纳为扩散式燃烧和预混式燃烧两种基本形式。火灾燃烧中经常出现这种情况，即可燃组分在预混燃烧阶段不能完全燃烧，部分燃料气进入烟气中，还可以继续发生扩散燃烧。

2.3.1.1　扩散式燃烧

可燃气体在喷射出来之前没有与空气混合，当可燃气体从存储容器或输送管道中喷射出来时，在适当的点火源能量的作用下，喷射而出的可燃气体卷吸周围的空气，边混合边燃烧，称为扩散式燃烧。扩散式燃烧形成射流扩散火焰，分为层流和湍流两种类型。层流扩散火焰的示意图见图 2-13。层流扩散火焰焰面为圆锥形。焰面上可燃气体和空气的混合比等于化学计量比；焰面以内为可燃气体和燃烧产物的混合区。可燃气体浓度从火焰中心向焰面逐步降低；焰面以外为空气和燃烧产物的混合区。氧气浓度从静止的空气层向焰面逐步降低；燃烧产物在焰面上浓度最大，从焰面向内、外两侧逐步降低。

理论和实验分析的结果表明，当喷口尺寸和形状一定时，随着可燃气体气流速度的增大，火焰逐渐由层流转变为紊流，见图2-14。实验表明，当喷口处的雷诺数约为2000时，进入由层流向紊流的转变区。当雷诺数达到某一临界值（一般小于10000）时，整个火焰焰面几乎完全发展为紊流燃烧。

从喷口平面到火焰锥尖的距离称为火焰高度，它是表示燃烧状况的一个重要参数。扩散火焰高度与喷口出流速度之间的关系如图2-14所示。实验表明，层流扩散火焰高度随管口喷出气流速度增加而

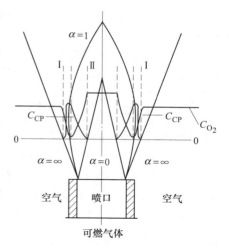

图2-13 可燃气体层流扩散
火焰的结构示意图

增长。紊流扩散火焰的高度大致与喷口的半径成正比，与绝热火焰温度、环境初始温度及空气和燃料气的化学当量比有关，与燃料气的流速无关。

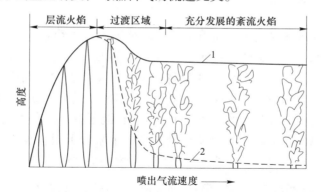

图2-14 气流速度增加时扩散火焰高度和燃烧工况的变化
1—火焰长度终端曲线；2—层流火焰终端曲线

人工燃气的层流扩散火焰温度最高可达900℃，紊流扩散火焰可达1200℃左右。由于火焰部分的温度较高，火焰的热辐射与火焰高度、大气透明度、烟气中炭黑粒子和延期成分等因素有关，强烈的热辐射可以对邻近的设备、设施或建筑等造成严重破坏。

2.3.1.2 预混式燃烧

可燃气体与空气在燃烧前即进行预混合的燃烧过程称之为预混式燃烧。

可燃气体与空气混合的程度通常用一次空气系数 α_1 来表示，即一次空气量和理论空气量的比值。一次空气系数 $\alpha_1 = 1$ 时，即处于化学当量比燃烧；一次空气系数 $\alpha_1 < 1$，表明氧气供给不足，燃料过量，称为富燃料预混气，这种状况的燃烧称为部分预混式燃烧。一次空气系数 $\alpha_1 > 1$ 时，表明空气过剩，燃料气较少，通常称为贫燃料预混气，处于完全预混式燃烧状态。火灾的初期阶段，通常是富燃料预混气燃烧阶段；火灾的通风阶段处于空气过剩阶段。

部分预混式燃烧形成的本生火焰由内锥和外锥两层火焰组成，如图 2-15 所示。内锥由可燃气体与一次空气混合物的燃烧所形成，其燃烧过程处于动力区内。外锥是尚未燃烧的可燃气体从周围空气中获得氧气燃烧所形成，燃烧过程处于扩散区内。

部分预混式燃烧由于预混了部分空气，所以燃烧温度和燃烧的完全程度有所提高，火焰温度相对扩散式燃烧较高。又由于一次空气量小于燃烧所需的空气量，因此在蓝色锥体上仅仅进行一部分燃烧过程。所生成的中间产物将穿过内锥焰面，在其外部按扩散方式与空气混合而燃烧。一次空气系数越小，则外锥焰就越大。$\alpha_1 = 1$ 时，燃烧温度高，内锥高度最短；$\alpha_1 < 1$ 或 $\alpha_1 > 1$ 时，内锥高度均增长，火焰温度降低。且一次空气系数越大，燃烧的稳定范围就越小。

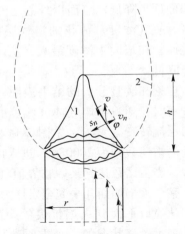

图 2-15　部分预混燃烧形成的本生火焰
1—内锥面；2—外锥面

从火势的发展来看，火灾的发展和蔓延实际上是一种处于高温反应区的火焰传播过程。随着气体流动状态的不同，预混火焰传播速度可分为层流火焰传播速度和湍流火焰传播速度两种。

层流火焰传播速度定义为火焰面向层流可燃混合气中传播的法向速度。一定温度、压力下，可燃混合物的法向火焰传播速度 S_n（如图 2-16 所示）是反映可燃气体燃烧特性的一个物理常数，由可燃混合物的物理化学特性所决定。随着初始温度的升高，S_n 显著增大。对于烃类碳氢化合物而言，炔族的法向火焰传播速度最大，最小是烷族。法向火焰传播速度的最大值出现在空气与可燃气体按化学计量比混合时。法向火焰传播速度相应的最大与最小值时可燃物的含量即为可燃混合物的着火下限和上限。表 2-19 所示为常温常压下，若干燃料气体与空气混合时的法向火焰传播速度的最大值。

表 2-19　若干燃料气体与空气混合时的法向火焰传播速度的最大值（常温常压）

燃料气	法向火焰传播速度的最大值/m·s^{-1}	燃料气	法向火焰传播速度的最大值/m·s^{-1}
氢气	2.912	正丁烷	0.416
一氧化碳	0.429	乙烯	0.476
甲烷	0.373	丙烯	0.480
乙烷	0.442	苯	0.446
丙烷	0.429	甲苯	0.386

管子直径对火焰传播速度有明显的影响。一般情况下，火焰传播速度随着管子直径的增加而增加。当管子直径达到某个极限值时，火焰传播速度就不再增加。当管子直径减小到某个尺寸时，火焰就不能传播，燃烧就停止了。一般认为，当管子直径越小，它的比表面增加越多，引起的散热损失也越大，中断燃烧链锁反应的机会也越多，最后导致火焰熄灭。阻火器即是根据这个原理制成的。

预混火焰可以向任何有可燃混合气的地方传播。当部分预混火焰内锥表面各点上的气流速度 v 在锥体母线的法线上的分量 v_n 与该点的法向火焰传播速度 S_n 相等（如图 2-16 所示）时，则内锥形状非常稳定，轮廓清晰，呈明亮的蓝色锥体。当可燃混合气的气流速度的法向分速度 v_n 小于火焰传播速度 S_n，火焰缩回喷口，称为回火。回火可能造成混合室与其相连的管道内的温度和压力急剧升高，甚至造成爆炸，其破坏性极大，因此对于预混燃烧应当格外注意防止回火。

2.3.2 可燃液体的火灾燃烧过程

液体燃烧主要包括蒸发和气相燃烧两大阶段，液体蒸发是液体燃烧的先决条件。在外界点火源所释放热能的作用下，当温度升高到液体的燃点，且可燃性液体蒸发生成的可燃性蒸气与氧气或氧化剂混合生成的可燃性混合气达到一定的浓度范围时，便可发生持续燃烧。可燃液体燃烧的过程如图 2-16 所示。

与燃料气的可燃浓度极限类似，可燃液体的着火温度也有下限与上限之分。着火温度下限是指液体在该温度下蒸发生成的可燃性蒸气浓度等于其可燃浓度下限，着火温度下限即该液体的燃点。着火温度上限是指该液体在该温度下蒸发出的蒸气浓度等于其可燃浓度上限。表 2-20 列出了若干液体的着火温度极限。

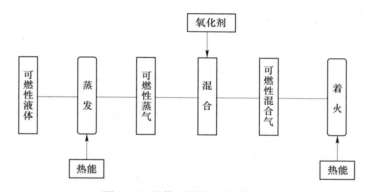

图 2-16　液体可燃物的着火过程

表 2-20　若干液体的着火温度极限

液体名称	着火温度极限/℃		液体名称	着火温度极限/℃	
	下限（燃点）	上限		下限（燃点）	上限
车用汽油	−38	−8	乙醚	−15	13
灯用煤油	40	86	丙酮	−20	6
松节油	33.5	53	甲醇	7	39
苯	−14	19	丁醇	36	52
甲苯	5.5	31	二硫化碳	−45	26
二甲苯	25	50	丙醇	23.5	53

由于输运、储存和使用过程中可燃液体的工艺参数和状态不同，其火灾发展蔓延呈现不同的特点，主要表现为以下三大类型。

2.3.2.1　池火及流淌火灾

在表面张力的作用下，当可燃液体从容器或管道中流淌出来，受到了某种固体壁面阻挡，就极易积聚起来形成不规则的大面积液池。在火灾中，可燃液体燃烧的主要形式是液面燃烧，即火焰直接在液池表面上生成，一般称为池火。盛放在敞口容器中的液体是一种典型的池火。液池的大小可以用它的当量直径来度量，是决定池火特性的一个重要参数。伯利诺夫和卡迪亚罗夫对直径 3.7~22.9mm 的碳氢可燃物池火的研究结果表明，池火的液面下降速率及火焰高度随液池直径的变化可分为三个区域：当直径 $D<0.03$m 时，火焰为层流火焰，液面下降速率随液池直径的增加而下降；直径 $D>1.0$m 时，火焰为充分湍流状态，液面下降速率与液池直径无关；直径处于 0.03m$<D<1.0$m 范围时，火焰处于过渡区状态。常见几种油类池火中液面下降速度和火焰高度随液池直径的变化如图 2-17 所示。

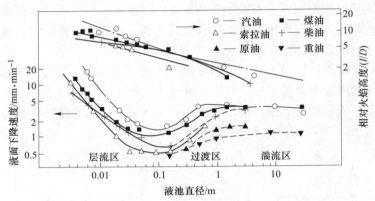

图 2-17　池火液面下降速度和火焰高度随液池直径的变化

　　总的来讲，可燃液体燃烧产生的火焰主要通过热辐射向液面传热，而火焰向液体里层的传热方式主要是传导和对流。受环境通风条件、初始温湿度、大气压，以及可燃液体的储运状态等因素影响，火焰与周围环境热传递机制具有各自不同的特点，使得不同条件下火灾发展规律具有特殊性。

　　一些实验表明，液池表面不同径向位置的燃烧速率也并不相同。对于直径比较小的池火，靠近池边的蒸发速率比中心处大，其中甲醇池火尤为明显。而对于大直径的燃烧池和辐射强的火焰来说，情况正相反。

　　近年来，由于人为纵火或生产事故，汽油、柴油等可燃液体引发的火灾时有发生。当由于某种原因可燃液体从容器中泄漏出来以后，遇到火源而着火，可燃液体就会边流淌边燃烧，称为流淌火灾。流淌火与固定面积的池火有很大的差别，主要体现在流淌火燃烧表面积不断扩大，释热速率不断增大，而且其流淌方向不确定，将会对建筑和设备造成极大的破坏。在液体火灾的防治中，将液体限制在一定的区域内，防止其流淌是一个非常有效的消防措施。

2.3.2.2　油罐火

　　贮槽内的液体在燃烧过程中，如果延续的时间较长，除了表面被加热外，其里层也会逐渐被预热。对于沸腾温度比贮槽侧壁温度高的可燃液体，其里层的加热是以传导方式进行的，随着离开液面距离的加大，里层的温度很快下降。因此，这类液体燃烧时里层预热的情况是不严重的。

　　对于沸腾温度比贮槽侧壁温度低的可燃液体，是以对流的方式沿整个深度进行加热的。这种在较大深度内进行的加热，可造成该液体（尤其是含有水分时）由于剧烈沸腾而溢出或溅落在附近地面，加剧火势蔓延。

由多种成分组成的液体在燃烧时液相和气相的成分将即时地发生变化。例如，重油、黑油等石油产品的燃烧，由于分馏的结果，液相上层逐渐积累起沥青质、树脂质及焦炭的产物，这些产物的密度均大于液体本身，因而就往下沉并加热深处的液体。如果油中含有水分，则有可能使水沸腾而使石油产品从槽中溢出，扩大火灾的危险性。

A　沸溢火灾

图 2-18 所示为油罐沸溢火灾的过程。该图表明，在燃烧热的作用下，靠近液面的油层温度上升，油品黏度变小，在水滴向下沉积的同时，受热油的作用而蒸发变成蒸气泡，于是呈现沸腾现象，如图 2-18a 所示。蒸气泡被油膜包围形成大量油泡群，体积膨胀，溢出罐外，形成如图 2-18b 所示的沸溢。

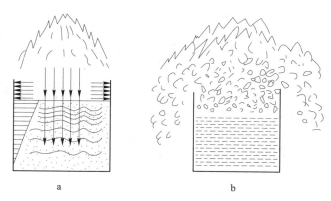

图 2-18　油罐沸溢火灾示意图

B　喷溅火灾

如图 2-19 所示，当贮槽内有水垫时，上述沸腾温度比贮槽温度低的可燃液体，或者由多种成分组成的可燃液体的分馏产物，将以对流的方式使高温层在较大深度内加热水垫如图 2-19a 所示，水便气化产生大量蒸汽，随着蒸汽压力的逐渐增高，蒸汽压力足以把其上面的油层抛向上空，而向四周喷溅，如图 2-19b 所示。

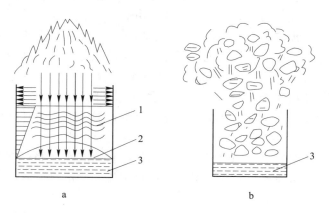

图 2-19　油罐喷溅火灾示意图

1—高温层；2—水蒸气；3—水垫

　　油罐火灾发生沸溢或喷溅时，使大量燃烧着的油液涌出罐外，四处流散，不但会迅速扩大火灾范围，而且还会威胁扑救人员的安全和毁坏灭火器材，具有很大的危险性。

2.3.2.3　喷射火

　　处于压力下的可燃液体，燃烧时呈喷射式燃烧。如油井井喷火灾，高压燃油系统从容器、管道喷出的火灾等。

　　喷射火燃烧速度快，火焰传播迅速，在火灾初起阶段如能及时切断气源（如关闭阀门等），较易扑灭；若燃烧时间延长，可能造成熔孔扩大，窑门或井口装置会被严重烧损等。

2.3.3　可燃固体的火灾燃烧过程

　　固体可燃物的燃烧过程如图 2-20 所示。

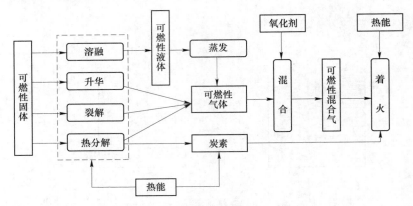

图 2-20　固体可燃物的燃烧过程

　　在一定的外部热量作用下，固体可燃物发生热分解、裂解或升华，生成可燃性挥发分气体和固定碳。若挥发分达到燃点或受到点火源的作用，即发生明火燃烧。稳定的明火向固体燃料表面反馈热量，强化了固体燃料的热分解、裂解或升华，即使撤掉点火源，燃烧仍能持续进行。当固体可燃物本身的温度达到固定碳的燃点之后，固定碳也开始燃烧。从火灾防治角度出发，主要关心固体可燃物的前期气相燃烧。

　　熔点低的可燃固体受热后，先熔化为液体，由液体蒸发生成可燃蒸气，再以燃料气的形式发生气相燃烧，如沥青、石蜡、松香、硫、磷等。由于这些固体的分子量较大，总会或多或少地产生固定碳，故其燃烧后期也存在固定碳的燃烧阶段。复杂的固体物质受热时首先直接分解析出气态产物，再氧化燃烧，如木材、煤、纸张、棉花、塑料、人造纤维等。焦炭和金属等燃烧时呈炽热状态，无火焰发生，属于无焰燃烧。

　　通常固体燃烧是由外部火源点燃的。由于固体的挥发性差，而且其性质不够稳定，因而其燃点不易准确测定。

　　有些固体除了可由外部火源点燃外，还可以发生自燃。实际储存这些物质时，尤其是对于堆放着的固体或需要加热、烘烤、熬炼的固体来说，一定要采取适当的措施防止其温度接近自燃点。

　　可燃固体的种类繁多，通常可分为天然物质（木材、草、棉花、煤等）和人工合成物质（橡胶、塑料、纺织品等）两大类。在工程燃烧中通常以煤为固体燃料的代表。但是在建筑火灾中，建筑物中的装饰材料、家具、衣物、室内存放的各种物品等，均是经常遇到的可燃物和初始火源，它们大都是由木材和人工聚合物制成或构成的。以下将主要讨论这两类物质的火灾燃烧特性。

2.3.3.1 木材的火灾燃烧特性

木材受热在100℃以下时主要是蒸发水分，超过100℃开始发生热解和气化反应，析出可燃气体，同时放出少量的热。当温度达到大约260℃时，可燃性气体的析出量迅速增加，此时明火可将其点燃，但并不能维持稳定燃烧。这表明可燃性气体的量还不够大，所以260℃相当于液体可燃物的闪点，这里称为木材的闪火温度。大量的实验结果表明，尽管木材种类很多，但木材热解、气化的规律相差不大；热解、气化产物的主要成分包括CO、H_2、CH_4等。木材的闪火温度均在260℃附近。当温度升高到424~455℃时，即可着火燃烧。某些树种的闪火温度、着火温度值见表2-21。

表2-21 部分树种的闪火温度和着火温度

树种	杨树	红松	夷松	榉木	桂树
闪火温度/℃	253	263	262	264	270
着火温度/℃	445	430	437	426	455

木材的燃烧除了产生气态产物的有焰燃烧外，还有木炭的无焰燃烧。在开始燃烧析出可燃气体时，木炭不能燃烧，因为火焰阻止氧接近木炭。随着木炭层的加厚，阻碍了火焰的热量传入里层的木材，因而减少了气态物质的分解，火焰变弱，氧气得以接近木炭，于是木炭灼热而燃烧，木材表面的温度也随之升高，达到600~700℃。木炭的燃烧又使木炭层变薄，露出新的木材，进行分解，这样一直继续到全部木材分解完毕。此后就只有木炭的燃烧，再没有火焰发生。

木材的有焰燃烧阶段对火灾发展起着决定的作用，这阶段所占的时间虽短，但所放出的热量大，火焰的高温与热辐射促使火灾蔓延。因此，在灭火工作中，对木材的有焰燃烧实行有效的控制非常重要。

2.3.3.2 高分子化合物的火灾燃烧特性

研究结果表明：高分子材料受热之后，也发生热解、气化反应，高分子化合物的着火燃烧过程见图2-21。某些高分子化合物受热后，首先释放出可燃性气体，所以着火仍发生在气相中。例如，高分子材料用激光加热时，试件放在激光器的焦点，调节电流控制激光器的功率。随着加热的开始，试件温度不断升高，热解、气化反应逐渐强化，热解、气化的生成物在试件上方形成一束垂直试件表面的白烟。随着时间的延续，白烟底部变粗，而且更接近试件表面，与试件表面的距离只有3~4mm，以后便着火形成预混火焰，并沿着白烟传播，最后形成扩散火焰。如果在空气中添加5%的四氯化碳，则火焰呈蓝色，但燃烧速度变慢。大量的实验结果表明，有机玻璃着火时的表面温度在580~610℃之间，添加少量的四氯化碳相当于添加了阻燃剂，推迟了着火，降低了燃烧速度。所以阻燃剂以及难燃化处理常在人工合成材料中添加少量的CCl_4。

某些聚合物受热先液化、再蒸发，所以着火特性类似液体可燃物的着火。控制着火特性的主要参数是蒸发速度，由于此时的环境温度很高，可用高温环境下的蒸发规律处理这

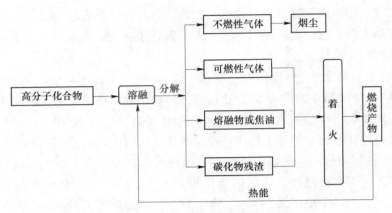

图 2-21　高分子化合物的燃烧过程

个问题。受重力控制，受热的聚合物液化之后的流动方向总是从上向下，所以，对受热先液化的可燃物而言，若受热部位在上，液化的流体向下流动对着火燃烧有利，造成火灾蔓延的危险性加大。近年来，建筑物外墙保温材料火灾多次发生，其保温材料的受热溶融特性是火势迅速蔓延的主要原因之一。

2.4　建筑物火灾的发展过程

　　建筑物火灾过程中室内环境的温度随产生热量的增多而升高，在达到并超过逃生人员所能承受的极限时，便会危及生命安全。并且温度继续升高到一定程度后，建筑构件和金属将会丧失其强度，使建筑结构受到损害。

　　通常用室内平均温度随时间的变化曲线表示建筑物室内火灾的发展过程，如图2-22 所示。其中曲线 A 为常见的可燃固体火灾室内的平均温升曲线。曲线 B 是可燃液体室内火灾的平均温升曲线。

　　从两曲线的对比可见，可燃液体火灾初期的温升速率很快，在相当短的时间内，温度可达 1000℃左右。若火区的面积不变，即形成了固定面积的池火，则火灾基本上呈定常速率燃烧。若形成流淌火，燃烧强度将迅速增大。这种火灾发展速度很快，供初期灭火准备的时间非常有限，极易对人、设备设施和建筑物造成严重危害，防止和扑救这类火灾应当采取一些特别的措施。

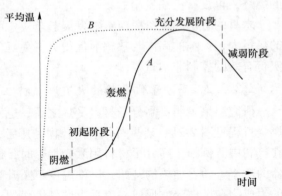

图 2-22　建筑物室内火灾的发展过程
A—可燃固体火灾室内平均温度的上升曲线；
B—可燃液体室内火灾的平均温升曲线

　　根据建筑物常见的可燃固体火灾温升曲线 A，按照建筑物火灾发生、发展的时间顺序，建筑物火灾大体可分为三个主要阶段：即火灾初起阶段、充分发展阶段以及减弱阶段。各阶段的特点如下所述。

2.4.1 火灾初起阶段

2.4.1.1 阴燃

根据起火源的燃烧特性、起火源周围可燃物的分布和燃烧特性、通风情况等差异，火灾初起阶段着火区的扩大呈现不同的规律性。

一种情况是初始可燃物全部烧完而未能延及其他可燃物，火灾早期即受到控制或自行熄灭。这种情况通常发生在初始可燃物不多且距离其他可燃物较远的情况下，或者是火灾早期探测系统起作用，刚发烟即受到有效的控制。

另一种情况是，火灾增大到一定的规模，但温度和通风不足使燃烧强度受到限制，火灾以较小的规模持续燃烧。此时可燃物呈现显著的不完全燃烧状态，大量地发烟但不出现明火，这样的燃烧过程常称之为阴燃。

阴燃是固体可燃物质特有的燃烧形式。所谓阴燃是一种在气固界面处的燃烧反应，是一种没有气相火焰的缓慢燃烧。易发生阴燃的材料大都质地松软、多孔或呈纤维状。当它们堆积起来时，更易发生阴燃，如纸张、木屑、锯末、烟草、纤维织物以及一些多孔性塑料等。图 2-23 表示阴燃沿柱状纤维传播的示意图，假设某柱状纤维的右端首先被加热，使纤维素分解析出气体，剩下的固定碳发生阴燃，并向左传播。从图中可以看出，发生阴燃的柱状纤维可分为 4 个不同的区域：

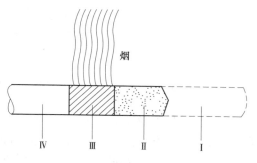

图 2-23　阴燃沿柱状纤维传播示意图

区域 I（灰烬区）。纤维素热解剩下的固定碳经过一段时间的燃烧后，只剩下非常松散的灰烬。该区的温度逐渐下降。

区域 II（灼热燃烧区）。在该区纤维素中大部分气体已经挥发掉，剩下的固定碳进行表面燃烧，温度在四个区域中最高，可达 600~750℃。

区域 III（热解碳化区）。区域 I 中燃烧热传导到区域 II 后，使该区域温度升高，当温度达到 250~300℃时，纤维素发生热解，析出气体。但此时气体析出速度较小，可燃气体浓度不高，未达到燃烧条件。在该区上方有烟逸出，烟气中含有可燃气体。

区域 IV（原始材料区）。在该区温度较低，纤维素不发生热解，保持原始状态。

阴燃阶段火区体积不大，室内平均温度、温升速率以及释热速率均比较低。如果能在阴燃阶段采取有效的灭火措施，将大大减少火灾损失。但是，阴燃火灾常常发生在堆积物的内部，较难彻底扑灭，并且易发生复燃。

尤其需要注意的是，阴燃多发生在密闭空间内，因供氧不足，固体材料发生阴燃，产生大量不完全燃烧产物充满空间，当突然打开密闭空间某些部位时，新鲜空气进入，在空间内形成可燃混合气体，进而导致有焰燃烧或爆炸。这种由阴燃向爆燃的突发性转变十分危险。

2.4.1.2 初起阶段火灾增长的 t^2 模型

由于可燃物质的燃烧特性不同，初起阶段火灾的增长过程呈现不同的特点。纳尔森指出，火灾的初起增长可分为慢速、中速、快速、超快速四种类型，见图 2-24。火灾初起阶段的释热速率随时间的变化可用下式表达，称为火灾增长的 t^2 模型：

$$Q = \alpha t^2 \tag{2-6}$$

式中　α——火灾增长系数，kW/s^2；

　　　t——点火后的时间，s。

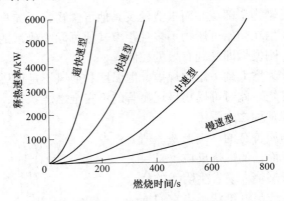

图 2-24　火灾增长的四种形式

　　随着燃料种类及赋存状态、环境温度、压力和通风等条件的变化，火灾增长系数不同。池火、快速燃烧的装饰家居、轻质窗帘为超快速火，装满的邮件袋、木质货架托盘、泡沫塑料为快速火，棉质、聚酯垫子为中速火，硬木家具为慢速火。建筑防排烟系统技术标准 GB 51251—2017（第 4.6.10 条款）规定慢速火、中速火、快速火、超快速火的火灾增长指数分别取 0.00278、0.011、0.044、0.178。

2.4.2　火灾的充分发展阶段

充分发展阶段进一步可划分为成长阶段和旺盛阶段。

2.4.2.1　成长阶段

A　浮力羽流

由阴燃转变为明火燃烧后，燃烧速率和释热速率大大增加，可燃物上方的火焰及流动的烟气统称为羽流。羽流的火焰大多数为自然扩散火焰，温度很高，通常可达到1000℃左右，与其接触的物品和建筑构件可能会受到破坏。因此，需要采取有效的措施控制羽流火焰的高度。当可燃液体或固体燃烧时，蒸发或热分解产生的可燃气体从燃烧表面升起的速度很低，可忽略不计，因此这种火焰中的气体流动是浮力控制的，又称浮力羽流。

　　在羽流的上升过程中，将会把其周围的大量空气卷吸进来。因此，随着上升高度的增加，羽流的质量流率逐渐增大，导致烟气的温度和浓度降低，流速减慢。

　　在不受限的或很高的空间内，羽流将一直向上扩展，直到其浮力变得相当微弱以至无法克服粘性阻力的高度。越到上方，羽流的速度越低。而且随着烟气温度的降低，那些不再上升的烟气将发生弥漫性沉降。在较高的中庭内生成的烟气就很容易发生这种现象。

B 顶棚射流

羽流上升过程中受到房间顶棚的阻挡，在顶棚下方向四方扩散，形成沿顶棚表面平行流动的热烟气层，称为顶棚射流，如图 2-25 所示。其中 H 为顶棚高度，定义为顶棚距可燃物表面的距离。R 代表以羽流中心撞击点为中心的径向半径，单位为 m。

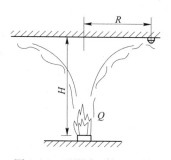

图 2-25 无限大顶棚以下的顶棚射流示意图

多数情况下顶棚射流的厚度约为顶棚高度的 5%~12%，顶棚射流内最大温度和速度出现在顶棚以下顶棚高度的 1% 处。顶棚射流的温度分布和速度分布特点，对于火灾自动探测报警和自动喷水灭火装置的设计、选型与安装具有科学的指导意义，可以有利于提高这些系统工作的可靠性，减少误报、漏报。

顶棚射流发展过程中受到墙壁的阻挡，沿墙壁向下流动。由于烟气温度较高，沿墙壁下流的顶棚射流下降不长的距离后，便转向上浮，称为反浮力壁面射流。重新上升的热烟气先在墙壁附近积聚起来，达到了一定厚度后向室内中部扩展，并在顶棚下方形成逐渐增厚的热烟气层。如果房间有通向外部的开口，在热风压的作用下，当烟气层的厚度超过开口的拱腹高度时，烟气便可蔓延到室外，如图 2-26 所示。

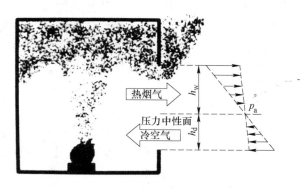

图 2-26 火灾充分发展阶段的通风口流动

建筑物的开口不仅可以造成火焰、热烟气向火源房间以外建筑空间或者建筑物外部空间的蔓延，而且火源房间以外温度较低的新鲜空气在热风压的作用下从开口下部进入室内，其通风效果对火灾的发展进一步起到了推波助澜的作用。因此，应合理设计排烟口和补风口的位置及尺寸，防止因为开口不当，加剧火势的蔓延。

C 轰燃

建筑物火灾中室内受限空间内火焰、羽流、热烟气、顶棚射流、反浮力壁面射流以及建筑物开口的相互作用，进一步加剧了可燃物的热分解和燃烧，使得室内温度不断升高，辐射传热效应增强。辐射传热效应可以使距离起火物较远的可燃物被引燃，火势将进一步增强。

当起火房间温度或者地面接收到的热辐射达到一定值时，建筑物的通风状况对于火灾的继续发展占据主导作用，这时室内所有可燃物的表面都将开始燃烧，火焰基本上充满全室，称为轰燃。轰燃的出现标志着火灾充分发展阶段的开始。需要指出的是，轰燃的定义是有限制的，它主要适用于接近于正方体且不太大的房间内的火灾，显然在非常长或非常高的受限空间内，所有可燃物被同时点燃是不可能的。

轰燃的出现是燃烧释放的热量在室内逐渐积累与对外散热共同作用的结果，是一种热力不稳定现象。确定发生轰燃的临界条件对火灾防治具有重要的意义。目前，定量描述轰燃临界条件主要有两种方式：一种以到达地面的辐射热通量达到一定值为条件。通常认为，处于室内地面上的可燃物所接收到的辐射热通量达到 $20kW/m^2$ 就可发生轰燃。然而，实验表明，这一数值对于引燃纸张之类的可燃物是足够的，而对于其他可燃固体来说就显得太小了。在普通建筑物中发生轰燃时地面处的临界热辐射通量在 $15 \sim 35kW/m^2$ 范围内变化。

由于温度测量较为方便，火灾实验中，人们经常采用测量烟气温度来判定轰燃是否发生。这种观点强调了烟气层的影响，实际上是间接体现热辐射通量的作用。根据高度为3m 左右的普通房间火灾实验结果，顶棚下的烟气温度接近 600℃ 为发生轰燃的临界条件。对于层高较高的房间，发生轰燃的临界烟气温度值较高，反之亦然。例如，在 1.0m 高的小型实验模型内，实验测得发生轰燃时的顶棚温度仅为 450℃。

其他影响轰燃发生的因素包括室内装修后的顶棚高度、装修材料的可燃性和厚度、火源大小、开口率等。由于内装修造成建筑物空间高度较矮，火焰甚至可以直接撞击在顶棚上，在顶棚下面不仅有烟气的流动，而且有火焰的传播，助长了火灾的蔓延，轰燃的危险性增大。可燃物和内部装修使用易燃材料多，天棚保温性能好，房间密封严，室内热量蓄积加快而温度显著增高时，热分解产生的可燃气体也增多，轰燃的出现就会提前，而且也激烈。相对顶棚而言，可燃墙面对轰燃激烈程度的影响次之，可燃地面的影响最小。

2.4.2.2   旺盛阶段

轰燃发生以后，室内火焰成漩涡状，室内温度陡升，温升曲线梯度很大。在此时间内，房间上下几乎没有温差，整个房间接近于等温状态，室内温度经常会升到 800℃ 以上，最高可达 1100℃，火灾进入旺盛阶段。火灾旺盛阶段室内处于全面而猛烈的燃烧状态，热辐射和热对流也变得剧烈，结构的强度受到破坏，可能产生严重变形乃至塌落。高温火焰和烟气从起火室的开口向邻近房间或相邻建筑物蔓延，造成火势的进一步恶化。此时，室内尚未逃出的人员是极难生还的。根据建筑物构造、可燃物数量、开口部位的大小及围护结构的热工性质等不同，旺盛阶段持续的时间也不同。

2.4.3   火灾减弱阶段

约80%的可燃物被烧掉以后，火势即到达衰减期。这时室内可燃物的大量消耗致使燃烧速率减小，室内平均温度降到其峰值的80%左右。最后明火燃烧无法维持，火焰熄灭，可燃固体变为赤热的焦炭。这些焦炭按照固定碳燃烧的形式继续燃烧，燃烧速率非常缓慢。由于燃烧放出的热量不会很快消失，室内平均温度仍然较高，并且在焦炭附近还存在相当高的局部温度，称为火灾减弱阶段。此时期中室温逐渐降低，其下降速度大约是 $7 \sim 10℃/min$，但在较长时间内室温还会保持 $200 \sim 300℃$ 左右。

应该指出，易燃结构和耐火结构的室内火灾发展情况有所不同：一般木结构建筑由于可燃物多而会迅速出现轰燃，最盛期由于结构倒塌引起空气流通，火势十分炽烈但较短暂，最高温度可达 1100℃。耐火结构因可燃物较少且结构及开口部分基本不变（其通风条件已定），其火灾持续时间较长，最高温度稍低（900℃）而烟量较多。现代高层建筑往往窗大而可燃装修材料多，所以常呈现木结构火灾特征，在建筑防火设计中须引起足够的重视。

以上所述火灾发展过程是指火灾的自然发展过程，没有涉及人们的灭火行动。如果在火灾初起阶段就能采取有效的消防措施如启动自动喷水灭火系统，就可以有效地控制室内温度的升高，避免火灾轰燃的发生，有效地保护人员的生命安全和最大程度地减少财产损失。当火灾进入到充分发展阶段后，灭火的难度大大增加，但有效的消防措施仍然可以抑制过高温度的出现、控制火灾的蔓延，从而减少火灾造成的损失。启动喷水灭火系统对火灾过程的影响如图 2-27 所示。

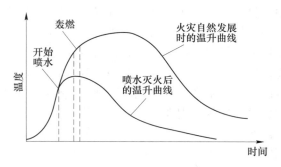

图 2-27　启动喷水灭火系统对火灾过程的影响

2.5　烟气的产生、蔓延和危害

除了极少数情况外，在所有火灾中都会产生大量烟气。统计资料表明，火灾中 85% 以上的死亡者是由于烟气的危害造成的，其中大部分是由于吸入了烟尘及有毒气体（主要是 CO）昏迷后而致死的。烟气的存在和蔓延使建筑物内的能见度降低，对人员疏散造成一定的影响，也是火灾造成人员伤亡的主要原因之一。

建筑物发生火灾后，有效的烟气控制可以控制和减少烟气从火灾区域向周围相邻空间的蔓延，为人员疏散提供安全环境，保护人员生命财产安全。很多大规模建筑的内部结构是相当复杂的，其烟气控制往往是几种方法的有机结合。

2.5.1　烟气的产生

火灾烟气是燃烧过程的产物，是一种混合物，主要包括：

（1）可燃物热解或燃烧产生的气相产物，如未燃气体、水蒸气、CO_2、CO、多种低分子的碳氢化合物及少量的硫化物、氯化物、氰化物等。

（2）由于卷吸而进入的空气。

（3）多种微小的固体颗粒和液滴。

可燃物的组成和化学性质以及燃烧条件对烟气的产生具有重要的影响。少数纯燃料（如 CO、甲醛、乙醚、甲醇、甲酸等）燃烧的火焰不发光，且基本上不产生烟。而在相同的条件下，大分子燃料燃烧时的发烟量却比较显著。在自由燃烧情况下，固体可燃物（如木材）和经过部分氧化的燃料（如乙醇、丙酮等）的发烟量比高分子碳氢化合物（如聚乙烯和聚苯乙烯）的发烟量少得多。

建筑物中大量建筑材料、家具、衣服、纸张等可燃物，火灾时受热分解，然后与空气中的氧气发生氧化反应，燃烧并产生各种生成物。完全燃烧所产生的烟气的成分中，主要为二氧化碳、水、二氧化氮、五氧化二磷或卤化氢等，有毒有害物质相对较少。但是，无毒气体同样可能会降低空气中的氧浓度，妨碍人们的呼吸，造成人员逃生能力的下降，也可能直接造成人体缺氧致死。

根据火灾的产生过程和燃烧特点，除了处于通风控制下的充分发展阶段以及可燃物几近消耗殆尽的减弱阶段，火灾初起阶段常常处于燃料控制的不完全燃烧阶段。不完全燃烧所产生的烟气的成分中，除了上述生成物外，还可以产生一氧化碳、有机磷、烃类、多环芳香烃、焦油以及炭屑等固体颗粒。固体颗粒生成的模式及颗粒的性质因可燃物的性质不同存在很大的差异。多环芳香烃碳氢化合物和聚乙烯可认为是火焰中碳烟颗粒的前身，并使得扩散火焰发出黄光。这些小颗粒的直径约为 $10 \sim 100\mu m$，在温度和氧浓度足够高的前提下，这些碳烟颗粒可以在火焰中进一步氧化，否则，直接以碳烟的形式离开火焰区。火灾初起阶段有焰燃烧产生的烟气颗粒则几乎全部由固体颗粒组成。其中一小部分颗粒是在高热通量作用下脱离固体的灰分，大部分颗粒则是在氧浓度较低的情况下，由于不完全燃烧和高温分解而在气相中形成的碳颗粒。这两种类型的烟气都是可燃的，一旦被点燃，在通风不畅的受限空间内甚至可能引起爆炸。

油污的产生与碳素材料的阴燃有关。碳素材料阴燃生成的烟气与该材料加热到热分解温度所得到的挥发分产物相似。这种产物与冷空气混合时可浓缩成较重的高分子组分，形成含有碳粒和高沸点液体的薄雾。静止空气条件下，颗粒的中位径或中值粒径 D_{50}（一个样品的累计粒度分布百分数达到50%时所对应的粒径。它的物理意义是粒径大于它的颗粒占50%，小于它的颗粒也占50%）约为 $1\mu m$，并可缓慢沉积在物体表面，形成油污。

随着我国经济水平不断提高，高层建筑（如高层住宅楼、宾馆、饭店、写字楼、综合楼等）大量出现，高分子材料大量应用于家具、建筑装修、管道及其保温、电缆绝缘等方面。一旦发生火灾，建筑物内着火区域的空气中充满了大量的有毒的浓烟，毒性气体可直接造成人体的伤害，甚至致人死亡，其危害远远超过一般可燃材料。以某新建高层宾馆标准客房（双人间）为例，若平均火灾荷载为 $30 \sim 40 kg/m^2$，一般木材在300℃时，其发烟量约为 $3000 \sim 4000 m^3/kg$，如典型客房面积按 $18m^2$ 进行计算，室内火灾温度达到300℃时，一个客房内的发烟量为 $35kg/m^2 \times 18m^2 \times 3500m^3/kg = 2205000m^3$。如果发烟量不损失，一个标准客房火灾产生的烟气可以充满24座像北京长富宫饭店主楼（高90m，标准层面积 $960m^2$）那样的高层建筑。

2.5.2　烟气的主要特征参数

表示烟气基本状态的特征参数常用的有压力、温度、烟气的减光性等。

2.5.2.1　压力

在火灾发生、发展和熄灭的不同阶段，建筑物内烟气的压力分布是各不相同的。以着火房间为例，在火灾发生初期，烟气的压力很低，随着着火房间内烟气量的增加，温度上升，压力相应升高。当发生火灾轰燃时，烟气的压力在瞬间达到峰值，门窗玻璃均存在被震破的危险。当烟气和火焰一旦冲出门窗孔洞后，室内烟气的压力就很快降低下来，接近室外大气压力。据测定，一般着火房间内烟气的平均相对压强约为 10~15Pa，在短时可能达到的峰值约为 35~40Pa。

2.5.2.2 温度

实验表明，由于建筑物内部可燃材料的种类不同，门窗孔洞的开口尺寸不同，建筑结构形式不同，着火房间烟气的最高温度各不相同。小尺寸着火房间烟气的温度一般可达500~600℃，高则可达到 800~1000℃。由于结构相对封闭、蓄热性好、通风相对困难等因素，地下建筑火灾中烟气温度可高达 1000℃以上。

高温火灾烟气对人体呼吸系统及皮肤都将产生很严重的不良影响。研究表明，当人体吸入大量热烟气时，会造成血压急剧下降，毛细血管遭到破坏，从而导致血液循环系统遭到破坏。另一方面，在高温作用下，人会心跳加速，大量出汗，并因脱水而死亡。大量的研究表明，烟气温度达到 65℃时，人体可短时间忍受；人在温度达到 120℃的烟气中，15min 即可产生不可恢复的损伤；在 170℃的烟气中，1min 即可对人体产生不可恢复的损伤。在几百度的高温烟气中，人是一分钟也无法忍受的。目前在火灾危险性评估中推荐数据为：短时间脸部暴露的安全温度极限范围为 65~100℃。

2.5.2.3 烟气的减光性

由于烟气中含有固体和液体颗粒，对光有散射和吸收作用，使得只有一部分光能通过烟气，造成火场能见度大大降低，这就是烟气的减光性。烟气浓度越大，其减光作用越强烈，火区能见度越低，不利于火场人员的安全疏散和应急救援。

烟气的减光性是通过测量光束穿过烟场后光强度的衰减确定的，测量方法如图 2-28所示。

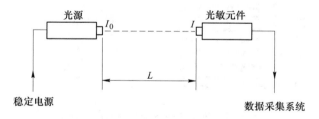

图 2-28 烟气减光性的测量原理图

设由光源射入某一空间的光束强度为 I_0，该光束由该空间射出后的强度为 I。若该空间没有烟尘，则射入和射出的光强度几乎不变。光束通过的距离越长，射出光束强度衰减的程度越大。根据比尔-兰勃定律，在有烟气的情况下，光束穿过一定距离 L 后的光强度 I可表示为：

$$I = I_0 \exp(-K_c L) \qquad (2-7)$$

式中 K_c——烟气的减光系数，m^{-1}，它表征烟气减光能力，其大小与烟气浓度、烟尘颗粒的直径及分布有关；

I_0——光源的光束强度，cd；

I——光源穿过一定距离 L 以后的光束强度，cd；

L——光束穿过的距离，m。

测量烟气减光性的方法比较适用于火灾研究，它可以直接与所考虑场合下人的能见度建立联系，并为火灾探测提供了一种方法。

2.5.2.4　烟尘颗粒直径

烟气中颗粒的大小可用颗粒平均直径表示，通常采用几何平均直径 d_{gn} 表示。烟气颗粒的平均直径和标准差采用式（2-8）和式（2-9）进行计算。

$$\lg d_{gn} = \sum_{j=1}^{n} \frac{N_i \lg d_i}{N} \tag{2-8}$$

$$\lg \sigma_g = \left[\sum_{i=1}^{n} \frac{(\lg d_i - \lg d_{gn})^2 N_i}{N} \right]^{1/2} \tag{2-9}$$

式中　N——总的颗粒数目，个；

N_i——第 i 个颗粒直径间隔范围内颗粒的数目，个；

d_i——颗粒直径，μm；

σ_g——烟气颗粒直径的标准差。

2.5.3　烟囱效应

高层建筑往往有许多竖井，如楼梯井、电梯井、竖直机械通道及通讯槽等。如图 2-29 所示的竖井，假设仅在竖井下部开口。设竖井高为 H，内外温度分别为 T_s 和 T_o，ρ_s 和 ρ_o 分别为竖井内外空气在温度 T_s 和 T_o 时的密度，g 是重力加速度常数。

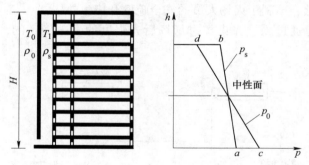

图 2-29　热压作用下竖井内的压力分布

p_s（H）—竖井内压力线；p_0（H）—室外压力线

假设地板平面的大气压力为 p_0，则建筑内部高 H 处压力 $p_s(H)$ 为：

$$p_s(H) = p_0 - \rho_s g H \tag{2-10}$$

建筑外部高 H 处的压力 $p_0(H)$ 为：

$$p_0(H) = p_0 - \rho_0 g H \tag{2-11}$$

因此，竖井高度为 H 处的建筑内外压差为：

$$\Delta p_{so} = (\rho_o - \rho_s) g H \tag{2-12}$$

建筑物内外的压差变化与大气压 p_{atm} 相比要小得多，因此可根据理想气体状态方程，用大气压 p_{atm} 来计算气体密度随温度的变化。假设烟气遵循理想气体定律，烟气的分子量与空气的平均分子量相同，即等于 0.0289kg/mol，则

$$\Delta p_{so} = \frac{gH p_{atm}}{R}\left(\frac{1}{T_0} - \frac{1}{T_s}\right) \tag{2-13}$$

竖井内部压力和外部压力相等的高度所在的平面，称为中性面。

建筑物火灾过程中，着火房间温度（T_s）往往高于室外温度（T_0），因此火灾室内空气的密度（ρ_s）比室外空气密度（ρ_0）小。在密度差和高程差的共同作用下，造成建筑物竖井内外压差。这种由于室内外温差引起的压力差，称为热压差。热压作用产生的通风效应称为"烟囱效应"。高度越高，内外压差越大，上下压差越大，烟囱效应愈强烈。但也有特例，并非多层建筑的烟囱效应都大于单层建筑。如图 2-30 所示的多层外廊式建筑，在建筑内部没有竖向的空气流动通道，因此就不存在烟囱效应。这时每层的热压作用的自然通风与单层建筑没有本质区别。这种建筑正如沿山坡而建的单层建筑群一样。

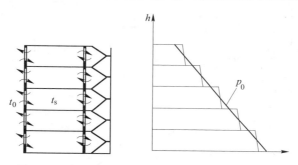

图 2-30 多层外廊式建筑在热压作用下的自然通风

对于处于火灾的建筑物来讲，竖井内上部压力始终小于下部压力，竖井内压力始终大于竖井外压力。火灾时，建筑物竖井内热烟气和空气的混合物在压差的作用下，向上运动，称为正烟囱效应，如图 2-31a 所示。建筑物火灾过程中，热烟气上升过程中，一旦遇到开口，就会导致烟气向其他未着火区域蔓延，对人员生命和财产安全造成极大的威胁。其他如冬季采暖建筑物室内温度高于室外温度，也会在建筑物内产生正烟囱效应，造成热量损失。夏季安装空调系统的建筑内，室内温度比室外温度低，竖井内气流呈下降的现象，称为逆烟囱效应，如图 2-31b 所示。

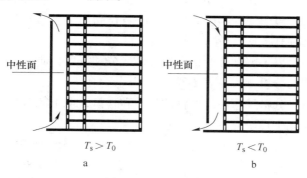

图 2-31 烟囱效应
a—正烟囱效应；b—逆烟囱效应

若中性面以上的楼层发生火灾，由正烟囱效应产生的空气流动可限制烟气的流动，见

图 2-32a，空气从竖井流进着火层能够阻止烟气流进竖井，见图 2-32b。如果着火层的燃烧强烈，热烟气的浮力克服了竖井内的烟囱效应，则烟气仍可进入竖井继而流入上部楼层，见图 2-32c。逆烟囱效应的空气流可驱使比较冷的烟气向下运动，但在烟气较热的情况，浮力较大，即使楼内起初存在逆烟囱效应，但不久还会使烟气向上运动。建筑火灾中起主要作用的是正烟囱效应。

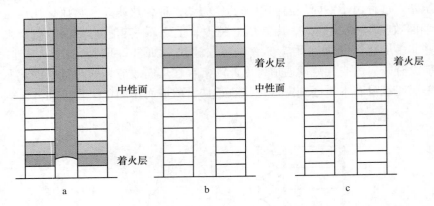

图 2-32　建筑物火灾中烟囱效应引起的烟气流动

2.5.4　烟气的危害

2.5.4.1　烟气的毒性

首先，火灾中由于燃烧消耗了大量的氧气，使得烟气中的含氧量降低。研究数据表明，若仅仅考虑缺氧而不考虑其他气体影响，当含氧量降至 10% 时就可对人构成威胁。然而，在火灾中仅仅由含氧量减少造成危害是不大可能出现的，其危害往往伴随着 CO、CO_2 和其他有毒成分（如 HCN、NO_x、SO_2、H_2S 等）的生成。不同材料燃烧时产生的有害气体成分和浓度是不相同的，因而其烟气的毒性也不相同。高分子材料燃烧时还会产生 HCl、HF、丙烯醛、异氰酸酯等有害物质。锂离子电池火灾中电解液 $LiPF_6$（六氟磷酸锂）/EC（碳酸乙烯酯）+DMC（碳酸二甲酯）体系在高温下分解释放出 PF_5，并与水反应产生 HF、POF_3 等有毒有害物质。

利用化学分析法可以了解燃烧产物中的气体成分和浓度，研究温度对燃烧产物的生成及含量的影响。常用的分析方法见表 2-22。

化学分析法虽然可分析气态燃烧产物的种类和含量，但不能解释毒性的生理作用，因此还需进行动物试验和生理研究。

动物试验法即通过观察生物对燃烧产物的综合反应来评价烟气的毒性。动物试验法可分为简单观察法和机械轮法等。美国国家航空航天局（NASA）研制了水平管式加热炉试验法，加热炉加热速度为 40K/min，最高温度可达 780~1100K。在暴露室中放实验小鼠，暴露 30min，测定小鼠停止活动时间和小鼠死亡时间。从这些实验数据可判断不同材料燃烧烟气的相对毒性，见表 2-23。

表 2-22 烟气气体成分分析方法

方 法	气体种类	取样方法	备注
气相色谱	CO、CO_2、O_2、N_2、烃类	间断取样	使用5Å（1Å=10^{-1}nm）分子筛和 GDX104 柱
红外光谱（不分光型）	CO、CO_2	连续取样	专用仪器
傅里叶红外气体分析仪（FT-IR）	CO、CO_2、HCN、NO_x、SO_2、H_2S、HCl、HF、NH_3、CH_4 等十多种气体	连续取样	一次分析最短时间为 1 秒
比色法	HCN 丙烯醛	间断取样，水溶液吸收	限于低浓度
离子选择性电极法	卤素离子	间断取样，水溶液吸收	
电化学法	CO、O_2	连续	响应较慢
气体分析管	CO、CO_2、HCN、NO_x、H_2S、HCl	间断取样	半定量

表 2-23 材料燃烧烟气的相对毒性（水平管式加热炉试验法）

材 料	死亡时间/min	停止活动时间/min
羊毛	7.64±2.90	5.45±1.77
丝	8.94±0.01	5.84±0.12
皮革	10.22±1.72	8.16±0.69
红栎木	11.50±0.71	9.09±10.0
聚丙烯	12.98±0.52	10.75±0.18
聚氨酯（硬泡沫）	15.05±0.60	11.23±0.50
棉	15.10±3.03	9.18±3.61
PMMA	15.58±0.23	12.61±0.06
尼龙-66	16.34±0.85	14.01±0.13
PVC	16.84±0.93	12.69±2.84
酚醛树脂	18.81±4.84	12.92±3.22
聚乙烯	19.84±0.29	8.86±0.80
聚苯乙烯	26.13±0.12	19.04±0.39

生理试验法是通过对在火灾中中毒死亡者进行尸体解剖，了解死亡的直接原因，如血液中毒性气体的浓度、气管中的烟尘，以及烧伤情况等。研究表明，在死者血液中，CO 和 HCN 是主要的毒性气体。在气管和肺组织中也检出了重金属成分，如铅、锑等，以及吸入肺部的刺激物，如醛、HCl 等。

2.5.4.2 火灾烟气中能见度的降低

能见度指的是人们在一定环境下刚刚看到某个物体的最远距离，一般用 m 为单位。能见度主要由烟气的浓度决定，同时还受到烟气的颜色、物体的亮度、背景的亮度及观察者对光线的敏感程度等因素的影响。当火灾时，烟气弥漫，由于烟气的减光作用，人们在有烟场合下的能见度必然有所下降，对火区人员的安全疏散造成严重影响。能见度 V（单位为 m）与减光系数 K_c（单位为 m^{-1}）的关系可表示为：

$$VK_c = R \tag{2-13}$$

式中，R 为比例系数，根据实验数据确定，它反映了特定场合下各种因素对能见度的综合影响。大量火灾案例和实验结果表明，即便设置了事故照明和疏散标志，火灾烟气仍然导致人们辨认目标和疏散能力大大下降。金曾对自发光和反光标志的能见度进行了测试，他建议安全疏散标志最好采用自发光形式。巴切尔和帕乃尔也指出，自发光标志的可见距离约比表面反光标志的可见距离大 2.5 倍。一般地，对于疏散通道上的反光标志、疏散门等，在有反射光存在的场合下，$R=2\sim4$；对自发光型标志、指示灯等，$R=5\sim10$。

安全疏散时所需的能见度和减光系数的关系见表 2-24。保证安全疏散的最小能见距离为极限视程，极限视程随人们对建筑物的熟悉程度不同而不同。对建筑熟悉者，极限视程约为 5m；对建筑不熟悉者，其极限视程约为 30m。为了保证安全疏散，火场能见度（对反光物体而言）必须达到 $5\sim30$m，因此减光系数应不超过 $0.1\sim0.6$ m^{-1}。火灾发生时烟气的减光系数多为 $25\sim30$ m^{-1}，因此，为了确保安全疏散，应将烟气稀释 $50\sim300$ 倍。

表 2-24　安全疏散所需的能见度和减光系数

疏散人员对建筑物的熟悉程度	减光系数/m^{-1}	能见度/m
不熟悉	0.15	13
熟悉	0.5	4

即使是在无刺激性的烟气中，能见度的降低亦可以直接导致人员步行速度的下降。日本的一项实验研究表明，即使对建筑疏散路径相当熟悉的人，当烟气减光系数达到 0.5 m^{-1} 时，其疏散也变得困难。在刺激性的烟气中，步行速度会陡然降低，图 2-33 所示为刺激性与非刺激性烟气中人沿走廊行走速度的部分试验结果。当减光系数为 0.4 m^{-1} 时，人员通过刺激性烟气的表观步行速度仅是通过非刺激性烟气时的 70%。当减光系数大于 0.5 m^{-1} 时，通过刺激性烟气的表观步行速度降至约 0.3m/s，相当于蒙上眼睛时的行走速度。行走速度下降是由于试验者无法睁开眼睛，只能走"之"字形或沿墙壁一步一步地挪动。

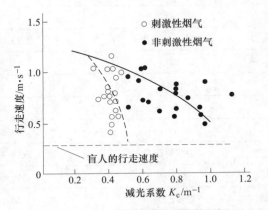

图 2-33　在刺激性与非刺激性烟气中人沿走廊行走的速度

火灾中烟气对人员生命安全的影响不仅仅是生理上的，还包括对人员心理方面的副作用。当人们受到浓烟的侵袭时，在能见度极低的情况下，极易产生恐惧与惊慌，尤其当减光系数在 0.1 m^{-1} 时，人们便不能正确进行疏散决策，甚至会失去理智而采取不顾一切的异常行为。

研究烟气减光性的另一应用背景是火灾探测。大量研究表明，K_c与颗粒大小的分布有关。随着烟气存在期的增长，较小的颗粒会聚结成较大的集合颗粒，因而单位体积内的颗粒数目将减少，K_c随着平均颗粒直径的增大而减少。离子型火灾探测器是根据单位体积内的颗粒数目来工作的，因而对生成期较短的烟气反应较好。它可以对直径小于10nm（$1nm = 10^{-9}m$）的颗粒产生反应。而采用散射或阴影原理的光学装置只能测定颗粒直径的量级与仪器所用光的波长相当的烟气，一般为100nm，它们对小颗粒反应不敏感。

习 题

一、填空题

1. 液体表面的蒸气与空气形成可燃气体，遇到点火源时，发生一闪即灭的现象称为（   ）。

2. 燃烧是一种（   ）较快、（   ）较多的氧化还原反应。

3. （   ）是燃烧的化学实质，（   ）和（   ）是燃烧过程中发生的物理现象。

4. 燃烧的三要素是（   ）、（   ）和（   ）。

5. 国家标准 GB/T 4968—2008 根据可燃物类型和燃烧特性，将火灾分为如下几种类型（   ）、（   ）、（   ）、（   ）、（   ）和（   ）。

6. 按伤亡人数和财产损失情况，火灾等级标准划分为（   ）、（   ）、（   ）和（   ）四种类型。

7. 可燃液体表面上的蒸气与空气混合后，遇到明火而引起瞬间燃烧，并一闪即灭的现象称为（   ）。

8. 按燃烧性，红磷属于（   ）固体。

9. 点火温度一般要比自燃温度（   ）得多。

10. 可燃混合气的压力越高，最小点火能越（   ），该混合气体的火灾危险性越（   ）。

二、应用分析题

1. 案例分析：某厂的变压器油箱因腐蚀产生裂纹而漏油，为了不影响生产，冒险直接进行补焊。由于该裂纹离液面较深，所以幸免发生事故。于是有不少企业派人到该厂参观学习，为给大家演示，找来一个报废的油箱，将油灌入，使液面略高于裂纹，来访者四周围观。由于此次裂纹距液面甚浅，刚开始补焊，高温便引燃液面上的蒸气，发生爆炸，飞溅出的无数油滴都带着火苗，在场的人员被烧的烧、烫的烫，造成多人受伤事故。

2. 某宾馆单人客房长 5m，宽 4m，其内容纳的可燃物及其发热量如下表所示，试求标准间客房的火灾荷载。

容载可燃物	材 料	可燃物量/kg	单位发热量/kJ·kg^{-1}
单人床（2）	木材	113.40	$1.8837×10^4$
	泡沫塑料	50.04	$4.3534×10^4$
	纤维	27.90	$1.8837×10^4$
写字台	木材	13.62	$1.8837×10^4$

续表

容载可燃物	材　料	可燃物量/kg	单位发热量/kJ·kg^{-1}
大沙发	木材	28.98	1.8837×10^4
	泡沫塑料	32.40	4.3534×10^4
	纤维	18.00	2.0930×10^4

第 2 章　课件、习题及答案

3 防爆技术的理论基础

爆炸事故往往是在意想不到的情况下突然发生的，伴随着物质状态的突然变化、压力的急剧升高以及巨大的声响等物理、化学或物理化学现象。爆炸产生的冲击波、热辐射、机械能等大量瞬间的释放能量会对周围的设备、设施、建筑物等造成严重的破坏。从引爆到爆炸结束的整个过程在瞬间内完成，因此人们往往认为爆炸是难以预防的。实际上只要认真研究爆炸的机理，掌握爆炸的特征及其规律，采取有效的防护措施，生产和生活中的这类事故是可以预防和控制的。

3.1 爆 炸 机 理

3.1.1 爆炸及其分类

3.1.1.1 爆炸的特征

广义地说，爆炸是一种物质由某种状态迅速转变为另一种状态，并瞬间以机械功的形式释放大量气体和能量及发出巨大声响的化学、物理或物理化学现象。

所谓"瞬间"，就是说爆炸发生于极短的时间内，通常是在1s之内完成。例如，乙炔罐里的乙炔与氧气混合发生爆炸时，大约在1/100s内完成下列化学反应：

$$2C_2H_2(g) + 5O_2(g) \Longrightarrow 4CO_2(g) + 2H_2O(l) \quad \Delta_r H_m^{\ominus}(298.15K) = -1692.22kJ/mol$$

同时释放出大量热能和二氧化碳、水蒸气等气体，能使罐内压力升高10~13倍，其爆炸威力可以使罐体升空20~30m。这种克服地心引力，将重物举高一段距离的，则是机械能。

人类通过对爆炸所产生的气体和能量的有效控制和合理利用，极大地促进了生产力的发展和人类文明进步。例如，在采矿和修筑铁路、水库等时，开山放炮，大大地加快了工程的进度，使得用手工和一般工具难以完成的任务得以实现。但是，爆炸一旦失去控制，就会酿成事故，造成严重的人员伤亡和财产损失，使生产受到严重影响，环境受到严重破坏。

爆炸的内部特征是物质发生爆炸时，产生的大量气体和能量在有限体积内突然释放或急剧转化，并在极短时间内，在有限体积中积聚，造成高温高压。爆炸的外部特征是爆炸介质在压力作用下，对周围物体（容器或建筑物等）形成急剧突跃的压力的冲击，或者造成机械性破坏效应，以及周围介质受振动而产生的声响效应。因此，压力的瞬时急剧升高是爆炸的基本特征。

3.1.1.2 爆炸的分类

A 按爆炸能量的来源分类

按照爆炸能量来源的不同，爆炸可分为以下三类。

a　物理性爆炸

物理性爆炸是指由温度、体积和压力等物理因素变化引起的爆炸。在物理性爆炸的前后，爆炸物质的性质及化学成分均不改变。发生物理性爆炸时，气体或蒸气等介质潜藏的能量在瞬间释放出来，会造成巨大的破坏和伤害。物理性爆炸是蒸气和气体膨胀力作用的瞬时表现，它们的破坏性取决于蒸气或气体的压力。这里研究的物理爆炸通常指压力容器爆炸和水蒸气爆炸。

（1）压力容器爆炸。压力容器爆炸是指锅炉、压力管道以及气瓶内部有高压气体、溶解气体或液化气体的密封容器损坏，使容器内高压介质泄压、体积膨胀做功而引起的爆炸。例如，引起氧气瓶物理爆炸的主要原因为：

1）气瓶内、外表面被腐蚀，瓶壁减薄，强度下降。

2）气瓶在运输、搬运过程中受到摔打、撞击，产生机械损伤。

3）气瓶材质不符合要求，或制造存在缺陷。

4）气瓶超过使用期限，其残余变形率已超过 10%。

5）气瓶充装时温度过低，使气瓶的材料产生冷脆。

6）充装氧气或放气时，氧气阀门开启操作过急，造成流速过快，产生气流摩擦和冲击。

7）充装压力过高，超过规定的允许压力。

8）气瓶充至规定压力，而后气瓶因接近热源或在太阳下曝晒，受热而温度升高，压力随之上升，直至超过耐压极限。

锅炉爆炸是典型的物理性爆炸。锅炉发生物理爆炸的主要原因有：

1）锅炉设计、制造、安装上存在的缺陷，质量不符合安全要求。

2）安全装置失灵，不能正确反映水位、压力和温度等，丧失了保护作用。

3）操作人员违规操作造成缺水、汽化过猛、压力猛升引起爆炸。

（2）水蒸气爆炸。水蒸气爆炸是指高温熔融金属或盐等高温物体与水接触，使水急剧沸腾、瞬间产生大量蒸气膨胀做功引起的爆炸。例如，炼油厂燃烧炉由于漏油发生火灾，消防队灭火时水枪的水直接射入炉内，水在高温下迅速汽化，体积膨胀，引起炉膛物理爆炸。某钢厂一列拖着钢渣罐的火车开到矿渣厂，在卸车时突然有三个钢渣罐（钢渣有上千摄氏度高温）先后滚到水塘里，顿时听到一声又一声巨响，发生了蒸汽爆炸（水变成 500℃ 的蒸汽时，体积将增大 3500 倍），钢渣罐像火球一样飞向空中，有一个罐飞到 70m 远的工棚上，引起工棚着火，另外两个罐飞到 101m 远的修建队仓库以及附近的房屋，共烧毁 1000 多平方米建筑物，烧死烧伤多人。

b　化学性爆炸

化学性爆炸是指物质在短时间内完成化学反应，形成新物质，同时产生大量气体和能量的现象。高速度的化学反应，同时产生大量气体和大量热量，这是化学性爆炸的三个基本要素。

（1）反应的放热性。快速放热反应是发生爆炸的必要条件。爆炸本身是能量急剧转化的过程，将化学能转化为热能，热能再转化为对周围介质所做的机械功。由此可见，热是做功的能源，如果没有足够的热量放出，不能提供继续反应所需的能量，化学反应就不可能自行传播，也就不会发生爆炸。

如硝酸铵受低温加热作用时缓慢分解，这是一个吸热反应。

$$NH_4NO_3 \longrightarrow NH_3 + HNO_3 \qquad \Delta Q = 714.7 J/mol$$

但当化学爆炸受到强起爆作用时就可以发生化学大爆炸，这是一个放热反应。

$$NH_4NO_3 \longrightarrow N_2 + 2H_2O + 0.5O_2 \qquad \Delta Q = -529.2 J/mol$$

由此可见，即使同一个物质，其反应是否具有爆炸性取决于反应过程是否能放出热量，只有放热反应才可能具有爆炸性。

（2）反应的快速性。反应的快速性是爆炸的第二个必要条件，它是爆炸过程区别于一般化学反应过程，包括燃烧的氧化反应过程的最重要的标志。主要原因在于燃烧的传播是依靠热交换过程（热传导、热辐射、热对流）和气体产物的传播进行的，因而燃烧的传播速度慢，一般是每秒几毫米到几百米。如1kg无烟煤在空气中燃烧可放出8900kJ的热，但需要数分钟到数十分钟，由于这种燃烧反应慢，生成的气体和放出的热量都扩散到周围的介质中去了，所以不能形成爆炸；如1kg无烟煤在空气中燃烧可放出8900kJ的热，但需要数分钟到数十分钟，由于这种燃烧反应慢，生成的气体和放出的热量都扩散到周围的介质中去了，所以不能形成爆炸。而爆炸的传播是依靠冲击波的传播进行的，即由化学反应放出的能量补充和维持冲击波的强度，在冲击波的冲击压缩作用下，爆炸传播速度快，一般是每秒几百米到几千米。1kg TNT爆炸所放出的热量仅为4222kJ，但它形成爆炸反应的时间只需百分之几秒至百万分之几秒，所以在爆炸完成的瞬间，气体就被反应热加热到2000~3000℃，气体来不及膨胀就被加热到很高的温度，具有很高的压力，高温高压的气体骤然膨胀就形成了爆炸。一根长度7000m左右的导爆索，在引爆其中一端后，爆轰波在1s即可传播到另一端（即传播速度7000m/s）。用来制作炸药的硝化棉在爆炸时放出大量热量，同时生成大量气体（CO、CO_2、H_2和水蒸气等），爆炸时的体积竟会突然增大47万倍，爆炸在几万分之一秒内完成。

对于可燃性气体、蒸气或粉尘与空气形成的爆炸性混合物，其燃烧与爆炸几乎是不可分的，往往是被点火后首先燃烧，由于温度和压力急剧地升高，使燃烧的速度迅速加快，因而连续产生无数个压缩波，这些压缩波在传播过程中叠加成冲击波，从而发生爆炸。瓦斯爆炸就是这种类型。

（3）生成气体产物。化学爆炸在快速放热反应的同时，产生了大量的气体，例如，1kg TNT爆炸时可转化成730L气体产物（标准状态）。由于反应的快速性和放热性，如此大量的气体在爆炸瞬间被加热到高温，高温高压的气体急剧膨胀，对外界产生猛烈的机械作用，从而形成爆炸现象。因此生成大量气体也是爆炸的一个重要因素。

如果反应产物不是气体，而是固体或液体，那么，即使是放热反应，也不会形成爆炸现象。例如铝热剂的反应：

$$2Al + Fe_2O_3 \longrightarrow Al_2O_3 + 2Fe \qquad \Delta Q = -829 kJ/mol$$

反应放出的热可使生成物加热到3000℃左右，但由于生成物在3000℃时仍处于液态，没有大量气体生成，因而不是爆炸反应。

综上所述，放热性、快速性和生成气体产物是决定爆炸物爆炸过程的重要因素。反应的放热性将爆炸物加热到高温，从而使化学反应速率大大地增加，即增大了反应的快速性。而快速性则是使有限能量集中在较小容积内产生大功率的必要条件。此外，由于放热可以将产物加热到很高的温度，这就使更多的产物处于气体状态。

　　分析和比较燃烧与可燃物质化学性爆炸的条件可以看出，两者都需具备可燃物、氧化剂和引火源这三种基本因素。因此，燃烧和化学性爆炸就其本质来说是相同的，都是可燃物质的氧化反应。除了上述可燃物质化学性爆炸的三个基本条件以外，化学爆炸和燃烧在对氧化剂的要求以及反应产物的压力等方面也存在着各自的特殊性规律：

　　1）燃烧和化学爆炸都是迅速的氧化过程。但是，燃烧需要外界供给空气或氧气等氧化剂，没有氧化剂，燃烧反应就不能进行，如天然气、木材等在空气中燃烧；某些含氧的化合物或混合物，在缺氧的情况下虽然也能燃烧，但由于其含氧不足，隔绝空气后燃烧就不完全或熄灭。而炸药的化学组成或混合组分中含有较丰富的氧元素或氧化剂，发生爆炸时无需外界的氧参与反应，其实，它是能够发生自身燃烧反应的物质。所以说化学爆炸反应的实质是瞬间的剧烈燃烧反应，一定条件下不需要外界氧化剂的参与。

　　2）燃烧反应产物的压力一般不高，不会对周围介质产生力的效应；而爆炸产物的压力很高，短时间内可达几万至几十万个大气压，因而向四周传出冲击波，对周围介质有强烈的应力效应。

　　燃烧和化学性爆炸在一定条件下可以相互转化。同一物质在一种条件下可以燃烧，在另一种条件下可以爆炸。例如，煤块只能缓慢地燃烧，如果将它磨成煤粉并形成粉尘云，再与空气混合后就可能爆炸，这也说明了燃烧和化学性爆炸在实质上是相同的。以固体或液体炸药为例来说明，由燃烧转化为爆炸的主要条件有以下三条：

　　1）炸药处于密闭的状态下，燃烧产生的高温气体增大了压力，使燃烧转化为爆炸。

　　2）燃烧面积不断增加，使燃烧速度加快，形成冲击波，从而使燃烧转化为爆炸。

　　3）药量较大时，炸药燃烧形成的高温反应区将热量传给了尚未反应的炸药，使其余的炸药受热而爆炸。

　　由于燃烧和化学性爆炸可以随条件而转化，所以生产过程发生的这类事故，有些是先爆炸后着火，例如油罐、电石库或乙炔发生器爆炸之后，接着往往是一场大火；而在某些情况下会是先火灾而后爆炸。因此，了解燃烧与爆炸的关系，从技术上杜绝一切由燃烧转化为爆炸的可能性，则是防火防爆技术的一个重要方面。

　　c　核爆炸

　　核爆炸是指某些物质的原子核发生裂变反应或聚变反应时，释放出巨大能量而发生的爆炸，如原子弹、氢弹的爆炸。

　　工矿企业的爆炸事故以化学性爆炸居多，以下将着重讨论化学性爆炸。

　　B　按照爆炸反应物不同分类

　　按照爆炸反应物不同，爆炸可分为以下几种类型。

　　（1）可燃气体的分解爆炸。可燃气体的分解爆炸指单一气体由于分解反应产生大量的反应热引起的爆炸。生产中常见的乙炔、乙烯、环氧乙烷等气体，都具有发生分解爆炸的危险。

　　乙炔在一定的温度、压力等作用下发生分解反应，能够发生爆炸性分解的气体氢气及细粒固体碳，同时释放相当数量的热量，从而给燃爆提供了所需的能量。

$$C_2H_2(g) \xrightarrow{\text{受热、受压}} 2C + H_2(g) \quad \Delta_r H_m^{\ominus}(298.15K) = -226.75kJ/mol$$

如果这种分解是在密闭容器如乙炔贮罐、乙炔发生器或乙炔瓶内进行的，则由于温度的升高，压力急剧增大 10~13 倍而引起容器的爆炸。

增加压力也能促使和加速乙炔的分解反应。温度和压力对乙炔的聚合与爆炸分解的影响可用图 3-1 所示的曲线来表示。图中的曲线表明，压力越高，由于聚合反应促成分解爆炸所需的温度就越低，分解爆炸所需的能量越低；温度越高，在较小的压力下就会发生爆炸性分解。

在高压下容易引起分解爆炸的气体，当压力降至某数值时，就不再发生分解爆炸，此压力称为分解爆炸的临界压力。乙炔分解爆炸的临界压力为 0.14MPa，N_2O 为 0.25MPa，NO 为 0.15MPa，乙烯在 0℃ 下分解爆炸压力为 4MPa。

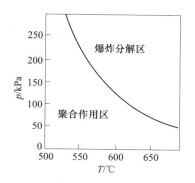

图 3-1　乙炔的聚合作用
与爆炸分解范围

（2）可燃性气体混合物的爆炸。如空气和氢气、丙烷、乙醚等混合气的爆炸。只有当可燃性气体与空气形成一定比例的可燃性气体混合物，才会发生燃烧或爆炸，这个比例叫做爆炸极限，分为爆炸上限和爆炸下限。低于爆炸下限，混合气中的可燃气的含量不足，不能引起燃烧或爆炸；高于上限，混合气中的氧气的含量不足，也不能引起燃烧或爆炸。另外，可燃气的燃烧与爆炸还与气体的压力、温度、点火能量等因素有关。

（3）蒸气爆炸。由于过热发生快速蒸发引起的蒸气爆炸。如熔融的矿渣与水接触或钢水包与水接触等。

（4）喷雾爆炸。空气中易燃液体被喷成雾状物，在剧烈的燃烧时引起的爆炸，如油压机喷出的油珠、喷漆作业引起的爆炸。

（5）可燃性液体混合物的爆炸。氧化性物质与还原性物质或其他物质混合引起的爆炸。如硝酸和油脂，液氧和煤粉、高锰酸钾和浓酸、无水顺丁烯二酸和烧碱等混合时引起的爆炸等。

（6）固体可燃物的分解爆炸。它包括爆炸性化合物及其他爆炸性物质的分解爆炸，如丁酮过氧化物、三硝基甲苯、硝基甘油等的爆炸；叠氮铅 $Pb(N_3)_2$、乙炔酮等的爆炸。

1）简单分解的爆炸性物质。这类物质在爆炸时分解为元素，并在分解过程中产生大量的热量，如乙炔银、乙炔铜、碘化氮、叠氮铅等。乙炔铜受摩擦或撞击时的分解爆炸反应式为：

$$Cu_2C_2 \xrightarrow{摩擦撞击} 2Cu + 2C$$

简单分解的爆炸性物质很不稳定，受摩擦、撞击，甚至轻微震动均可能发生爆炸，其危险性很大。如某化工厂的乙炔发生器出气接头损坏后，焊工用紫铜做成接头，使用了一段时间，发现出气孔被黏性杂质堵塞，则用铁丝去捅，正在来回捅的时候，突然发生爆炸，该焊工当场被炸死。经调查，认定事故原因是由于铁丝与接头出气孔内表面的乙炔铜互相摩擦，引起乙炔铜的分解爆炸。该事故原因也说明为什么安全规程规定，与乙炔接触的设备零件，不得用含铜量超过 70% 的铜合金制作。

2）复杂分解的爆炸性物质。这类物质包括各种含氧炸药和烟花爆竹等。其危险性较简单分解的爆炸物稍低。含氧炸药在发生爆炸时伴有燃烧反应，燃烧所需的氧气由物质本身分解供给。苦味酸、梯恩梯、硝化棉等都属于此类。例如，硝化甘油的分解爆炸反应式为：

$$4C_3H_5(ONO_2)_3(l) \Longrightarrow 12CO_2(g) + 10H_2O(g) + O_2(g) + 6N_2(g)$$

$$\Delta_r H_m^{\ominus}(298.15K) = -5756.34kJ/mol$$

（7）粉尘爆炸。密闭受限空间中飞散的易燃性粉尘云，在氧化剂、引火源的作用下引起的爆炸。如机械加工行业多次发生的金属粉尘爆炸事故，是由于除尘器中积聚的铝粉、镁粉等可燃金属粉尘一旦形成粉尘云，在点火源一定的点火能量作用下可引起爆炸。粮食存储领域业亦多次发生粉尘爆炸事故。

C 按照爆炸的瞬时燃烧速度分类

按照爆炸的瞬时燃烧速度的不同，爆炸可分为以下三类：

（1）轻爆。物质爆炸时的燃烧速度为每秒数米，爆炸时无多大破坏力，声响也不太大。例如，无烟火药在空气中的快速燃烧，可燃气体混合物在接近爆炸浓度上限或下限时的爆炸即属于此类。

（2）爆炸。物质爆炸时的燃烧速度为每秒十几米至数百米，爆炸时能在爆炸点引起压力激增，有较大的破坏力，有震耳的声响。可燃性气体混合物在多数情况下的爆炸即属于此类。

（3）爆轰。以强冲击波为特征，以超音速传播的爆炸称为爆轰，亦称作爆震。爆轰同燃烧最明显的区别在于传播速度不同。燃烧时火焰传播速度在 $10^{-4} \sim 10m/s$ 的量级，而爆轰波传播速度则在 $10^3 \sim 10^4 m/s$ 的量级，大于物料中的声速。例如，按化学计量比混合的氢、氧混合物在常压下的燃烧速度为 10m/s，而爆轰速度则约为 2820m/s。爆轰中的化学反应过程高速释放能量，因此，爆轰的功率很大。例如，高效炸药每平方厘米爆轰波阵面的功率高达 1010W。这个特点使爆轰成为一种独特的能量转换方式。

爆轰的特点是突然引起极高压力并产生超音速的"冲击波"。由于在极短时间内发生的燃烧产物急速膨胀，像活塞一样挤压其周围气体，反应所产生的能量有一部分传给被压缩的气体层，于是形成的冲击波由它本身的能量所支持，迅速传播并能远离爆轰的发源地而独立存在，同时可引起该处的其他爆炸性气体混合物或炸药发生爆炸，从而产生一种"殉爆"现象，具有很大的破坏力。各种处于部分或全部封闭状态的炸药的爆炸，以及处于特定浓度或处于高压下的气体爆炸混合物的爆炸均属于此类。某些气体混合物的爆轰速度见表 3-1。

表 3-1　某些气体混合物的爆轰速度

混合气体	混合百分比/%	爆轰速度/m·s⁻¹	混合气体	混合百分比/%	爆轰速度/m·s⁻¹
乙醇-空气	6.2	1690	甲烷-氧	33.3	2146
乙烯-空气	9.1	1734	苯-氧	11.8	2206
一氧化碳-氧	66.7	1264	乙炔-氧	40.0	2716
二硫化碳-氧	25.0	1800	氢-氧	66.7	2820

为防止殉爆的发生，应保持使空气冲击波失去引起殉爆能力的距离，其安全间距按式（3-1）计算：

$$S = K\sqrt{g} \tag{3-1}$$

式中　S——不引起殉爆的安全间距，m；

　　　　g——爆炸物的质量，kg；

　　　　K——系数，K 平均值取 1~5（有围墙取 1，无围墙取 5）。

3.1.2　爆炸的破坏作用

发生爆炸时，如果车间、库房（如制氢车间、汽油库）或爆炸点附近存放有可燃物质，会造成火灾；粉尘作业场所轻微的爆炸冲击波会使积存于地面上的粉尘扬起，造成更大范围的二次爆炸，等等。爆炸所造成的破坏作用主要是由于以下原因造成的。

（1）冲击波。爆炸形成的高温、高压、高能量密度的气体产物，以极高的速度向周围膨胀，强烈压缩周围的静止空气，使其压力、密度和温度突跃升高，像活塞运动一样向前推进，产生波状气压向四周扩散冲击。这种冲击波能造成附近设备设施或建筑物的破坏，其破坏程度与冲击波能量的大小有关，与设备设施或建筑物的坚固程度及其与产生冲击波的中心距离有关。

（2）碎片冲击。爆炸的机械破坏效应会使容器、设备、装置以及建筑材料等的碎片，在相当大的范围内飞散而造成伤害。碎片四处飞散的距离一般可达 100~500m。

（3）震荡作用。爆炸发生时，特别是较猛烈的爆炸往往会引起短暂的地震波。例如，某市的亚麻厂发生粉尘爆炸时，有连续三次爆炸，结果在该市地震局的地震检测仪上，记录了在 7s 之内的曲线上出现三次高峰。在爆炸波及的范围内，这种地震波会造成建筑物的震荡、开裂、松散倒塌等危害。

（4）多米诺效应。多米诺效应是指，当一个工艺单元和设备发生事故时，会伴随其他工艺单元和设备的破坏，从而引发二次、三次事故甚至更加严重的事故，可能会涉及相同或不同的设备。1984 年 11 月 19 日墨西哥城发生由液化石油气槽车爆炸引发的多米诺效应，烧毁建筑面积 27 公顷，造成 544 人死亡，1800 多人受伤，120 万人疏散。通常认为可能产生多米诺效应的危害因素有：爆炸产生的冲击波和碎片抛射物、毒物泄漏及火灾热辐射。但是，由于爆炸碎片抛射具有很大的随机性，当化工储罐产生爆炸碎片时，发生多米诺效应需要满足两个基本条件：首先爆炸碎片要击中相邻目标储罐，其次爆炸碎片要有足够的能量破坏目标储罐，致使单元设备破坏，连锁事故才会发生。

油库是油品输送和储存环节中的重要场所，具有油罐数量多、储量大、生产设施多、工艺复杂等特点，是火灾爆炸危险源。油库为实现优化操作，通常将储罐紧密布置，但是从安全角度考虑，存在事故间的相互影响，很容易引发二次事故，导致事故多米诺效应。

3.1.3　爆炸的反应历程

可燃气体、蒸气或粉尘预先与空气均匀混合并达到爆炸极限，这种混合物称为爆炸性混合物。

按照链式反应理论，爆炸性混合物与火源接触，就会有活性分子生成并成为链锁反应的活性中心。爆炸性混合物在一点上着火后，热以及活性中心均向外传播，促使邻近的一层混合物起化学反应，然后这一层又成为热和活性中心的源泉而引起另一层混合物的反应，如此循环地持续进行，直至全部爆炸性混合物反应完为止。爆炸时的火焰是一层层向外传播的，在没有界线物包围的爆炸性混合物中，火焰是以一层层同心圆球面的形式向各方面蔓延的。

　　火焰的传播速度在距离着火地点 0.5～1m 范围内仅为每秒数米，但以后即逐渐加速，最后可达每秒数百米以上。若在火焰传播的路程上遇有遮挡物，则由于混合物的温度和压力的剧增，将对遮挡物造成极大的破坏。

　　爆炸大多随着燃烧而发生，所以长期以来燃烧理论的观点认为：当燃烧在某一定空间内进行时，如果散热不良会使反应温度不断提高，温度的提高又会促使反应速度加快，如此循环进展而导致爆炸的发生。亦即爆炸是由于反应的热效应而引起的，因而称为热爆炸。

　　但在另一种情况下，爆炸现象不能简单地用热效应来解释。例如，氢和溴的混合物在较低温度下爆炸时，其反应式如下：

$$H_2(g) + Br_2(l) === 2HBr(g) \qquad \Delta_r H_m^{\ominus}(298.15K) = -36.24kJ/mol$$

而二氧化硫和氢气的反应，其反应式为：

$$SO_2(g) + 3H_2(g) === H_2S(g) + 2H_2O(l) \quad \Delta_r H_m^{\ominus}(298.15K) = -294.92kJ/mol$$

二氧化硫和氢气的反应热是 294.92kJ/mol，却不会爆炸。因此，有些爆炸现象需要用化学动力学的观点来说明，认为爆炸的原因不是由于简单的热效应，而是由于链式反应的结果。

　　根据链式反应理论，增加气体混合物的温度可使链锁反应的速度加快，使因热运动而生成的游离基数量增加。在某一温度下，链锁增加的分支数超过中断数，这时反应便可以加速并达到混合物自行着火的反应速度，所以可认为气体混合物自行着火的条件是链锁反应增加的分支数大于中断数。当链锁增加的分支数超过中断数时，即使混合物的温度保持不变，仍可导致自行着火。

　　综上所述，爆炸性混合物发生爆炸有热反应和链式反应两种不同的机理。至于在什么情况下发生热反应，什么情况下发生链式反应，需根据具体情况而定，甚至同一爆炸性混合物在不同条件下有时也会有所不同。图 3-2 所示为氢和氧按化学计量比组成的混合气发生爆炸的温度和压力区间。

　　从图中可以看出，当压力很低且温度不高时（如在温度 500℃ 和压力不超过 200Pa时），由于游离基很容易扩散到器壁上销毁，此时链锁中断速度超过支链产生速度，因而反应进行较慢，混合物不会发生爆炸；当温度为 500℃，压力升高到 200Pa 和 6666Pa 之间时（如图 3-2 所示的 a 和 b 点之间），由于产生支链速度大于销毁速度，链反应很猛烈，会发生爆炸；当压力继续升高，超过 b 点（大于 6666Pa）以后，由于混合物内分子的

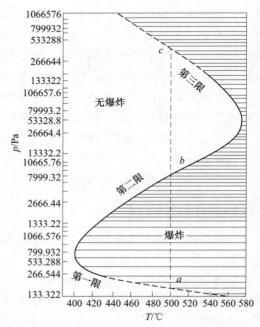

图 3-2　氢和氧混合物（2∶1）爆炸区间

浓度增高，容易发生链中断反应，致使游离基销毁速度又超过链产生速度，链反应速度趋于缓和，混合物又不会发生爆炸了。

图 3-2 中 a 和 b 点的压力 200Pa 和 6666Pa 分别是混合物在 500℃时的爆炸压力下限和爆炸压力上限。随着温度增加，爆炸极限会变宽。这是由于链锁反应需要有一定的活化能，链分支反应速度随温度升高而增加，而链终止的反应却随温度的升高而降低，故升高温度对产生链锁反应有利，结果使爆炸极限变宽，在图上呈现半岛形，当压力再升高超过 c 点（大于 666610Pa）时，产生游离基 H^+ 和 OH^-，这个过程释放出的热量超过从器壁散失的热量，从而使混合物的温度升高，进一步加快反应，促使释放出更多的热量，导致热爆炸的发生。

3.2　爆　炸　极　限

3.2.1　爆炸极限和燃爆危险性

3.2.1.1　爆炸极限的定义

可燃性混合物是指由可燃物质与助燃物质组成的爆炸物质，所有可燃气体、蒸气和可燃粉尘与空气（或氧气）组成的混合物均属此类。例如，一氧化碳与空气混合的爆炸反应：

$$2CO(g) + O_2(g) + 3.76N_2(g) = 2CO_2(g) + 3.76N_2(g)$$

$$\Delta_r H_m^{\ominus}(298.15K) = -565.97kJ/mol$$

这类爆炸实际上是在火源作用下的一种瞬间燃烧反应。

通常称可燃性混合物为有爆炸危险的物质，它们只是在适当的条件下才变为危险的物质。这些条件包括可燃物质的含量、氧化剂含量以及点火源的能量等。工业生产中遇到的主要是这类爆炸事故。因此，下面将着重讨论可燃性混合物的危险性及其安全措施。

可燃气体、可燃蒸气或可燃粉尘与空气构成的混合物，并不是在任何混合比例之下都有着火和爆炸的危险，而必须是可燃物质（可燃气体、蒸气和粉尘）与空气（或氧气）在一定的浓度范围内均匀混合，形成预混气，遇火源才会发生爆炸，这个浓度范围称为爆炸极限（或爆炸浓度极限）。

A　可燃液体和气体的爆炸极限

可燃气体和蒸气爆炸极限的单位，是以其在混合物中所占体积的百分比来表示的。可燃性混合物能够发生爆炸的最低浓度和最高浓度，分别称为爆炸下限和爆炸上限，这两者有时亦称为着火下限和着火上限。例如标准状态下（273.15K，101325Pa）一氧化碳与空气混合物的爆炸极限范围为 12.5% ~ 74.2%，其中爆炸下限为 12.5%，爆炸上限为 74.2%。对烷烃类化合物来讲，分子结构不稳定的化合物如乙炔和乙烯的爆炸极限较宽，异构烷烃的爆炸极限略窄于正构烷烃，芳香烃的爆炸极限稍窄，其余烃类的爆炸下限相差不多，而爆炸上限的变化则较大。一些烃类和液体可燃物在空气中的爆炸极限如表 3-2 所示。

表 3-2　一些烃类和液体可燃物在空气中的爆炸极限〔273.15K，101325Pa〕

物质名称	氢	一氧化碳	硫化氢	甲烷	乙烷	乙炔	乙烯	丙烷	丙烯	正丁烷	异丁烷
爆炸下限/%	4.0	12.5	4.3	5.0	2.9	1.53	2.7	2.1	2.0	1.5	1.8
爆炸上限/%	75.9	74.2	45.5	15.0	13.0	34.0	34.0	9.5	11.7	8.5	8.5

B　粉尘的爆炸极限

发生粉尘爆炸的条件是必须使可燃粉尘悬浮在空气中并达到爆炸极限。可燃粉尘的爆炸极限是以其在单位体积混合物中的质量（g/m^3）来表示的，例如，铝粉的爆炸极限为 $40g/m^3$。

粉尘爆炸危险性是以其爆炸下限来判定的。这是因为粉尘悬浮在空气中且达到爆炸下限时，所含固体物已相当多，以雾或尘云的形状存在，这样高浓度通常只有在设备内部或者贮存场所才能达到，工业粉尘爆炸下限一般在 $20\sim60g/m^3$ 范围内。至于爆炸上限，因为浓度太高，一般高达 $2\sim6kg/m^3$，大多数场合不会达到。所以粉尘的爆炸上限，对防止生产粉尘爆炸没有什么实际意义。常见一些粉尘的爆炸下限如表 3-3 所示。

表 3-3　粉尘的爆炸下限举例

粉尘	爆炸下限/$g \cdot m^{-3}$	粉尘	爆炸下限/$g \cdot m^{-3}$	粉尘	爆炸下限/$g \cdot m^{-3}$
钛	45	酚醛树脂	25	玉米淀粉	45
锰	210	环氧树脂	20	棉纤维	100
锌粉	500	聚乙烯醇	35	小麦	60
铝粉	35	聚苯乙烯	20	烟煤	35
铁粉	120	聚乙烯	25	硫粉	35
镁粉	20	聚丙烯腈	25	木粉	40
硅	160	聚酰胺	30	糖粉	19

3.2.1.2　燃爆危险性和爆炸极限的关系

在低于爆炸下限和高于爆炸上限浓度时，既不爆炸，也不着火。这是由于前者的可燃物浓度不够，过量空气的冷却作用阻止了火焰的蔓延；而后者则是空气不足，火焰不能蔓延的缘故。爆炸性混合物中的可燃物质和助燃物质的浓度比例达到化学计量比时，爆炸所析出的热量最多，所产生的压力也最大。例如，由一氧化碳与空气构成的混合物在火源作用下的燃爆实验情况见表 3-4。

表 3-4　CO 与空气混合在火源作用下的燃爆情况

CO 在混合气中所占体积 V/%	燃爆情况	CO 在混合气中所占体积 V/%	燃爆情况
$V<12.5$	不燃不爆	$30<V<80$	燃爆逐渐减弱
$V=12.5$	轻度燃爆	$V=80$	轻度燃爆
$12.5<V<30$	燃爆逐渐加强	$V>80$	不燃不爆
$V=30$	燃爆最强烈		

可燃性混合物的爆炸极限范围越宽，其爆炸危险性越大，这是因为爆炸极限越宽，则出现爆炸条件的机会就多。爆炸下限越低，少量可燃物（如可燃气体稍有泄漏）就会形成爆炸条件；爆炸上限越高，则即使只有少量空气渗入容器，就能与容器内的可燃物混合形

成爆炸条件。生产过程中，应根据各种可燃物所具有爆炸极限的不同特点，采取严防跑、冒、滴、漏和严格限制外部空气渗入容器与管道内等安全措施。

应当指出，可燃性混合物的浓度高于爆炸上限时，虽然不会着火和爆炸，但当它从容器或管道里逸出，重新接触空气时却能燃烧，因此仍有发生着火的危险。

3.2.2 爆炸极限的影响因素

可燃物质的爆炸极限受诸多因素的影响。

3.2.2.1 可燃气体爆炸极限的影响因素

可燃气体的爆炸极限，随着自身组成成分的变化、温度、压力、氧含量、惰性组分、容器结构特征、火焰传播方向及杂质含量等参数的变化而改变。

（1）温度的影响。温度对爆炸极限的影响，一般是随初始温度的升高，爆炸下限变低，上限变高，则爆炸极限变宽，危险性增大。如：丙酮 CH_3COCH_3 在 0℃ 为 4.2%～8%；100℃ 为 3.2%～10%。这是因为系统温度升高时，分子内能增加，活化分子增多的缘故。爆炸混合物的原始温度越高，下限降低，上限升高，则爆炸极限范围越大，危险性增大。

（2）压力的影响。初始压力增大，爆炸极限的范围变宽，危险性增加。如：初始压力为 0.1MPa 时 CH_4 的爆炸极限为 5.6%～14.3%，当初始压力上升至 5MPa 时 CH_4 的爆炸极限为 5.4%～29.4%。这是因为随着压力的增加，分子间距离更为接近，分子浓度增大，碰撞概率增加，反应速率加快，放热量增加；并且在高压下热传导性差导致更容易燃烧或爆炸。在 0.13～2.0MPa 的压力下，对爆炸下限影响不大，对爆炸上限影响较大；当大于 2.0MPa 时，爆炸下限变小，爆炸上限变大，爆炸范围扩大。

值得重视的是当混合物的初始压力减小时，爆炸极限范围缩小，当压力降到某一数值时，则会出现爆炸极限上下限重合，如表 3-5 和表 3-6 所示，这意味着压力再降低时，不会使混合气体爆炸，这时的压力称为临界压力。因此，在密闭容器内将压力控制在临界压力附近，进行减压操作对安全是有利的。

表 3-5 加压对甲烷爆炸极限的影响

压力/MPa	爆炸下限/%	爆炸上限/%	极限范围/%
0.1	5.6	14.3	8.7
1.0	5.9	17.2	11.3
5.0	5.4	29.4	24.0
12.5	5.7	45.7	40.0

表 3-6 减压对一氧化碳爆炸极限的影响

压力/MPa	爆炸下限/%	爆炸上限/%	极限范围/%
0.1	15.5	68.3	52.8
0.079	16.0	65.0	49.0
0.053	19.5	57.7	38.2
0.039	22.5	51.5	29.0
0.03	37.4	37.4	0
0.026	不爆	不爆	不爆

（3）氧含量的影响。混合物中氧含量增加，爆炸极限扩大，危险性增加。从表 3-7 中可以看出，可燃物在纯氧中的爆炸上限的增大更明显。如：H_2 在空气中的爆炸极限为 4%~75.6%；H_2 在纯氧中的爆炸极限为 4.7%~94%。

表 3-7   气态可燃物在空气中和氧气中的爆炸极限

物质名称	爆炸极限范围/%		物质名称	爆炸极限范围/%	
	在空气中	在纯氧中		在空气中	在纯氧中
甲烷	5~15	5.4~60	氢	4~75.6	4.7~94
乙烷	3~12.5	3~66	氨	15~30.2	13.5~79
丙烷	2.1~9.5	2.3~55	一氧化碳	12.5~74	15.5~94
乙烯	2.7~34	3~80	丙烯	2~11.1	2.1~53
乙炔	2.4~82	2.8~93	氯乙烯	3.8~31	4.0~70

（4）惰性组分的影响。在混合物中加入氮、二氧化碳、水蒸气等惰性气体，随着惰性气体含量的增加，爆炸极限范围缩小。当惰性气体的含量增加到某一含量时，使爆炸上下限趋于一致，这时混合气体就不会发生爆炸。这是因为加入惰性气体后，使可燃气体的分子和氧分子隔离，它们之间形成一层不燃烧的屏障；若在某处已经着火，则放出的热量被惰性气体吸收，热量不能积聚，火焰便不能传播。惰性气体的含量增加，特别是对爆炸上限的影响更大。惰性气体略微增加，即能使爆炸上限急剧下降。各种惰性气体含量对甲烷爆炸极限的影响如图 3-3 所示。工业生产中常利用惰化技术进行防爆。

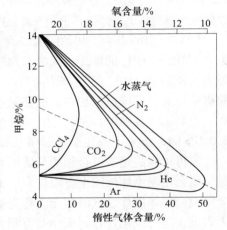

图 3-3   各种惰性气体含量
对甲烷爆炸极限的影响

（5）爆炸容器对爆炸极限的影响。容器或管道的直径越小，材料的传热性越好，火焰在其中的传播速度越小，爆炸极限范围就缩小。当容器或管道的直径小到一定数值时，火焰不能通过而自熄，这一直径称为火焰蔓延临界直径。如甲烷的临界直径为 0.4~0.5mm，氢、乙炔、天然气、汽油的临界直径均为 0.1~0.2mm。依此原理制作的干式阻火器，目前仍大量使用。

（6）点火源的影响。当点火源的能量越大，加热面积越大，作用时间越长，爆炸极限范围也越大。如甲烷与电压为 100V、电流强度为 1A 的电火花接触，无论在什么浓度下都不会发生爆炸；若电流强度为 2A 时，则爆炸极限为 5.9%~13.6%；电流强度为 3A 时，则爆炸极限为 5.85%~14.8%。对每一种可燃气体或蒸气均有一个最低引爆能量，称为最小点火能，参见表 2-4。

3.2.2.2   粉尘爆炸极限的影响因素

可燃粉尘的爆炸极限随着粉尘的分散度、湿度、点火源的性质、可燃气体含量、氧含量、惰性粉尘和灰分、温度等因素的变化而发生变化。一般来说，分散度越高，可燃气体和氧的含量越大，点火源能量越强，原始温度越高，湿度越低，惰性粉尘及灰分越少，爆炸极限范围就越大，粉尘爆炸危险性也越大。

随着空气中氧含量的增加，爆炸极限范围则扩大，有关资料表明，在纯氧中的爆炸浓度下限能下降到只有在空气中的 1/4~1/3，如图 3-4 所示。

当粉尘云与可燃气体共存时，爆炸浓度下限相应下降，而且点火能量也有一定程度的降低，因此可燃气体的存在会大大增加粉尘的爆炸危险性，如图 3-5 所示。

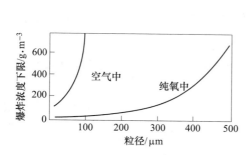

图 3-4　爆炸下限与氧含量及粒度的关系

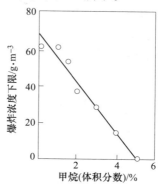

图 3-5　甲烷含量对粉尘爆炸下限的影响

3.2.3　爆炸极限计算

3.2.3.1　单一组分可燃性气体的爆炸极限计算

各种可燃气体和可燃液体蒸气的爆炸极限可用专门仪器测定出来，或用经验公式计算。爆炸极限的计算值与实验值一般有些出入，其原因是在计算式中只考虑到混合物的组成，而没有考虑其他一系列因素的影响，但仍有一定的参考价值。可燃气体和蒸气的爆炸极限有多种计算方法，主要根据完全燃烧反应所需的氧原子数、完全反应的浓度、燃烧热和散热等计算出近似值，以及其他的计算方法。

（1）根据完全燃烧反应所需的氧原子数计算有机物的爆炸下限和上限的体积分数，其经验公式如下：

爆炸下限计算公式：

$$L_x = \frac{100}{4.76(N-1)+1} \tag{3-2}$$

爆炸上限计算公式：

$$L_s = \frac{4 \times 100}{4.76N+4} \tag{3-3}$$

式中　L_x——可燃性混合物爆炸下限，%；

　　　L_s——可燃性混合物爆炸上限，%；

　　　N——每摩尔可燃气体完全燃烧所需的氧原子数。

【例 3-1】　试求乙烷在空气中爆炸下限和上限。

【解】　写出乙烷的燃烧反应式：

$$2C_2H_6 + 7O_2 \Longrightarrow 4CO_2 + 6H_2O$$

求每摩尔可燃气体完全燃烧所需的氧原子数 N 值

$$N = 7$$

将 N 值分别代入式（3-2）和式（3-3）

$$L_x = \frac{100}{4.76(N-1)+1} = \frac{100}{4.76 \times (7-1)+1} = \frac{100}{29.56} = 3.38\%$$

$$L_s = \frac{4 \times 100}{4.76N+4} = \frac{4 \times 100}{4.76 \times 7+4} = \frac{400}{37.32} = 10.7\%$$

答： 乙烷爆炸下限的体积分数为 3.38%，爆炸上限的体积分数为 10.7%，爆炸极限的体积分数为 3.38%～10.7%。

某些有机物爆炸极限计算值与实验值的比较见表 3-8。从表 3-8 中所列数值可以看出，实验所得的爆炸上限值比计算值大。

表 3-8　部分烷烃的化学计量浓度及其爆炸极限体积分数的计算值与实验值的比较

序号	可燃气体	分子式	化学计量浓度 X/%	爆炸下限 L_x/%		爆炸上限 L_s/%	
				计算值	实验值	计算值	实验值
1	甲烷	CH_4	9.5	5.2	5.0	14.7	15.0
2	乙烷	C_2H_6	5.6	3.3	3.0	10.7	12.5
3	丙烷	C_3H_8	4.0	2.2	2.1	9.5	9.5
4	丁烷	C_4H_{10}	3.1	1.7	1.5	8.5	8.5
5	异丁烷	C_4H_{10}	3.1	1.7	1.8	8.5	8.4
6	戊烷	C_5H_{12}	2.5	1.4	1.4	7.7	8.0
7	异戊烷	C_5H_{12}	2.5	1.4	1.3	7.7	7.6

（2）已知爆炸性混合气体完全燃烧时的浓度，可以用来确定链烷烃的爆炸下限 L_x 和上限 L_s。计算公式如下：

$$L_x = \frac{0.55X}{100} \tag{3-4}$$

$$L_s = \frac{4.8\sqrt{X}}{100} \tag{3-5}$$

式中，X 为可燃气体在空气中完全燃烧的浓度（%），其计算公式为：

$$X = \frac{20.9}{0.209+n} \tag{3-6}$$

式中，n 为 1mol 可燃气体完全燃烧所需氧气的摩尔数。

【例 3-2】 试求甲烷在空气中的爆炸下限和上限。

【解】 列出燃烧反应式：

$$CH_4 + 2O_2 \Longrightarrow CO_2 + 2H_2O$$

将 1mol 甲烷完全燃烧所需氧气的摩尔数 $n=2$，代入公式（3-6），得到甲烷在空气中完全燃烧的浓度 X 为：

$$X = \frac{20.9}{0.209+n} = \frac{20.9}{0.209+2} = 9.46$$

将 X 代入式（3-4）和式（3-5），得：

$$L_x = \frac{0.55X}{100} = \frac{0.55 \times 9.46}{100} = 5.2\%$$

$$L_s = \frac{4.8\sqrt{X}}{100} = \frac{4.8 \times \sqrt{9.46}}{100} = 14.7\%$$

答：甲烷的爆炸极限为 5.20%~14.70%。

此计算公式用于链烷烃类，其计算值与实验值比较，误差不超过 10%。例如，甲烷爆炸极限的实验值为 5.0%~15%，与计算值非常接近。但用以估算 H_2、C_2H_2 以及含 N_2、CO_2 等惰性气体成分的可燃气体时，出入较大，不可应用。

3.2.3.2　多种可燃气体组成混合物的爆炸极限计算

由多种可燃气体组成爆炸性混合气体的爆炸极限，可根据各组分的爆炸极限进行计算。其计算公式如下：

$$L_m = \frac{100}{\dfrac{V_1}{L_1} + \dfrac{V_2}{L_2} + \dfrac{V_3}{L_3} + \cdots} \tag{3-7}$$

式中　　L_m——爆炸性混合气的爆炸极限，%；
　L_1，L_2，L_3——分别为组成混合气各组分的爆炸极限，%；
　V_1，V_2，V_3——分别为各组分在混合气中的浓度，%。

$$V_1 + V_2 + V_3 + \cdots = 100\%$$

例如，某种天然气的组成如下：甲烷 80%，乙烷 15%，丙烷 4%，丁烷 1%。各组分的爆炸下限分别为 5%、3.22%、2.37% 和 1.86%，将以上参数分别代入公式（3-7），则该天然气的爆炸下限为：

$$L_x = \frac{100}{\dfrac{80}{5} + \dfrac{15}{3.22} + \dfrac{4}{2.37} + \dfrac{1}{1.86}} = 4.37\%$$

将各组分的爆炸上限代入式（3-7），可求出天然气的爆炸上限。

式（3-7）用于煤气、水煤气、天然气等混合气爆炸极限的计算比较准确，而对于氢与乙烯、氢与硫化氢、甲烷与硫化氢等混合气及一些含二硫化碳的混合气体，计算的误差较大。氢气、一氧化碳、甲烷混合气爆炸极限的实测值和计算值列于表 3-9。

表 3-9　氢、一氧化碳、甲烷混合气的爆炸极限

可燃气的组成（体积分数）/%			爆炸极限/%		可燃气的组成（体积分数）/%			爆炸极限/%	
H_2	CO	CH_4	实测值	计算值	H_2	CO	CH_4	实测值	计算值
100	0	0	4.1~75	—	0	0	100	5.6~15.1	—
75	25	0	4.7~—	4.9~—	25	0	75	4.7~—	5.1~—
50	50	0	6.05~71.8	6.2~72.2	50	0	50	6.4~—	4.75~—
25	75	0	8.2~—	8.3~—	75	0	25	4.1~—	4.4~—
10	90	0	10.8~—	10.4~—	90	0	10	4.1~—	4.2~—
0	100	0	12.5~73.0	—	33.3	33.3	33.3	5.7~26.9	6.6~32.4
0	75	25	9.5~—	9.6~—	55	15	30	4.7~—	5.0~—
0	50	50	7.7~22.8	7.75~25.0	48.5	0		—~33.6	—~24.6
0	25	75	6.4~—	6.5~—					

3.2.3.3　含有惰性气体的多种可燃气混合物爆炸极限计算

如果爆炸性混合物中含有惰性气体，如氮、二氧化碳等，计算爆炸极限时，可先求出

混合物中由可燃气体和惰性气体分别组成的混合比，再从相应的比例图（见图3-6和图3-7）中查出它们的爆炸极限，然后将各组的爆炸极限分别代入式（3-7）即可。

【例 3-3】　求某回收煤气的爆炸极限，其组成为：CH_4：10%，CO：48%，CO_2：19.4%，N_2：12.0%，H_2：10.6%。

【解】　将煤气中的可燃气体和惰性气体组合为两组：

（1）CO 及 CO_2 混合气所占的百分比为：

$$48\%(CO) + 19.4\%(CO_2) = 67.4\%(CO + CO_2)$$

其中 CO_2 和 CO 混合的比例为：

$$\frac{CO_2}{CO} = \frac{19.4}{48} = 0.40$$

从图 3-6 中查得 CO 和 CO_2 在混合比率为 0.40 时的爆炸极限为 $L_s = 69.2\%$，$L_x = 18.9\%$。

（2）N_2 及 H_2 混合气所占的百分比为：

$$10.6\%(H_2) + 12.0\%(N_2) = 22.6\%(H_2 + N_2)$$

其中 N_2 及 H_2 混合的比例为：

$$\frac{N_2}{H_2} = \frac{12.0}{10.6} = 1.13$$

从图 3-6 中查得 H_2 和 N_2 在混合比率为 1.13 时的爆炸极限为 $L_s = 72.1\%$，$L_x = 8.9\%$。

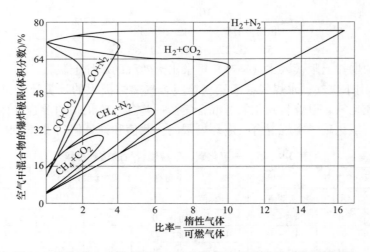

图 3-6　用氮或二氧化碳和氢、一氧化碳、甲烷混合时的爆炸极限

（3）含有惰性气体的混合气的爆炸极限（见图3-7）。未与惰性气体混合的 CH_4 的爆炸极限为5%～15%，代入公式（3-7），可得

$$L_s = \frac{100}{\dfrac{V_1}{L_1} + \dfrac{V_2}{L_2} + \dfrac{V_3}{L_3}} = \frac{100}{\dfrac{V_{CH_4}}{L_{s_{CH_4}}} + \dfrac{V_{CO+CO_2}}{L_{s_{CO+CO_2}}} + \dfrac{V_{H_2+N_2}}{L_{s_{H_2+N_2}}}} = \frac{100}{\dfrac{10}{15} + \dfrac{67.4}{69.2} + \dfrac{22.6}{72.1}} = \frac{100}{0.67 + 0.97 + 0.31} = 51.2$$

$$L_x = \frac{100}{\dfrac{V_1}{L_1} + \dfrac{V_2}{L_2} + \dfrac{V_3}{L_3}} = \frac{100}{\dfrac{V_{CH_4}}{L_{x_{CH_4}}} + \dfrac{V_{CO+CO_2}}{L_{x_{CO+CO_2}}} + \dfrac{V_{H_2+N_2}}{L_{x_{H_2+N_2}}}} = \frac{100}{\dfrac{10}{5} + \dfrac{67.4}{18.9} + \dfrac{22.6}{8.9}} = \frac{100}{2 + 3.57 + 2.54} = 12.3$$

答：该回收煤气的爆炸极限范围为：12.3% ~ 51.2%。

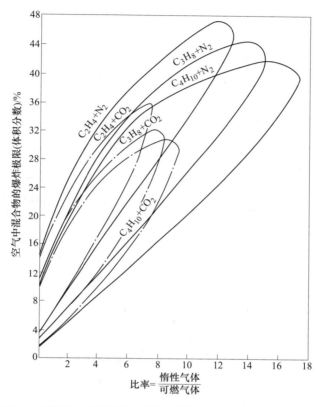

图 3-7 用氮或二氧化碳和乙烯、丙烷、丁烷混合时的爆炸极限

3.2.3.4 可燃混合气中含有氧气时的爆炸极限

第一步：从原有的混合气容积成分中扣除氧含量以及与氧含量相当的氮含量（按空气中的氮氧比例），得到调整后混合气各组分的容积成分；

第二步：针对第一步调整后的新的容积成分，按含有惰性气体的可燃混合气进行计算。

【例 3-4】 已知混合气体的容积成分为

$$y_{CO_2} = 5.7\%, y_{C_3H_6} = 5.3\%, y_{O_2} = 1.7\%, y_{N_2} = 39.7\%,$$

$$y_{CO} = 8.4\%, y_{H_2} = 20.93\%, y_{CH_4} = 18.27\%$$

试求其爆炸极限。

（1）扣除氧含量以及与氧含量相当的氮含量，剩下混合气体的容积为

$$\left(100 - 1.7 - 1.7 \times \frac{79}{21}\right)\% = 91.9\%$$

（2）燃气中氮气的有效成分为

$$\left(39.7 - 1.7 \times \frac{79}{21}\right)\% = 33.3\%$$

（3）重新调整后混合气体的容积成分为

$$V_{CO_2} = \frac{5.7}{91.9} = 6.2\%, V_{C_3H_6} = \frac{5.3}{91.9} = 5.77$$

$$V_{N_2} = \frac{33.3}{91.9} = 36.2\%, V_{CO} = \frac{8.4}{91.9} = 9.14\%$$

$$V_{H_2} = \frac{20.93}{91.9} = 22.78\%, V_{CH_4} = \frac{18.27}{91.9} = 19.9\%$$

$$V_{H_2} + V_{N_2} = 22.78\% + 36.2\% = 58.98\%, \frac{惰性气体}{可燃气体} = \frac{V_{N_2}}{V_{H_2}} = 1.589$$

$$V_{CO} + V_{CO_2} = 9.14\% + 6.2\% = 15.34\%, \frac{惰性气体}{可燃气体} = \frac{V_{N_2}}{V_{CO}} = 0.678$$

查图 3-6 得，H_2 和 N_2 在混合比率为 1.589 时的爆炸极限为 11%～75%；CO 和 CO_2 在混合比率为 0.678 时的爆炸极限为 22%～68%；

未与惰性气体组合的甲烷、丙烯的爆炸极限分别为 5.0%～15% 和 2.0%～11.7%。

（4）含有氧气的混合气体的爆炸极限为：

$$L_x = \frac{100}{\frac{15.34}{22} + \frac{58.98}{11} + \frac{19.9}{5.0} + \frac{5.77}{2.0}} \approx 7.74\%$$

$$L_s = \frac{100}{\frac{15.34}{68} + \frac{58.98}{75} + \frac{19.9}{15} + \frac{5.77}{11.7}} \approx 35.31\%$$

答：该混合气的爆炸极限范围为：7.74%～35.31%。

3.3　粉尘爆炸

把可燃性固体的微细粉尘分散在空气等助燃气体中，当达到一定浓度时，被引火源点着引起的爆炸称为粉尘爆炸。自然界中有一些物质，如棉、麻、烟、茶、谷物、金属、塑料、煤、合成橡胶、合成纤维等的加工过程中，由于粉碎、研磨、分筛、输送、风吹等操作会产生相应的粉尘。这些粉尘的化学性质要活泼得多，在一定条件下会发生粉尘爆炸。

粉尘爆炸的危险性存在于不少工业生产部门。目前已发现下述七类粉尘具有爆炸性：（1）金属，如镁粉、铝粉；（2）煤炭，如活性炭和煤；（3）粮食，如面粉、淀粉；（4）合成材料，如塑料、染料；（5）饲料，如血粉、鱼粉；（6）农副产品，如棉花、烟草；（7）林产品，如纸粉、木粉等。

氧化反应中放热较多的金属，如镁、铝、硅化钙、硅等粉尘爆炸时，会形成灼热熔融的氧化物（MgO、Al_2O_3、CaO、SiO_2）微粒，可成为其他可燃物的火源，如触及皮肤，就会造成深度烧伤。2014 年 8 月 2 日 7 时 34 分，位于江苏省苏州市昆山市昆山经济技术开发区的昆山中荣金属制品有限公司抛光二车间发生特别重大铝粉尘爆炸事故，当天造成75人死亡、185人受伤。依照《生产安全事故报告和调查处理条例》（国务院令第 493 号）规定的事故发生后 30 日报告期，共有 97 人死亡、163 人受伤。事故报告期后，经全力抢救医治无效陆续死亡 49 人，直接经济损失 3.51 亿元。其他粉尘，如煤粉、面粉、木粉、塑料粉、硫黄粉等爆炸时，由于生成物都为 CO_2、H_2O、CO、SO_2 气体，其伤害程度比金属粉尘爆炸较小。

粉尘爆炸的燃烧速度和压力上升速度没有混合气体爆炸的速度那么快，但可燃性粉尘爆炸事故所造成的损失也是惊人的。1982 年 10 月 18 日，法国东部城市梅茨一家麦芽厂的粮食仓库发生了大爆炸，7 座巨大而坚固的立式钢筋混凝土粮仓中有 4 座被摧毁，现场堆满了钢筋混凝土碎块，粮仓工作人员 8 人死亡，1 人重伤，3 人失踪。事后调查的结果表明是粮食粉尘所引起的爆炸。

3.3.1 粉尘爆炸的条件

只有具备了一定的条件粉尘才有可能发生爆炸，粉尘发生爆炸，一般应同时具备以下五个条件，又称粉尘爆炸五边形，如图 3-8 所示。

（1）粉尘本身具有可燃性；

（2）粉尘必须悬浮在空气或其他助燃气体中；

（3）粉尘悬浮在空气或其他助燃气体中的浓度处在爆炸极限范围内；

（4）有足以引起粉尘爆炸的点火源；

（5）空间受限。

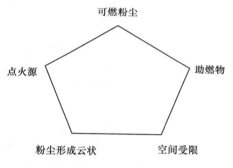

图 3-8 粉尘爆炸五边形

江苏昆山 "8·2" 爆炸事故调查结果认定的事故直接原因为：事故车间除尘系统较长时间未按规定清理，铝粉尘集聚。除尘系统风机开启后，打磨过程产生的高温颗粒在集尘桶上方形成粉尘云。1 号除尘器集尘桶锈蚀破损，桶内铝粉受潮，发生氧化放热反应，达到粉尘云的引燃温度，引发除尘系统及车间的系列爆炸。因没有泄爆装置，爆炸产生的高温气体和燃烧物瞬间经除尘管道从各吸尘口喷出，导致全车间所有工位操作人员直接受到爆炸冲击，造成群死群伤。

3.3.2 粉尘爆炸的过程

粉尘爆炸的过程如图 3-9 所示。

（1）悬浮着的粉尘接受点火源的能量，迅速提高表面温度，粒子表面得到热分解。

（2）受热表面的粉尘粒子发生热分解或干馏，变成气体在粒子周围放出。

（3）释放出的可燃气体与空气或氧气混合生成爆炸性混合气体，被点火源点燃。

（4）火焰产生的热进一步促进周围的粉尘发生分解，连续地产生可燃气体，与空气混合使反应连续进行并传播，从而导致宏观上的粉尘爆炸。

总之，粉尘爆炸本质上也是一种气体爆炸，因而也可把粉尘本身作为可燃性气体，但它产生的能量是气体爆炸的数倍，温度能上升到 2000~3000℃。

在粉尘爆炸过程中，不仅热传导使粉尘粒子表面温度上升，而且热辐射也起了很大的作用，这与气体爆炸有所不同。

3.3.3　粉尘爆炸的特点

与气体混合物的爆炸相比较，粉尘混合物的爆炸有下列特点：

（1）粉尘爆炸与气体相比，容易引起不完全燃烧，例如煤粉爆炸时，燃烧的基本是所分解出来的气体产物，灰渣是来不及燃烧的。

（2）有产生二次爆炸的可能性。粉尘初始爆炸产生的冲击波使其他堆积的粉尘悬浮在空气中，再次形成粉尘云，而飞散的火花和辐射热成为点火源，引起第二次爆炸。最后整个粉尘存在场所受到爆炸危险，由此产生的连锁爆炸会造成严重的危害。

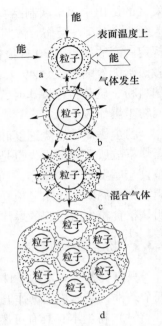

图 3-9　粉尘爆炸的过程

（3）爆炸的感应期较长。粉尘的燃烧过程比气体的燃烧过程复杂，有的要经过尘粒表面的分解或蒸发阶段，有的是要有一个由表面向中心延烧的过程，因而感应期较长，可达数十秒，为气体的数十倍。粉尘的燃烧速度、爆炸压力均比混合气体爆炸小，但因为燃烧时间长，产生的能量大，所以造成的破坏程度要严重得多。

（4）粉尘爆炸所需的起始引爆能量大，达 10mJ 的量级，约是一般可燃气体的 10~100 倍；所需的点火时间也较长，可达数十秒，约为气体的数十倍。

（5）粉尘爆炸会产生两种有毒气体，一种是一氧化碳，另一种是爆炸物（如塑料）自身分解的毒性气体。所以在粉尘爆炸后，容易引起人员中毒伤亡。

（6）粉尘的爆炸压力是由于两种原因产生的：一是生成气态产物，其分子数在多数场合下超过原始混合物中气体的分子数；二是气态产物被加热到高温。各种粉尘的爆炸特性，包括它们的自燃点、爆炸下限及爆炸最大压力，见表3-10。

表 3-10　粉尘的爆炸特性举例

材料	粉尘类别	云状粉尘的自燃点/℃	爆炸下限/g·m⁻³	最大爆炸压力/MPa
金属	铝	645	35	0.603
	铁	315	120	0.197
	镁	520	20	0.441
	锌	680	500	0.088
塑料	醋酸纤维	320	25	0.557
	α-甲基丙烯酸酯	440	20	0.388
	六次甲基四胺	410	15	0.428
	石炭酸树脂	460	25	0.415
	邻苯二甲酸酐	650	15	0.333
	聚乙烯塑料	—	25	0.564
	聚苯乙烯	490	20	0.299
	合成硬皮	320	30	0.401

材料	粉尘类别	云状粉尘的自燃点/℃	爆炸下限/g·m⁻³	最大爆炸压力/MPa
其他	棉纤维	530	100	0.449
	玉蜀黍淀粉	470	45	0.49
	烟煤	670	35	0.312
	煤焦油沥青	—	80	0.333
	硫	190	35	0.279
	木粉	430	40	0.421

3.3.4 影响粉尘爆炸的因素

与粉尘爆炸性有关的因素中，粉尘本身的化学结构、反应性能对粉尘的爆炸特性有很大的影响。发热量大、挥发分多的、受热易分解的、产生气体速度快的可燃粉尘爆炸性大。

平均粒子直径越小，密度越小，比表面积越大，表面能越大，所需点火能量越小，爆炸性越强，如图 3-10 所示。但粒度太小时，粉尘依据种类不同而互相吸引，造成分散不良，反倒使爆炸性减小，这一点与粒子的荷电性也有关系。即使平均粒径是同样的粉尘，形状或表面的状态不同，对爆炸性也有很大影响。对比表面积来说，形状系数具有很大的影响，球状粒子最小；针状较小；扁平状最大。

爆炸性混合物中的惰性粉尘和灰分有吸热作用，例如煤粉中含 11% 的灰分时还能爆炸，而当灰分达 15%～30% 时，就很难爆炸了。

粉尘中存在的水分会对爆炸性产生影响，因为它抑制了粉尘的浮游性。对疏水性的粉尘来说，水对浮游性影响虽然不太大，但是水分蒸发使点火有效能量变小，蒸发出来的蒸气起着惰性气体作用，具有减少带电性的作用。在爆炸时，粉尘中的水分蒸发成的水蒸气，除了吸热作用之外，水蒸气占据空间，稀释了氧含量而降低粉尘的燃烧速度，而且水分增加了粉尘的凝聚沉降，使爆炸浓度不易出现。所以，随着粉尘或空气中水分的增加，粉尘的爆炸危险性会降低，当水分的含量达到一定浓度以后，粉尘就失去了爆炸性。当温度和压力增加，含水量减少时，粉尘的爆炸浓度极限范围扩大，所需点火能量减小，如图 3-11 所示。但与水能发生反应的锰、铝粉尘等与水反应生成氢，往往增加粉尘爆炸的危险性。

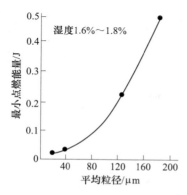

图 3-10 粒度与最小点燃能的关系

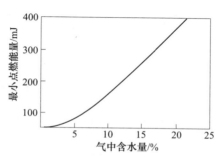

图 3-11 空气中含水量对粉尘爆炸的最小点火燃的影响

习　题

一、填空题

1. 粉尘爆炸必备的最基本的条件是（　　）、（　　）、（　　）、（　　）和（　　）。

2. 粉尘爆炸的敏感度是指炸药在热作用下发生爆炸的难易程度，包括（　　）、（　　）和（　　）三个指标。

3. 爆炸品一旦发生爆炸，爆炸中心的高温、高压气体产物会迅速向外膨胀，形成很强的（　　）并迅速向外传播。

二、判断题

1. 粉尘爆炸从本质上讲是一种化学爆炸。　　　　　　　　　　　　　　　　　　（　　）

2. 爆炸过程区别于一般化学反应过程的最重要的标志是反应的快速性。　　　　　（　　）

3. 一氧化碳的爆炸极限是 12.5%～74.5%，也就是说，一氧化碳在空气中的浓度小于 12.5% 时，遇明火时，这种混合物也不会爆炸。　　　　　　　　　　　　　　　　　　　　　　（　　）

4. 可燃气体与空气形成混合物遇到明火就会发生爆炸。　　　　　　　　　　　　（　　）

5. 爆炸极限范围越宽，爆炸下限浓度越低，爆炸上限浓度越高，则燃烧爆炸危险性越大。（　　）

6. 一般来说，温度越高，压力越大，可燃气体的爆炸极限范围越小，那么它的燃爆危险性越小。（　　）

7. 氧气含量越高，可燃气体的爆炸极限范围越宽，其火灾爆炸危险性越大。　　　（　　）

8. 加入惰性气体可以缩小可燃气体的爆炸极限范围，降低火灾爆炸危险性。　　　（　　）

9. 锅炉因超压发生的爆炸属于化学爆炸。　　　　　　　　　　　　　　　　　　（　　）

10. 爆炸过程最基本的特征是压力的急剧升高。　　　　　　　　　　　　　　　（　　）

三、问答题

1. 为什么喷漆容易发生火灾？

2. 为什么喷漆未干的工件不应立即烘干？

3. 油漆蒸气在空气中的含量达到多大浓度能形成爆炸性混合物？

4. 影响爆炸极限的主要因素有哪些？

5. 何谓粉尘爆炸？具备什么条件的粉尘才会发生粉尘爆炸？

四、应用分析题

1. 已知混合气体的容积成分为

$$y_{CO_2} = 5\%，y_{N_2} = 54\%，y_{CO} = 27\%，$$
$$y_{H_2} = 10\%，y_{CH_4} = 4\%$$

试求其爆炸极限。

2. 已知混合气体的容积成分为

$$y_{CO_2} = 9.7\%，y_{C_3H_6} = 8.3\%，y_{O_2} = 2.7\%，y_{N_2} = 35.7\%，$$
$$y_{CO} = 7.4\%，y_{H_2} = 17.9\%，y_{CH_4} = 18.3\%$$

试求其爆炸极限。

3. 案例分析：1983 年 5 月 26 日 16 时 35 分，辽宁省抚顺某钢厂发生火药爆炸事故，死亡 6 人，受伤 2

人，直接经济损失21万元。该厂北山库内存有1976年4月修人防工程剩下的炸药，保卫科提出要进行处理，并请示主管保卫工作的副厂长，副厂长表示同其他领导商量后再定。5月23日，他将销毁炸药一事请示厂长和两位书记，都同意把炸药拉回厂内倒在水沟中销毁，5月26日，厂保卫科长用电话进行了部署，吩咐将炸药拉到250和650车间旁边的两个泡子处，让工人5点下班后扔一半，另一半留待第二天早晨处理。车到250车间泡子边时，将散装药扔进水里，然后又倒了10桶火药桶（330kg）。事毕，汽车向前行驶42m后，在一水泥预制涵洞上停了车，又卸倒了5桶药，在倒第6桶时发生爆炸，造成6人死亡，2人受伤，炸毁解放牌汽车一辆，桥涵一座，炸断高压输电线，使车间局部停产5h，波及范围达方圆300多米。

第3章　课件、习题及答案

可燃物质的燃爆特性

4.1 可燃气体的燃爆特性

在列入国家标准《危险货物分类和品名编号》（GB 6944—2012）的压缩气体或液化气体当中，60%以上的气体具有火灾危险。评价可燃气体燃爆特性的主要技术参数包括以下几个方面。

4.1.1 易燃易爆性

可燃气体的主要危险性是易燃易爆性，所有处于爆炸极限浓度范围之内的可燃气体，遇火源都可能发生燃烧或爆炸，有的可燃气体，遇到引火源极微小能量的作用即可引爆。

综合可燃气体的燃烧现象，其易燃易爆性具有以下三个特点。

（1）比液体、固体易燃，且燃烧速度快。

（2）一般来说，由简单成分组成的气体比复杂成分组成的气体更易燃，燃烧速度快，火焰温度高，火灾爆炸危险性大。如氢气比甲烷、一氧化碳等组成复杂的可燃气体易燃，且爆炸极限浓度范围大。这是因为单一成分的气体没有受热分解的过程和分解所消耗的热量。简单成分气体和复杂成分气体的燃爆危险性比较，如表4-1所示。

表 4-1 简单成分气体和复杂成分气体的燃爆危险性比较

气体名称	最大直线燃烧速度/m·s^{-1}	最高火焰温度/℃	爆炸极限范围（体积分数）/%
氢气	2.1	2130	4~75
一氧化碳	0.39	1680	12.5~74
甲烷	0.338	1800	5~15

（3）价键不饱和的易燃气体比价键相对饱和的易燃气体的燃爆危险性大。这是因为不饱和的易燃气体的分子结构中存在双键或叁键，化学活性强，在通常条件下，即能与氯、氧等氧化性气体起反应而发生着火或爆炸，所以燃爆危险性大。

4.1.2 扩散性

处于气体状态的任何物质都没有固定的形状和体积，且能自发地充满任何容器。由于气体的分子间距大，相互作用力小，所以非常容易扩散。

可燃气体的扩散特点主要体现在以下两个方面：

（1）比空气轻的可燃气体逸散在空气中，可以无限制地扩散与空气形成爆炸性混合物，并能够迅速蔓延和扩展。

（2）比空气重的可燃气体泄漏出来时，往往飘浮于地表、沟渠、隧道、厂房死角等处，长时间聚集不散，易与空气在局部形成爆炸性混合气体，遇引火源发生着火或爆炸；同时，密度大的可燃气体一般都有较大的发热量，在火灾条件下，易于造成火势扩大。常见可燃气体的相对密度与扩散系数如表 4-2 所示。

表 4-2　常见可燃气体的相对密度与扩散系数

气体名称	扩散系数/cm^2·s^{-1}	相对密度	气体名称	扩散系数/cm^2·s^{-1}	相对密度
氢气	0.634	0.07	乙烯	0.130	0.97
乙炔	0.194	0.91	甲醚	0.118	1.58
甲烷	0.196	0.55	液化石油气	0.121	1.56
氨	0.198	0.59			

掌握可燃气体的相对密度及其扩散性，不仅有助于评价其火灾爆炸危险性的大小，而且对选择通风口的位置、确定防火间距以及火灾爆炸事故的应急响应措施均具有实际意义。

4.1.3　可压缩性和受热膨胀性

气体在压力和温度的作用下，容易改变其体积，受压时体积缩小，受热即体积膨胀。

（1）压力不变时，气体的温度与体积成正比，即温度越高，体积越大。通常气体的相对密度随温度的升高而减小，体积却随温度的升高而增大。

（2）当温度不变时，气体的体积与压力成反比，即压力越大，体积越小。如对 100L、质量一定的气体加压至 1013.25kPa 时，其体积可以缩小到 10L。气体在一定压力下可以压缩，甚至可以压缩成液态。液化石油气即是将主要成分为含有三个和四个碳原子的碳氢化合物经压缩后存于钢瓶中的。

（3）在体积不变时，气体的温度与压力成正比，即温度越高，压力越大。这就是说，当储存在固定容积容器内的气体被加热时，温度越高，其膨胀后形成的压力就越大。如果盛装压缩或液化气体的容器（钢瓶）在储运过程中受到高温、暴晒等热源作用时，容器、钢瓶内的气体就会急剧膨胀，产生比原来更大的压力。当压力超过了容器的耐压强度时就会引起容器的膨胀，甚至爆裂，造成伤亡事故。因此，在储存、运输和使用压缩气体和液化气体的过程中，一定要采取防火、防晒、隔热等措施；在向容器、气瓶内充装时，要注意极限温度和压力，严格控制充装量。防止超装、超温、超压。

4.1.4　带电性

从静电产生的原理可知，任何物体间的摩擦都会产生静电。氢气、乙烯、乙炔、天然气、液化石油气等压缩气体或液化气体从管口或破损处高速喷出时也同样能产生静电，其主要原因是气体本身剧烈运动造成分子间的相互摩擦，以及气体中含有的固体颗粒或液体杂质在压力下高速喷出时与喷嘴产生的摩擦等。据实验，液化石油气喷出时，产生的静电电压可达 9000V，其放电火花足以引起燃烧。

影响压缩气体和液化气体静电荷产生的主要因素如下：

（1）杂质。气体中所含的液体或固体杂质越多，多数情况下产生的静电荷也越多。

（2）流速。气体的流速越快，产生的静电荷也越多。

压缩气体和液化气体一旦放电就会引起火灾或爆炸事故，带电性是评定可燃气体火灾爆炸危险性的参数之一。掌握了可燃气体的带电性，可以采取设备接地、控制流速等相应的防范措施。

4.1.5 腐蚀性、毒害性和窒息性

（1）腐蚀性。这里所说的腐蚀性主要是指一些含氢、硫元素的气体具有腐蚀性。如硫化氢、硫氧化碳、氨、氢等，都能腐蚀设备，削弱设备的耐压强度，严重时可导致设备系统裂隙、漏气，引起火灾爆炸等事故。目前危险性最大的是氢，氢在高压下能渗透到碳素中去，使金属容器发生"氢脆"变疏。因此，对盛装这类气体的容器，要采取一定的防腐措施。如用高压合金钢并含铬、钼等一定量的稀有金属制造材料，定期检验其耐压强度等。

（2）毒害性。压缩气体和液化气体中，除氧气和压缩空气外，大都具有一定的毒害性。《危险货物品名表》列入管理的剧毒气体中，毒性最大的是氰化氢，当在空气中的含量达到 $300mg/m^3$ 时，能够使人立即死亡；达到 $200mg/m^3$ 时，10min 后死亡；达到 $100mg/m^3$ 时，一般在 1h 后死亡。不仅如此，氰化氢、硫化氢、硒化氢、锑化氢、二甲胺、氨、溴甲烷、二硼烷、二氯硅烷、锗烷、三氟氯乙烯等气体，除具有相当的毒害性外，还具有一定的火灾爆炸危险性。这一点是万万忽视不得的，切忌只看有毒气体标志而忽视了它们的燃爆特性。

（3）窒息性。除氧气和压缩空气外，其他压缩气体和液化气体都具有窒息性。一般地，压缩气体和液化气体的易燃易爆性和毒性易引起人们的注意，而其窒息性往往被忽视，尤其是那些不燃无毒的气体。如氮气、二氧化碳及氦、氖、氩、氪、氙等惰性气体，虽然它们无毒、不燃，但都必须盛装在容器内，并有一定的压力。如二氧化碳、氮气气瓶的工作压力均可达 15MPa，设计压力有的可达 20～30MPa。这些气体一旦泄漏在房间或大型设备及装置内时，均有造成现场人员窒息死亡的危险，因此须注意二氧化碳或氮气窒息灭火作业场所现场的人员安全。

4.1.6 氧化性

除极易自燃的物质外，通常易燃性物质只有和氧化性物质作用，遇引火源时才能发生燃烧。所以，氧化性气体是燃烧得以发生的最重要的要素之一。氧化性气体主要包括两类：

一类是明确列为不燃气体的，如氧气、压缩或液化空气、一氧化二氮等；另一类是列为有毒气体的，如氯气、氟气、过氯酰氟、四氟（代）阱、氯化溴、五氟化氯、亚硝酰氯、三氟化氮、二氟化氧、四氧化二氮、三氧化二氮、一氧化氮等。这些气体本身都不可燃，但氧化性很强，都是强氧化剂，与易燃气体混合时都能起火或爆炸。如氯气与乙炔气接触即可爆炸，氯气与氢气混合见光可爆炸，油脂接触到氧气能自燃，铁在氧气中也能燃烧等。因此，在实施消防安全管理时不可忽略这些气体的氧化性，尤其是列为有毒气体管理的氯气和氟气等氧化性气体，除了应注意其毒害性外，亦应注意其氧化性，在储存、运输和使用时必须与易燃气体分开。

4.2 可燃液体的燃爆特性

评价可燃液体火灾爆炸危险性的主要技术参数包括以下几个方面。

4.2.1 易燃易爆性

由于可燃液体的燃烧是通过其挥发出的蒸气与空气形成可燃性混合物，在爆炸极限范围内遇引火源点燃而实现的，因而液体的燃烧是液体蒸气与空气中的氧进行的剧烈反应。由于可燃液体的沸点都很低，易于挥发出可燃蒸气，且液体表面的蒸气压较大，加之着火所需的能量极小，故可燃液体均具有高度的易燃性。如二硫化碳的最小点火能为 0.015mJ；纯度为 100% 的甲醇的最小点火能为 0.215mJ。

液体的闪点是评定可燃液体易燃性和火灾危险性的主要根据。闪点越低的液体越容易燃烧，其火灾危险性就越大。如苯的闪点是 -14℃，纯度为 100% 的酒精的闪点是 11℃，很明显，苯的火灾危险性比纯酒精大。

同时，爆炸极限是决定液体火灾和爆炸危险的基本因素。与可燃气体一样，爆炸极限范围越宽、爆炸下限越低的液体，火灾与爆炸的危险性越大。乙醚和酒精的爆炸极限比较如表 4-3 所示。

由表 4-3 比较可见，乙醚的爆炸下限低，爆炸极限范围宽。因此，乙醚的火灾爆炸危险性比酒精大。可燃易燃液体蒸气浓度虽在爆炸极限内，但其浓度的不同发生爆炸时的危险性也不同。当浓度达到化学计量比时，其爆炸的危险性最大。

表 4-3　乙醚和酒精的火灾危险性比较

物　质	闪点/℃	爆炸极限/%	爆炸温度极限/℃
乙醚	-43	1.85~40	-45 ~ 13
酒精	11	3.50~18.95	11 ~ 40

4.2.2 挥发性

可燃液体容易挥发，所以，在存放可燃液体的场所或作业场所常弥漫着可燃液体的蒸气，如储运石油的场所能嗅到各种油品的气味就是这个缘故。由于可燃液体的这种强挥发性，当挥发出的可燃蒸气与空气混合，达到爆炸极限范围时，遇引火源就会发生爆炸。易燃液体的挥发性越强，这种爆炸危险就越大；同时，这些易燃蒸气可以任意飘散，或在低洼处聚积，使得易燃液体的储存更具有火灾爆炸危险性。但液体的挥发性又随其所处状态的不同而变化，影响其挥发性的因素主要有以下几点：

（1）温度。液体的蒸发随着温度（液体温度和空气温度）的升高而加快。

（2）暴露面。液体的暴露面越大，蒸发量也就越大，所以汽油等挥发性强的液体应在盛装口小、深度大的容器中。

（3）比重。液体的比重是指液体的密度与 4℃ 时水的密度相比而得到的相对密度。易燃可燃液体的比重大都小于 1，只有二硫化碳例外，为 1.263。比重愈小的液体，其闪点、沸点都低，而蒸发速度及发热量都大，同时在较低的温度下很易形成蒸气与空气的混合物，因此火灾与爆炸危险性就愈大。

（4）沸点。一般沸点低的液体，蒸发速度快，蒸气压力高，闪点低，故火灾爆炸危险性大。同类液体的沸点和闪点有如下关系：沸点低，闪点也低。沸点低于11.5℃，闪点小于20℃，沸点大于11.5℃，闪点大于20℃；沸点每增加1.3~1.5℃，闪点就上升1℃。

（5）饱和蒸气压力。一般情况下，液面上的压力越大，蒸发越慢，反之则越快。

（6）流速。液体流动的速度越快，蒸发越快，反之则越慢。在密闭的容器中，空气不流动，容器的气体空间被蒸气饱和后液体则不再蒸发。

4.2.3　受热膨胀性

可燃液体也和其他物体一样，具有受热膨胀的特性。储存于密闭容器中的可燃液体受热后，在本身体积膨胀的同时会使蒸气压力增加，如若超过了容器所能承受的压力限度，就会造成容器膨胀，导致爆裂。夏季盛装可燃液体的桶，常出现"鼓桶"现象以及玻璃容器发生爆裂，就是由于受热膨胀所致。对于盛装液化石油气的容器，应留有不少于15%的气相空间。

各种可燃液体的热胀系数可以通过下式计算：

$$V_t = V_0(1 + \beta \Delta t) \tag{4-1}$$

式中　V_t——液体受热膨胀后的体积，L；

　　　V_0——液体受热前的体积，L；

　　　β——液体的容积膨胀系数，一些液态碳氢化合物的容积膨胀系数如表4-4所示；

　　　Δt——液体受热的温升，℃。

表4-4　几种易燃液体的容积膨胀系数

液体名称	容积膨胀系数	液体名称	容积膨胀系数
乙醚	0.00160	戊烷	0.00160
丙酮	0.00140	汽油	0.00120
苯	0.00120	煤油	0.00090
甲苯	0.00110	醋酸	0.00140
二甲苯	0.00085	氯仿	0.00140
甲醇	0.00140	硝基苯	0.00083
乙醇	0.00110	甘油	0.00050
二硫化碳	0.00120	苯酚	0.00089

【例4-1】　有一装有乙醚的玻璃瓶存放在暖气片旁，瓶体积为24L，灌装时的气温为0℃，并留有5%的空间，暖气片的散热温度平均为60℃。试问乙醚瓶存放在暖气片旁是否安全？

解：先从表4-4中查到乙醚的容积膨胀系数为$\beta = 0.00160$。

0℃时乙醚实际盛装的容积$V_0 = 24 \times$（1-5%）= 22.8L；

代入式（4-1）得

$$V = V_0(1 + \beta \Delta t) = 22.8 \times (1 + 0.0016 \times 60) = 24.99L$$

因为玻璃瓶的体积为24L，故60℃时乙醚体积超出玻璃瓶的体积0.99L。同时乙醚在

60℃时的蒸气压可达216.408kPa，故乙醚瓶存放在散热60℃的暖气片旁是有爆炸危险的，应移至其他安全地点存放。

4.2.4 流动性

液体的流动性大小取决于黏度。黏度愈低，其流动性就愈强，反之则弱。随温度升高，液体的黏度减小，流动性增大。由于可燃液体的黏度较小，流动性较大，更增加了其火灾爆炸的危险性。如可燃液体渗漏会很快向四周流淌，并由于毛细管和浸润作用，能扩大其表面积，加快挥发速度，提高空气中的蒸气浓度。例如在火场上储罐（容器）一旦爆裂，液体会四处流淌、造成火势蔓延，扩大着火面积，给施救工作带来困难。所以，为了防止液体泄漏、流散，在储存工作中应备置事故槽（罐），构筑防火堤、设置水封井等；液体着火时，应设法堵截流散的液体，防止火势扩大蔓延。

4.2.5 带电性

多数可燃液体都是电介质，在灌注、输送、喷流过程中能够产生静电，当静电荷聚积到一定程度则会放电发火，故有引起火灾或爆炸的危险。2011年8月29日，中石油大连石化分公司储运车间柴油罐区一台2万立方米柴油储罐在进料过程中发生闪爆并引发火灾，造成直接经济损失789.0473万元，未造成人员伤亡。事故的直接原因是由于事故储罐送油造成液位过低，浮盘与柴油液面之间形成气相空间，造成空气进入。正值上游装置操作波动，进入事故储罐的柴油中轻组分含量增加，在浮盘下形成爆炸性气体。加之进油流速过快，产生大量静电因无法及时导出而产生放电，引发爆炸。

液体的带电能力主要取决于其介电常数和电阻率。一般地说，介电常数小于10F/m（特别是小于3F/m）、电阻率大于$10^5 \Omega \cdot cm$的液体都有较大的带电能力，如醚、酯、芳烃、二硫化碳、石油及石油产品等；而醇、醛、羧酸等液体的介电常数一般都大于10F/m，电阻率一般也都低于$10^5 \Omega \cdot cm$，则它们的带电能力会比较弱。一些易燃液体的介电常数和电阻率如表4-5所示。

表4-5 一些易燃液体的介电常数和电阻率

液体名称	介电常数/F·m⁻¹	电阻率/Ω·cm	液体名称	介电常数/F·m⁻¹	电阻率/Ω·cm
甲醇	32.62	5.8×10^6	苯	2.50	$>1 \times 10^{18}$
乙醇	25.80	6.4×10^6	乙苯	2.48	$>1 \times 10^{12}$
乙醛	>10	1.7×10^6	甲苯	2.29	$>1 \times 10^{14}$
乙醚	4.34	2.54×10^{12}	苯胺	7.20	2.4×10^8
丙酮	21.45	1.2×10^7	乙酸甲酯	6.40	—
丁酮	18.00	1.04×10^7	乙酸乙酯	7.30	—
戊烷	<4	$<2 \times 10^5$	乙二醇	41.20	3×10^7
二硫化碳	2.65	—	甲酸	—	5.6×10^5
氯仿	5.10	$>2 \times 10^8$	氯乙酸	20.00	1.4×10^6

液体产生静电荷的多少，除与液体本身的介电常数和电阻率有关外，还与输送管道的材质和流速有关。管道内表面越光滑，产生的静电荷越少；流速越快，产生的静电荷则越多。

石油及其产品在作业中静电的产生与聚积有以下一些特点：

（1）在管道中流动时。

1）流速愈大，产生的静电荷愈多。在同一设备条件下，5min 装满一个 50m³ 的油罐车，流速为 2.6m/s 时产生静电压为 2300V；7min 装满一个 50m³ 的油罐车，流速为 1.7m/s 时静电压降至 500V。

2）管道内壁愈粗糙，流经的弯头、阀门愈多，产生的静电荷愈多。

3）帆布、橡胶、石棉、水泥和塑料等非金属管道比金属管道产生的静电荷多。

4）在管道上安装过滤网，其网栅愈密，产生的静电荷愈多；绸毡过滤网产生静电荷更多。

（2）在向车、船灌装油品时。

1）油品与空气摩擦、在容器内旋涡状运动和飞溅都会产生静电，当灌装至容器高度的 1/2~3/4 时，产生的静电电压最高。所产生的静电大都聚积在喷流出的油柱周围。

2）油品装入车、船，在运输过程中因震荡、冲击所产生的静电，大都积聚在油面漂浮物和金属构件上。

3）多数油品温度越低，产生静电越少；但柴油温度降低，则产生的静电荷反而会增加。同品种新、旧油品搅混，静电压会显著增高。

4）油泵等机械的传动皮带与飞轮的摩擦、压缩空气或蒸气的喷射都会产生静电。

5）油品产生静电的大小还与介质空气的湿度有关。湿度越小，积聚程度越大；湿度越大，积累电荷程度越小。据测试，当空气湿度为 47%~48% 时，接地设备电位达 1100V；空气湿度为 56% 时，电位为 300V；空气湿度接近 72% 时，带电现象实际上终止。

6）油品产生静电的大小还与容器、导管中的压力有关。其规律是压力越大，产生的静电荷越多。

无论在何种条件下产生静电，在积聚到一定程度时，就会发生放电现象。据测试，积聚电荷大于 4V 时，放电火花就足以引燃汽油蒸气。对可燃易燃液体物质要采用下列防护措施：

（1）防火避热，易燃可燃液体盛于密闭容器内，储于通风阴凉处所。贮存、使用中禁绝烟火，远离热源火种，宜专设库房分类保管。

（2）与酸类、氧化剂、爆炸品等隔离存放。

（3）装运时要轻拿轻放，作业时不要使用能产生火花的铁制工具；一般电动机具不能进库；库内不可用明火或电瓶照明。在运输中的通风装置上应有火星熄灭器和防爆灯具等。

（4）选用材质好而光滑的管道输送易燃液体，限制流速等。

（5）在装卸、储运过程中，设备、管道要接地，以导泄静电，防止聚积而放电。

4.2.6　毒害性

易燃液体本身或其蒸气大都具有毒害性，有的还有刺激性和腐蚀性。其毒性的大小与其本身化学结构、蒸发的快慢有关。不饱和碳氢化合物、芳香族碳氢化合物和易蒸发的石油产品比饱和的碳氢化合物、不易蒸发的石油产品的毒性要大。易燃液体对人体的毒害性主要表现在蒸发气体上。它能通过人体的呼吸道、消化道、皮肤三个途径进入体内，造成人身中毒。中毒的程度与蒸气浓度、作用时间的长短有关。浓度小、时间短则轻，反之则重。

掌握易燃液体的毒害性和腐蚀性，在于能充分认识其危害，知道怎样采取相应的防毒和防腐蚀措施，特别是在火灾条件下和平时的消防安全检查时注意防止人员的灼伤和中毒。

4.3 可燃固体的燃爆特性

凡遇火、受热、撞击、摩擦或与氧化剂接触能着火的固体物质，统称为可燃固体。燃点是表征固体物质火灾危险性的主要参数。可燃固体的燃点越低，越容易着火，火灾危险性就越大。物质由固态转变为液态的最低温度称为熔点。熔点低的可燃固体受热时容易蒸发或气化，因此燃点也较低，燃烧速度则较快。某些低熔点的易燃固体还会出现闪燃现象，如萘、二氯化苯、聚甲醛、樟脑等，其闪点大都在100℃以下，所以火灾危险性大。某些可燃固体的燃点、熔点和闪点见表4-6。

表 4-6 可燃固体的燃点、熔点和闪点

物质名称	熔点/℃	燃点/℃	闪点/℃	物质名称	熔点/℃	燃点/℃	闪点/℃
萘	80.2	86	80	聚乙烯	120	400	—
二氯化苯	53	—	67	聚丙烯	160	270	—
聚甲醛	62	—	45	聚苯纤维	100	400	—
甲基萘	35.1	—	101	醋酸纤维	260	320	—
樟脑	174~179	70	65.5	黏胶纤维	—	235	—
松香	55	216	—	锦纶-6	220	395	—
硫黄	113	255	—	锦纶-66	—	415	—
红磷	—	160	—	涤纶	250~265	390~415	—
三硫化磷	172.5	92	—	二亚硝基间苯二酚	255~264	260	—
五硫化磷	276	300	—	有机玻璃	80	158	—
重氮氨基苯	98	150	—	石蜡	38~62	195	—

可燃固体物质的燃烧速度一般小于可燃气体和液体，特别是有些固体的燃烧过程需先受热熔化，经蒸发、气化、分解再氧化燃烧，所以速度慢。可燃固体的燃烧速度与燃烧比表面积（即固体的表面积与其体积的比值）有关，比表面积越大，燃烧时固体单位体积所受的热量越大，因此燃烧速度越快。比表面积的大小与固体的粒度、几何形状等有关。此外，可燃固体的密度越大，燃烧速度越慢；固体的含水量越多，燃烧速度亦越慢。表4-7列出某些固体的燃烧速度。

表 4-7 某些可燃固体物质的燃烧速度

物质名称	燃烧的平均速度/$kg \cdot (m^2 \cdot h)^{-1}$	物质名称	燃烧的平均速度/$kg \cdot (m^2 \cdot h)^{-1}$
木材（水分14%）	50	棉花（水分6%~8%）	8.5
天然橡胶	30	聚苯乙烯树脂	30
人造橡胶	24	纸张	24
布质电胶木	32	有机玻璃	41.5
酚醛塑料	10	人造短纤维（水分6%）	21.6

可燃固体的自燃点一般都低于可燃液体和气体的自燃点，大体上介于 180~400℃ 之间。这是由于固体物质组成中，分子间隔小，单位体积的密度大，因而受热时蓄热条件好。可燃固体的自燃点越低，其受热自燃的危险性就越大。

4.4　自燃性物质的火灾爆炸危险性

凡是无需明火作用，由于本身氧化反应或受外界温度、湿度影响，受热升温达到自燃点而自行燃烧的物质，称为自燃性物质。自燃性物质具有以下特性。

4.4.1　自燃性

能自燃是该类物质的共性。由于容易被氧化，自燃点低，在不接触明火时亦会燃烧而引起火灾，故潜伏着火灾危险。例如黄磷，其化学性质极其活泼，有强还原性，燃点低（34℃），在常温下置于空气中即自燃：

$$4P + 5O_2 =\!=\!= 2P_2O_5$$

硝化纤维及其制品，由于化学性质不稳定，容易分解放热而发生自燃，燃烧速度很快。

浸油制品，如油布、油脂等，油中含有较多的共轭不饱和键，也易氧化放热，若积热不散达到制品的自燃点时就会自燃。

4.4.2　遇水燃烧性

烷基铝类如三乙基铝有遇水燃烧的性质，遇水作用产生大量的热和乙烷气体，致使乙烷燃烧或爆炸，反应如下：

$$(C_2H_5)_3Al + 3H_2O =\!=\!= Al(OH)_3 + 3C_2H_6\uparrow + Q$$

$$2C_2H_6(g) + 7O_2(g) =\!=\!= 4CO_2(g) + 6H_2O(l) \quad \Delta_r H_m^\ominus(298.15K) = -3120.04kJ/mol$$

铝铁熔剂（即金属洋灰）是由铝粉和氧化铁组成的熔接剂。当两者燃烧时放出大量热，产生 2500~3500℃ 的高温，若遇水能分解为氢和氧，同时由于高温，铝和铁都能与水发生剧烈反应放出氢气，有引起火灾和爆炸的危险。反应方程式如下：

$$8Al(s) + 3Fe_3O_4(s) \xrightarrow{\text{燃烧}} 9Fe(\alpha) + 4Al_2O_3(\alpha) \quad \Delta_r H_m^\ominus(298.15K) = -6327.9kJ/mol$$

$$2Al(s) + 3H_2O(s) \xrightarrow{\text{高温}} Al_2O_3(\alpha) + H_2\uparrow(g) \quad \Delta_r H_m^\ominus(298.15K) = -812.286kJ/mol$$

$$2Fe(\alpha) + 3H_2O(l) \xrightarrow{\text{高温}} Fe_2O_3(s) + 3H_2\uparrow(g) \quad \Delta_r H_m^\ominus(298.15K) = 35.414kJ/mol$$

4.4.3　毒害性

有的自燃性物质如黄磷本身及其燃烧产物五氧化二磷都是毒害物。服用黄磷 0.15g 可致死，空气中五氧化二磷最高允许浓度为 0.003mg/m³。硝化纤维及其制品燃烧时也产生有毒和刺激性的氧化氮气体。

自燃性物质由于化学组成不同，以及影响自燃的条件（如温度、湿度、助燃物、含油量、杂质、通风条件等）不同，其火灾危险性具有各自不同的特征。决定自燃性物质火灾爆炸危险性的主要技术参数包括自燃点、蓄热条件、温度、湿度、助燃物等因素。

首先，自燃物质的自燃点愈低，火灾危险性愈大。如赛璐珞的自燃点是150~180℃，煤的自燃点是250~300℃，无疑是前者容易发生自燃。

蓄热条件是如赛璐珞、油棉纱、煤堆等二级自燃物品发生自燃的重要因素。如果这类物品堆垛通风不良，蓄热不散或包装破损被氧化，均能促使其自燃。此外，自燃物质若存在某些杂质如氧化剂、酸及铁粉等，会影响其氧化过程而增加自燃机会，如浸油的纤维内含有金属铁屑时，自燃倾向就增大。

升高温度使氧化速度加快，促使自燃。当浸油物品的温度升高时，即使是局部地方升温，也会加速其氧化过程。而氧化过程中放出的热，会使受热的局部地方的温度继续升高引起自燃。

潮湿常会加速自燃物质的氧化或分解，而引起自燃。如硝化纤维胶片、油布等在过于潮湿的空气中，会加速分解和氧化，使温度上升至物品的自燃点而发生自燃。

自燃物品必须在一定的助燃物质中才能发生自燃，其中空气中的氧能加速其氧化反应。如黄磷，必须在空气（氧气）、氯气等助燃物质中才能发生自燃。如果把黄磷投入水中与空气隔离，甚至加热到水沸腾也不会燃烧。但是有的自燃物品，如桐油配料制品，在空气不足、氧气缺乏的情况下也能自燃。

自燃性物质都是比较容易氧化的，在着火之前所进行的是缓慢的氧化作用，而着火时进行的是剧烈的氧化反应。

根据自燃的难易程度及火灾爆炸危险性大小，自燃性物质可分为两级，见表4-8。

表 4-8　自燃性物质的分级

级别	鉴定参考标准	举　例
一级	自燃点在200℃以下，能在空气中迅速氧化，燃烧猛烈，危害性大	黄磷、硝化棉、三丁基铝等
二级	自燃点在200℃以上，在空气中缓慢氧化而蓄热自燃	油纸、油布等

（1）一级自燃物质。此类物质与空气接触极易氧化，反应速度快；同时，它们的自燃点低，易于自燃，火灾危险性大。例如黄磷、铝铁溶剂等。一级自燃性物质呈快速平板状燃烧，不仅燃烧速度快，而且火焰温度高，火势凶猛，不易扑救。如赛璐珞燃烧速度比纸张快5倍多，一吨电影胶片只6~7min就烧完。

（2）二级自燃物质。此类物质与空气接触时氧化速度缓慢，自燃点较低，如果通风不良，积热不散也能引起自燃，如油污、油布等带有油脂的物品。例如，桐油的主要成分是桐油酸甘油酯，其分子含有3个双键，化学性质很不稳定，经制成油纸、油布、油绸等自燃性物质之后，桐油与空气中氧接触的表面积大大增加，在空气中缓慢氧化析出的热量增多，加上堆放、卷紧的油纸、油布、油绸等散热不良，造成积热不散，温度升高到自燃点而引起自燃，尤其是空气潮湿的情况下，更易促使自燃的发生。因此，自燃性物质中的二级自燃物质常用分格的透风笼箱作包装箱，目的是把自燃物品中经氧化而释放出的热量不断地散逸掉，不至于造成热量的聚积不散，避免发生自燃而引起火灾。

二级自燃物质燃烧呈阴燃，由内往外少延烧，不仅阴燃时间长，而且在阴燃中不见火苗和烟，难以察觉。在起火后表面火虽被扑灭，其内部仍有可能在延烧，加之阴燃的渗透力强，有可能再次酿成灾害。

4.5　遇水燃烧物质的火灾爆炸危险性

凡与水或潮气接触能分解产生可燃气体，同时放出热量而引起可燃气体的燃烧或爆炸的物质，称为遇水燃烧物质。

遇水燃烧物质还能与酸或氧化剂发生反应，而且比遇水发生的反应更为剧烈，其火灾爆炸的危险性更大。

评价遇水燃烧物质火灾危险性的依据主要取决于以下四个方面。

4.5.1　遇水有燃烧性和爆炸性

各类遇水燃烧物质与水接触后，除了反应的剧烈程度和释放出的热量不同之外，所产生的可燃气体的性质也有所不同，其火灾爆炸的危险性也不同，主要有以下几类。

第一，生成氢的燃烧或爆炸。有些遇水燃烧物质在与水作用的同时，放出氢气和热量，由于自燃或外来火源作用引起氢气的着火或爆炸。具有这种性质的遇水燃烧物质有活泼金属及其合金、金属氢化物、硼氢化物、金属粉末等。例如，金属钠与水的反应：

$$Na + 2H_2O \Longrightarrow 2NaOH + H_2 \uparrow + 371.8kJ$$

这类遇水燃烧物质除了存在氢气的着火或爆炸危险之外，那些尚未来得及反应的金属会随之燃烧或爆炸。又如锌粉与水的反应：

$$Zn + H_2O \Longrightarrow ZnO + H_2 \uparrow$$

此反应放出的热量较少，不至于直接引起氢气的燃烧爆炸。

第二，生成碳氢化合物的火灾或爆炸。有些遇水燃烧物质与水作用时，生成碳氢化合物，在反应热引起受热自燃或外来火源作用下造成碳氢化合物的着火爆炸。具有这种性质的遇水燃烧物质主要有金属碳化合物、有机金属化合物等。例如，甲基钠与水的反应：

$$CH_3Na + H_2O \Longrightarrow NaOH + CH_4 \uparrow + \Delta Q$$

如，碳化钙与水化合的反应式如下：

$$CaC_2(s) + 2H_2O(l) \Longrightarrow Ca(OH)_2(s) + C_2H_2(g)$$
$$\Delta_r H_m^{\ominus}(298.15K) = -125.276kJ/mol$$

上述反应的热量在积热不散的条件下，能引起乙炔自燃爆炸：

$$2C_2H_2(g) + 5O_2(g) \Longrightarrow 4CO_2(g) + 2H_2O(l)$$
$$\Delta_r H_m^{\ominus}(298.15K) = -2599.216kJ/mol$$

第三，生成其他可燃气体的燃烧爆炸。还有一些遇水燃烧物质如金属磷化物、金属氧化物、金属硫化物和金属硅的化合物等，与水作用时生成磷化氢、氰化氢、硫化氢和四氢化硅等。例如，磷化钙与水的反应：

$$Ca_3P_2 + 6H_2O \Longrightarrow 3Ca(OH)_2 + 2PH_3 \uparrow + \Delta Q$$

由于磷化氢的自燃点低（45~60℃），能在空气中自燃。

从以上讨论可以看出，遇水燃烧物质的类别多，遇水生成的可燃气体不同，因此其危险性也有所不同。

另外，电石、碳化铝、甲基钠等遇水放出易燃气体的物质盛放在密闭容器内，遇湿后放出的乙炔和甲烷及热量逸散不出来而积累，只是容器内的气体越积越多，压力逐渐增大；当超过了容器的强度时，或在受热、翻滚、撞击、摩擦、震动等外力作用下，造成胀裂而引起爆炸，如电石桶的爆炸。因此装卸作业时不得翻滚、撞击、摩擦、倾倒等，必须轻装轻卸。如发现容器有鼓包等可疑现象，应及时妥当处理，将鼓包的电石桶移至室外，把桶内气体放出，修复后方可库存。

遇水燃烧物质着火时，不准用水或酸碱泡沫灭火剂及泡沫灭火剂扑救。因为酸碱泡沫灭火剂是利用碳酸氢钠溶液和硫酸溶液的作用，产生二氧化碳气体进行灭火的。其反应式为：

$$2NaHCO_3 + H_2SO_4 =\!=\!= Na_2SO_4 + 2H_2O + 2CO_2\uparrow$$

在泡沫灭火剂中是利用碳酸氢钠溶液和硫酸铝溶液的作用，产生二氧化碳进行灭火的，其反应式为：

$$6NaHCO_3 + Al_2(SO_4)_3 =\!=\!= 3Na_2SO_4 + 2Al(OH)_3 + 6CO_2\uparrow$$

从以上反应式可以看出，这些灭火剂是以溶液为药剂的。溶液中含有大量的水，所以用这两种灭火剂来扑救遇水燃烧物质的火灾是不适宜的。

4.5.2　遇酸和氧化剂有燃烧爆炸性

该类物质大都有强还原性，而氧化剂和许多酸有强氧化性。大多数酸又是水的溶液，所以当它们一旦接触，立即反应，并且比与水的反应更强烈，故火灾爆炸的危险性更大。

有些遇水反应较为缓慢，甚至不发生反应的物质，当遇到酸或氧化性物质时，也能发生剧烈反应，如锌粒在常温下放入水中并不会发生反应，但放入酸中，即使是较稀的酸，反应也非常剧烈，放出大量的氢气。又如，金属钠、氢化钡等与硫酸反应生成氢气，碳化钙和硫酸反应生成乙炔等，它们的反应式如下：

$$2Na + H_2SO_4 =\!=\!= Na_2SO_4 + H_2\uparrow$$
$$BaH_2 + H_2SO_4 =\!=\!= BaSO_4 + 2H_2\uparrow$$
$$CaC_2 + H_2SO_4 =\!=\!= Ca_2SO_4 + C_2H_2\uparrow$$

由酸碱灭火器和泡沫灭火器喷射出来的喷液中，多少都含有尚未作用的残酸，因此，用这类灭火剂来扑救遇水燃烧物质的火灾，犹如火上加油，会引起更大危险。

遇水或遇酸的燃烧性是遇水燃烧物质共同的危险性。因此，在贮存、运输和使用时，应注意防水、防潮、防雨雪。遇水燃烧物质的火灾应用干砂、干粉灭火剂、二氧化碳灭火剂等进行扑救。

4.5.3　自燃性

有些遇水燃烧物质（如碱金属、硼氢化合物）放置于空气中即具有自燃性。有的遇水燃烧物质（如氢化钾）遇水能生成可燃气体，放出热量而具有自燃性。因此，这类遇水燃烧物质的贮存必须与水及潮气等可靠隔离。由于锂、钠、钾、铷、铯和钠钾合金等金属不与煤油、汽油、石蜡等作用，所以可把这些金属浸没于矿物油或液体石蜡等不吸水分的物质中严密贮存。采取这种措施就能使这些遇水燃烧物质与空气和水蒸气隔离，免除变质和发生危险。

4.5.4　毒性和腐蚀性

硼氢类的毒性比氰化氢和光气的毒性还大；磷化物与水反应放出有毒的磷化氢气体。

该类物质如碱金属及其氢化物、碳化物等，均有较强的吸水性，与水作用生成强碱而具有腐蚀性。

防止遇水燃烧物质火灾爆炸的主要措施包括：

（1）严密包装，置于通风干燥处所，与酸、氧化剂等性质相抵触的物质隔离存放，注意防水防潮防雨雪，严禁火种接近等。

（2）在该类物质起火时，禁止用水、酸碱灭火剂、泡沫灭火剂等灭火，只能用干砂、干粉扑救。

遇水燃烧的物质，火灾爆炸危险性的大小取决于金属的活性。越是活泼的金属及其化合物，还原能力越强，与水中的氧化合就越容易，因此火灾危险性越大。活泼性差一些的碱土金属等在高温下才与水反应，活泼型更差的重金属则不能与水反应，见表4-9。

表4-9　金属与水的反应能力

金属名称	Li、Na、K、Ca 等	Mg、Al、Zn、Fe 等	Cu、Ag、Au、Pt 等
反应能力	常温下与水反应剧烈	高温下或粉末状与水反应	不与水反应

遇水燃烧物质均具有遇水分解，产生可燃气体和热量，能引起火灾或爆炸的危险性。根据遇水反应的剧烈程度，产生可燃气体的多少，以及放出热量的多少，将该类物质分为两级：

一级危险性物质是遇水发生剧烈的化学反应，释放出的高热能把反应产生的可燃气体加热至自燃点，不经外来火源也会自燃或爆炸。属于一级遇水燃烧物质的主要有活泼金属（如锂、钠、钾、铷、锶、铯、钡等金属）及其氢化物，硫的金属化合物、磷化物和硼烷等。以金属锂作为负极的锂电池，包括锂锰电池、锂铁电池、锂亚电池，在充放电循环过程中容易产生锂结晶而造成的内部短路，一般情况下禁止充电，这类电池一旦起火，是严禁用水进行扑救的。锂离子电池以基于石墨结构的碳材料作为负极，依靠锂离子在正极和负极之间移动来完成充放电过程，已经被广泛地应用在手机、笔记本电脑、电动汽车等多个领域，虽然已经开展的灭火实验次数和规模有限，目前的研究和实践结果表明，这类锂离子电池一旦起火，会发生剧烈的放热化学反应，一般还伴有放电现象，水、CO_2、ABC干粉、3%水成膜泡沫灭火剂能扑灭锂离子电池火灾明火，但易出现复燃现象，需使用大量持续的水来灭火降温。

二级危险性物质是遇水能发生化学反应，但反应缓慢，释放出的热量较少，不足以把反应产生的可燃气体加热至自燃点。不过，当可燃气体一旦接触火源也会立即着火燃烧或爆炸，如氢化钙、锌粉、亚硫酸钠、氢化铝、硼氢化钾等。

4.6　氧化剂的火灾爆炸危险性

凡能氧化其他物质，亦即在氧化-还原反应中得到电子的物质称为氧化剂。

在无机化学反应中，可以由电子的得失或化合价的变化来判断氧化还原反应。但在有机化学反应中，由于大多数有机化合物都是以共价键组成的，它们分子内的原子间没有明显的电子得失，很少有化合价的变化，所以在有机化学反应中常把与氧的化合或失去氢的反应称为氧化反应，而将与氢的化合或失去氧的反应称为还原反应，把在反应中失去氧或获得氢的物质称为氧化剂。例如，过氧乙酸（氧化剂）和甲醛（还原剂）的化学反应。

各种氧化剂的氧化性能强弱有所不同，有的氧化剂很容易得到电子，有的则不容易得到电子。氧化剂按化学组成分为无机氧化剂和有机氧化剂两大类。

4.6.1 无机氧化剂

按氧化能力的强弱，将无机氧化剂分为两级：

一级无机氧化剂主要是碱金属或碱土金属的过氧化物和盐类，如过氧化钠、高氯酸钠、硝酸钾、高锰酸钾等。这些氧化剂的分子中含有过氧基（—O—O—）或高价态元素（N^{5+}、Cl^{7+}、Mn^{7+}等），极不稳定，容易分解，氧化性能很强，是强氧化剂，能引起燃烧或爆炸。例如，过氧化钠遇水或酸的时候，便立即发生反应，生成过氧化氢；过氧化氢更容易分解为水和原子氧。其反应如下：

$$Na_2O_2 === Na_2O + [O]$$
$$Na_2O_2 + 2H_2O === 2NaOH + H_2O_2$$
$$Na_2O_2 + H_2SO_4 === Na_2SO_4 + H_2O_2$$
$$H_2O_2 === H_2O + [O]$$

原子氧有很强的氧化性，遇易燃物质或还原剂很容易引起燃烧或爆炸，如果不与其他物质作用，原子氧便自行结合，生成氧气。

$$[O] + [O] === O_2$$

2010 年 7 月 16 日大连输油管道爆炸事故引发大火并造成大量原油泄漏，导致部分原油、管道和设备烧损，另有部分泄漏原油流入附近海域造成污染。事故造成 1 名作业人员轻伤、1 名失踪；在灭火过程中，1 名消防战士牺牲、1 名受重伤。事故造成的直接财产损失为 22330.19 万元。经调查，该事故的直接原因认定为：中石油国际事业有限公司（中国联合石油有限责任公司）下属的大连中石油国际储运有限公司同意中油燃料油股份有限公司委托上海祥诚公司使用天津辉盛达公司生产的含有强氧化剂过氧化氢的"脱硫化氢剂"，违规在原油库输油管道上进行加注"脱硫化氢剂"作业，并在油轮停止卸油的情况下继续加注，造成"脱硫化氢剂"在输油管道内局部富集，发生强氧化反应，导致输油管道发生爆炸，引发火灾和原油泄漏。

二级无机氧化剂虽然也容易分解，但比一级氧化剂稳定，是较强氧化剂，能引起燃烧。除一级无机氧化剂外的所有无机氧化剂均属此类，如亚硝酸钠、亚氯酸钠、连二硫酸钠、重铬酸钠、氧化银等。

4.6.2 有机氧化剂

按照氧化能力的强弱，有机氧化剂亦分为两级：

一级有机氧化剂主要是有机物的过氧化物或硝酸化合物，这类氧化剂都含有过氧基

（—O—O—）或高价态氮原子，极不稳定，氧化性能很强，是强氧化剂，如过氧化苯甲酰、硝酸胍等。2012年2月28日上午9点20左右，位于河北石家庄赵县生物产业园的河北克尔化工有限公司一号车间发生爆炸。经调查，该公司一号车间共有8个反应釜。原设计用硝酸铵和尿素为原料，生产工艺是硝酸铵和尿素在反应釜内混合加热熔融，在常压、175~220℃条件下，经8~10h的反应，间歇生产硝酸胍，原料熔解热由反应釜外夹套内的导热油提供。实际生产过程中，克尔公司在没有进行安全风险评估的情况下，擅自将尿素改用双氰胺为原料，并提高了反应温度，将反应时间缩短至5~6h。导致河北克尔公司一车间的1号反应釜底部放料阀（用导热油伴热）处导热油泄漏着火，造成釜内反应产物硝酸胍和未反应完的硝酸铵局部受热，急剧分解发生爆炸，继而引发存放在周边的硝酸胍和硝酸铵爆炸。该事故共造成25人死亡、4人失踪、46人受伤。

二级有机氧化剂是有机物的过氧化物，如过氧醋酸、过氧化环己酮等。这类氧化剂虽然也容易分解出氧，但化学性质比一级氧化剂稳定。

无机氧化剂和有机氧化剂中都有不少过氧化物类的氧化剂。有机氧化剂由于含有过氧基，受到光和热的作用，容易分解析出氧，常因此发生燃烧和爆炸。例如，过氧化苯甲酰$(C_6H_5CO)_2O_2$受热、摩擦、撞击就发生爆炸，与硫酸能发生剧烈反应，引起燃烧并放出有毒气体。又如，硝酸钾受热时分解为亚硝酸钾和原子氧，遇易燃品或还原剂时容易发生燃烧或爆炸，并且还可以促使硝酸盐的进一步分解，从而扩大其危险性。原子氧在不进行其他反应时便立即自行结合为氧，硝酸钾的分解反应方程式如下：

$$2KNO_3 == 2KNO_2 + O_2\uparrow$$

氧化剂火灾爆炸危险性的评价主要考虑以下几个特性：

（1）氧化性或助燃性。氧化剂具有强烈的氧化性能，在接触易燃物、有机物或还原剂时，能发生氧化反应，剧烈时会引起燃烧爆炸。氧化性越强，其火灾爆炸危险性越大。氧化剂氧化性强弱的规律，对于元素来说，一般是非金属性越强，其氧化性就越强，因为非金属元素具有获得电子的能力，如I_2、Br_2、Cl_2、F_2等物质的氧化性分别依次增强。离子所带的正电荷越多，越容易获得电子，氧化性也就越强，如4价锡离子（Sn^{4+}）比2价锡离子（Sn^{2+}）具有更强的氧化性。化合物中若含有高价态的元素，而且这个元素化合价越高，其氧化性就越强，如氨（NH_3）中的氮是-3价，亚硝酸钠（$NaNO_2$）中的氮是+3价，硝酸钠（$NaNO_3$）中的氮是+5价，则它们的氧化性分别依次增强。

（2）燃烧爆炸性。许多氧化剂，特别是无机氧化剂，当它们受到热、撞击、摩擦等作用时，容易迅速分解，产生大量气体和热量，因此有引起爆炸的危险。大多数有机氧化剂是可以燃烧的，在遇明火或其他爆炸力作用下，容易引起火灾。

（3）毒害性和腐蚀性。许多氧化剂不仅本身有毒，而且在发生变化后能产生毒害性气体，例如三氧化铬（铬酸酐）既有毒性，也有腐蚀性。活泼金属的过氧化物、各种含氧酸等，有很强的腐蚀性，能够灼伤皮肤和腐蚀其他物品。

氧化剂防火防爆的技术措施主要有以下几方面：

（1）氧化剂在贮存和运输时，应防止受热、摩擦、撞击，在贮运中应注意通风降温，不摔碰、不拖拉、不翻滚、不剧烈摩擦及远离热源、电源等。

（2）有些氧化剂遇水（如过氧化物遇水）、遇酸（如含氧酸盐遇酸）能降低它们的稳定性并增强其氧化性，对此类氧化剂在贮运时应注意通风、防潮湿，并且与酸、碱、还原剂、可燃粉状物等隔离，防止发生火灾和爆炸。

4.7 生产和贮存物品的火灾爆炸危险性分类

为防止火灾和爆炸事故的发生，首先应了解该生产过程和贮存物质的火灾危险性是属于哪一类型，存在哪些可能发生火灾或爆炸的因素，火灾爆炸后可能造成火势蔓延以及事故后果进一步恶化的原因等。

生产与贮存物品的火灾危险性主要根据生产和贮存中物料的燃爆性质及其火灾爆炸的危险程度，反应中所用物质的数量，反应温度、压力以及使用密闭的还是敞开的设备进行生产操作等条件来进行分类的。根据建筑设计防火规范（GB 50016—2014），生产与贮存物品的火灾危险性如表 4-10 和表 4-11 所示。

表 4-10 生产的火灾危险性分类

生产的火灾危险性类别	使用或产生下列物质生产的火灾危险性特征
甲	1. 闪点<28℃的液体； 2. 爆炸下限<10%的气体； 3. 常温下能自行分解或在空气中氧化即能导致迅速自燃或爆炸的物质； 4. 常温下受到水或空气中水蒸气的作用，能产生可燃气体并引起燃烧或爆炸的物质； 5. 当遇酸、受热、撞击、摩擦、催化以及遇有机物或硫黄等易燃的无机物，极易引起燃烧或爆炸的强氧化剂； 6. 受撞击、摩擦或与氧化剂、有机物接触时引起燃烧或爆炸的物质； 7. 在密闭设备内操作温度不小于物质本身自燃点的生产
乙	1. 闪点≥28℃，但<60℃的液体； 2. 爆炸下限≥10%的气体； 3. 不属于甲类的氧化剂； 4. 不属于甲类的易燃固体； 5. 助燃气体； 6. 能与空气形成爆炸性混合物的浮游状态的粉尘、纤维、闪点不小于60℃的液体雾滴
丙	1. 闪点≥60℃的液体； 2. 可燃固体
丁	1. 对不燃烧物质进行加工，并在高温或熔化状态下经常产生强辐射热、火花或火焰的生产； 2. 利用气体、液体、固体作为燃料或将气体、液体进行爆炸，做其他用的各种生产； 3. 常温下使用或加工难燃烧物质的生产
戊	常温下使用或加工不燃烧物质的生产

例如，以下所列储存物品属于甲类：

（1）硝化棉、硝化纤维胶片、喷漆棉、火胶楠、赛璐珞棉、黄磷。

（2）钾、钠、锂、钙、锶、氢化锂、四氢化锂铝、氢化钠。

（3）赤磷、五硫化磷。

（4）己烷、戊烷、石脑油、环戊烷、二硫化碳、苯、二甲苯、甲醇、乙醇、乙醚、蚁酸甲酯、醋酸甲酯、硝酸乙酯、汽油、丙酮、丙烯腈、乙醛。

表 4-11　贮存物品的火灾危险性分类

储存物品的火灾危险性类别	火灾与爆炸危险性的特征
甲	（1）闪点<28℃的液体； （2）爆炸下限<10%的气体，受到水或空气中水蒸气的作用能产生爆炸下限<10%气体的固体物质； （3）常温下能自行分解或在空气中氧化能导致迅速自燃或爆炸的物质； （4）常温下受到水或空气中水蒸气的作用，能产生可燃气体并引起燃烧或爆炸的物质； （5）遇酸、受热、撞击、摩擦以及遇有机物或硫黄等易燃的无机物，极易引起燃烧或爆炸的强氧化剂； （6）受撞击、摩擦或与氧化剂、有机物接触时能引起燃烧或爆炸的物质
乙	（1）闪点≥28℃，但<60℃的液体； （2）爆炸下限≥10%的气体； （3）不属于甲类的氧化剂； （4）不属于甲类的易燃固体； （5）助燃气体； （6）常温下与空气接触能缓慢氧化、积热不散引起自燃的危险物品
丙	（1）闪点≥60℃的液体； （2）可燃固体
丁	难燃烧物品
戊	不燃烧物品

（5）乙炔、氢、甲烷、乙烯、丙烯、丁二烯、环氧乙烷水、煤气、硫化氢、氯乙烯、液化石油气、电石。

（6）氯酸钾、氯酸钠、过氧化钠、过氧化钾。

以下所列储存物品属于乙类：

（1）硫黄、镁粉、铝粉、赛璐珞板（片）、樟脑、萘、生松香、硝化纤维漆布、硝化纤维色片。

（2）煤油、松节油、丁烯醇、异戊醇、丁醚、醋酸、丁醋、硝酸戊醋、乙酰丙酮、环己烷己烷、溶剂油、冰醋酸、樟脑油、蚁酸、糠醛。

（3）硝酸铜、铬酸、亚硝酸钾、重铬酸钠、铬酸钾、硝酸、硝酸汞、硝酸钴、发烟硫酸、漂白粉。

（4）氧气、氟气。

（5）氨气。

（6）桐油漆布及其制品、漆布及其制品、油纸及其制品，油绸及其制品，浸油金属屑。

以下所列储存物品属于丙类：

（1）动物油、植物油、沥青、蜡、润滑油、机油、重油、闪点≥60℃的柴油。

（2）化学、人造纤维及其织物，纸张，棉、毛、丝、麻及其织物，谷物及面粉，天然橡胶及其制品，竹、木及其制品。

以下所列储存物品属于丁类：醛酚塑料及其制品，水泥刨花板。

以下所列储存物品属于戊类：钢材、玻璃及其制品，搪瓷制品，不燃气体。

其中，甲类物品的闪点较低，爆炸极限范围宽，其火灾危险性最大。在生产生活中，针对各种不同物品的燃烧特性和火灾危险性，应分别采取相应的防火阻燃、防爆抑爆和灭火技术措施。

习　题

一、判断题

1. 易燃液体的爆炸温度极限和爆炸浓度极限之间有相对应的关系。　　　　　　（　　）
2. 两种易燃液体如果按照 1∶1 的比例混合，则混合物的闪点为两种可燃液体闪点的平均值。　　（　　）
3. 金属钠、钾化学活泼性很强，遇水通常会发生剧烈反应，因此其发生火灾时，不能用水扑救，但可以用二氧化碳窒息灭火。　　　　　　　　　　　　　　　　　　　　　　　　　　（　　）
4. 输送可燃气体和易燃液体的管道以及各种闸门、灌油设备和油槽车（包括灌油桥台、铁轨、油桶、加油用鹤管和漏斗等）应有可靠的接地。　　　　　　　　　　　　　　　　　　　　　（　　）
5. 对于盛装液化石油气的容器，应留有不少于 10% 的气相空间。　　　　　　　（　　）
6. 帆布、橡胶、石棉、水泥和塑料等非金属管道比金属管道产生的静电荷少。　（　　）
7. 粉尘爆炸抑制装置能在粉尘爆炸过程中，迅速喷洒灭火剂，将火焰熄灭。　　（　　）
8. 当反应物料发生剧烈反应，反应设备压力升高，采取其他措施无效时，可采用事故放空管泄压。　　　　　　　　　　　　　　　　　　　　　　　　　　　　　　　　　　（　　）
9. 使用过的油棉纱、油手套等沾油纤维物品以及可燃包装，应放在安全地点，且定期处理。　（　　）
10. 焊接管道和设备时，必须采取防火安全措施。　　　　　　　　　　　　　　（　　）

三、问答题

1. 储存危险化学品的基本要求有哪些？
2. 评价易燃液体品燃爆危险性的主要技术参数有哪些？
3. 简述氧化剂的火灾爆炸危险性。
4. 简述遇水燃烧物质火灾爆炸危险性。
5. 装运爆炸、剧毒、放射性、易燃液体、可燃气体等物品的运输工具必须符合哪些安全要求？

四、应用分析题

某单位的职工食堂内有数十个液化石油气钢瓶，某日，一职工在使用气瓶的过程中用力过猛，致使气瓶角阀损坏，导致瓶内液化石油气泄漏引起火灾。请利用所学知识，思考如何扑救该起火灾。

第 4 章　课件、习题及答案

5 火灾爆炸的监测与控制

5.1 火灾与爆炸的监测

5.1.1 火灾探测器的类型及选择

火灾探测器是火灾自动报警系统的监测元件，它将火灾初期所产生的烟、热、光转变为电信号，输入火灾自动报警系统，经过火灾自动报警系统处理后，发出报警或相应的动作。根据火灾的燃烧特性，火灾探测器可分为感烟型、感温型、感光型、可燃气体火灾探测器、复合型、智能型等类型。根据火灾探测器监控区域的大小，可分为点型和线型火灾探测器。

应根据保护场所可能发生火灾的部位和燃烧材料的分析，以及火灾探测器的类型、灵敏度和响应时间等选择相应的火灾探测器；对火灾形成特征不可预料的场所，可根据模拟试验的结果选择火灾探测器。

5.1.1.1 感温火灾探测器

感温探测器是响应异常温度、温升速率和温差等参数的探测器。感温式火灾探测器按原理可分为定温、差温、差定温组合式三种。

A 点型定温火灾探测器

当监测点环境温度达到某一温度值时，即动作。其结构原理如图 5-1 所示。

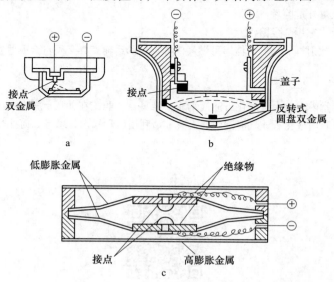

图 5-1 点型定温火灾探测器
a—不同膨胀系数双金属片结构；b—反转式圆盘双金属结构；c—高低膨胀金属结构

（1）利用不同膨胀系数双金属片的弯曲变形，达到感温报警的目的，其结构见图 5-1a。它是利用两种膨胀系数不同的金属片制成。随着火场温度的升高，金属片受热，膨胀系数大的金属片就要向膨胀系数小的金属片方向弯曲，使接点闭合，将信号输出。

（2）图 5-1b 所示的探测器利用双金属的反转使接点闭合，将信号输出。双金属反转后处于虚线所示的位置。

（3）图 5-1c 所示的点型定温火灾探测器由膨胀系数大的金属外筒和膨胀系数小的内部金属板组合而成，膨胀系数的不同使得接点闭合。

（4）电子定温火灾探测器。

电子定温火灾探测器采用特制半导体热敏电阻作为传感器件。这种热敏电阻在室温下具有较高的阻值，可以达到 $1M\Omega$ 以上。随着火场温度的升高，热敏电阻的阻值缓慢下降，当达到设定的温度点时，临界电阻值迅速减至几十欧姆，交流信号迅速增大，探测器发出报警信号。常见的 JTW-DZ-262/062 电子定温探测器原理见图 5-2。

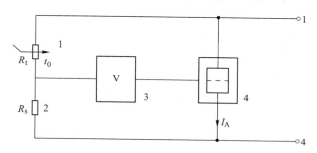

图 5-2　JTW-DZ-262/062 电子定温探测器原理框图

1—热敏电阻 CTR；2—采样电阻；3—阈值电路；4—双稳态电路

根据点型感温探测器的典型应用温度、最高应用温度、动作温度下限值、动作温度上限值，点型感温火灾探测器可分为 A1、A2、B、C、D、E、F、G 共 8 类，见表 5-1。

表 5-1　点型感温火灾探测器分类

探测器类型	典型应用温度/℃	最高应用温度/℃	动作温度下限值/℃	动作温度上限值/℃
A1	25	50	54	65
A2	25	50	54	70
B	40	65	69	85
C	55	80	84	100
D	70	95	99	115
E	85	110	114	130
F	100	125	129	145
G	115	140	144	160

B　缆式线型定温探测器

缆式线型定温探测器构造如图 5-3 所示。

它主要由智能缆式线型感温探测器编码接口箱、热敏电缆及终端模块三部分构成一个

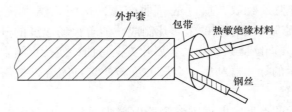

图 5-3 缆式线型定温探测器构造

报警回路。在每一个热敏电缆中有一个极小的电流流动。当热敏电缆线路上任何一点的温度上升达到额定动作温度时，其绝缘材料熔化，两根钢丝互相接触，此时报警回路电流骤然增大，报警控制器发出声、光报警的同时，数码管显示火灾报警的回路信号和火警的距离，即热敏电缆动作部分的长度。报警后，经人工处理热敏电缆可重复使用。

下列场所或部位，宜选择缆式线型感温火灾探测器：

（1）电缆隧道、电缆竖井、电缆夹层、电缆桥架。

（2）不宜安装点型探测器的夹层、闷顶。

（3）各种皮带输送装置。

（4）其他环境恶劣不适合点型探测器安装的场所。

下列场所或部位，宜选择线型光纤感温火灾探测器：

（1）除液化石油气外的石油储罐。

（2）需要设置线型感温火灾探测器的易燃易爆场所。

（3）需要监测环境温度的地下空间等场所宜设置具有实时温度监测功能的线型光纤感温火灾探测器。

（4）公路隧道、敷设动力电缆的铁路隧道和城市地铁隧道等。

线型定温火灾探测器的选择，应保证其不动作温度符合设置场所的最高环境温度的要求。

C 点型差温式火灾探测器

图 5-4 所示为一种常用的膜盒式点型差温探测器结构示意图。

点型差温探测器主要由感热室、膜片、泄漏孔及接点构成。当发生火灾时，如果环境温度变化缓慢，泄漏孔的作用使得感热室内的空气泄漏，膜片保持不变，接点不会闭合。随周围火场温度的急剧上升，感热室内的空气迅速膨胀，当达到规定的升温速率以上时，膜片受压使接点闭合，发出火警信号。

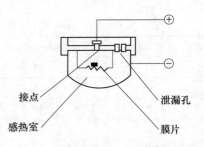

图 5-4 膜盒式点型差温探测器

D 空气管线型差温探测器

它是一种感受温升速率的火灾探测器，由敏感元件空气管——$\phi 3mm \times 0.5mm$ 的紫铜管、传感元件膜盒和电路部分组成，见图 5-5。正常状态下，气温正常，受热膨胀的气体能从传感元件泄气孔排出，不推动膜片，动、静接点不闭合；当发生火灾时，保护区域温度快速升高，使空气管感受到温度变化，管内空气受热膨胀，泄气孔无法立即排出，膜盒内压力增加推动膜片，动、静接点闭合，接通电路，输出报警信号。

E　点型差定温式火灾探测器

（1）膜盒式差定温探测器。膜盒式差定温探测器综合了差温式和定温式两种探测器的作用原理，其结构原理见图5-6。

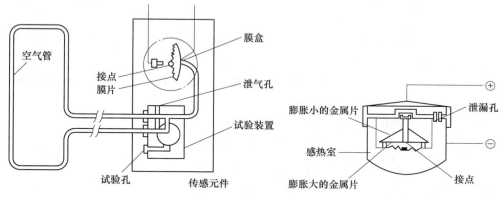

图5-5　空气管线型差温探测器　　　　图5-6　膜盒式点型差定温探测器

（2）电子差定温探测器。图5-7为常用的电子差定温探测器工作原理框图。

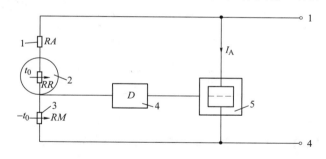

图5-7　差定温探测器原理图

1—调整电阻；2—参考电阻NTC；3—采样电阻NTC；4—阈值电路；5—双稳态电路

　　电子差定温式探测器采用2只NTC热敏电阻，其中取样电阻RM位于监视区域的空气环境中，参考电阻RR密封于探测器内部。当外界温度缓慢地上升时，RM和RR均有响应，此时，探测器表现为定温特性。当外界温度急剧升高时，RM阻值迅速下降，RR阻值变化缓慢，探测器表现为差温特性，达到预定值时，探测器发出报警信号。电子差定温探测器和电子定温探测器都满足规范《点型感温火灾探测器》（GB 4716—2005）要求的响应时间，差定温探测器对快速升温响应更为灵敏，所以不宜安装在平时温度变化较大的场合，如锅炉房、厨房等，这种场所可用定温探测器。但对于汽车库、小会议室等场所，二者可等同使用。

F　感温探测器的选择原则

符合下列条件之一的场所，宜选择点型感温火灾探测器：

（1）相对湿度经常大于95%。

（2）可能发生无烟火灾。

（3）有大量粉尘；

（4）吸烟室等在正常情况下有烟或蒸气滞留的场所；

（5）厨房、锅炉房、发电机房、烘干车间等不宜安装感烟火灾探测器的场所；

（6）需要联动熄灭"安全出口"标志灯的安全出口内侧；

（7）其他无人滞留且不适合安装感烟火灾探测器，但发生火灾时需要及时报警的场所。

应根据使用场所的典型应用温度和最高应用温度（见表 5-1）选择适当类别的感温火灾探测器。下列场所不适合选用感温型火灾探测器：

（1）可能产生阴燃火，高度较大的房间（见表 5-2），或发生火灾不及时报警将造成重大损失的场所，不宜选择点型感温火灾探测器。

（2）温度在 0℃以下的场所，不宜选择定温探测器。

（3）温度变化较大的场所，不宜选择具有差温特性的探测器。

表 5-2 不同高度的房间点型火灾探测器的选择

房间高度 h/m	点型感烟火灾探测器	点型感温火灾探测器			火焰探测器
		A1、A2	B	C、D、E、F、G	
$12<h\leqslant20$	不适合	不适合	不适合	不适合	适合
$8<h\leqslant12$	适合	不适合	不适合	不适合	适合
$6<h\leqslant8$	适合	适合	不适合	不适合	适合
$4<h\leqslant6$	适合	适合	适合	不适合	适合
$h\leqslant4$	适合	适合	适合	适合	适合

5.1.1.2 感烟火灾探测器

感烟火灾探测器是目前世界上应用较普遍、数量较多的探测器。据统计，感烟火灾探测器可以探测 70% 以上的火灾。根据工作原理，感烟探测器可以分为离子感烟探测器和光电感烟探测器两种。其中以离子感烟火灾探测器应用较为广泛。

A 离子感烟火灾探测器

离子感烟探测器的原理方框图见图 5-8。它由检测电离室和补偿电离室、信号放大回路、开关转换回路、火灾模拟检查回路、故障自动检测回路、确认回路等组成。

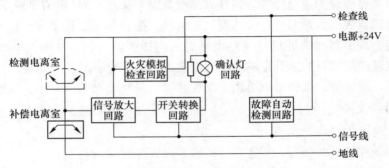

图 5-8 离子感烟探测器方框原理图

检测电离室和补偿电离室由两片放射性物质镅（241Am）α 源构成。当有火灾发生时，烟雾粒子进入检测电离室后，被电离的部分正离子和负离子吸附到烟雾离子上去，一方面造成离子在电场中运动速度降低，而且在运动中正负离子互相中和的几率增加，使到达电极的有效离子数减少；另一方面，由于烟雾粒子的作用，射线被阻挡，电离能力降低，电离室内产生的正负离子数减少。两方面的综合作用，宏观上表现为烟雾粒子进入检测电离室后，电离电流减少，施加在两个电离室两端的电压增加。当电压增加到规定值以上时开始动作，通过场效应晶体管（FET）作为阻抗耦合后将电压信号放大，进而通过开关转换回路将放大后的信号触发正反馈开关，将火灾信号传输给报警器，发出声光报警信号。

B 光电感烟火灾探测器

光电感烟火灾探测器是对能影响红外、可见和紫外电磁波频谱区辐射的吸收或散射的燃烧物质敏感的探测器。光电式感烟探测器根据其结构和原理分为散射型和遮光型两种。新型的光电感烟探测器如激光感烟探测器、红外光束线型感烟探测器均利用了光散射原理。

（1）散射式光电感烟探测器。散射式光电感烟探测器由发光元件、受光元件和遮光体组成的检测室、检测电路、振荡电路、信号放大电路、抗干扰电路、记忆电路、与门开关电路、确认电路、扩展电路、输出（入）电路和稳压电路等组成。

正常情况下，受光元件接受不到发光元件发出的光，因此不产生光电流。火灾发生时，当烟雾进入探测器的检测室时，由于烟粒子的作用，发光元件发生光散射并被受光元件接受使受光元件阻抗发生变化，产生光电流，从而实现了将光信号转化成电信号的功能。此信号与振荡器送来的周期脉冲信号复核后，开关电路导通，探测器发出火警信号。散射式光电感烟探测器的原理方框图见图 5-9。

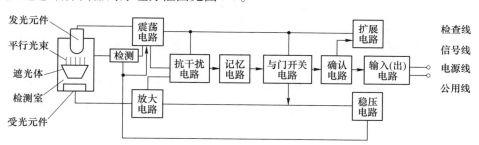

图 5-9 散射式光电感烟火灾探测器方框原理图

（2）遮光型光电感烟探测器。又称减光型光电感烟探测器。正常情况下，光源发出的光通过投射镜聚成光束，照射到光敏元件上，并将其转换成电信号，使整个电路维持正常状态，不发生报警。发生火灾有烟雾存在时，光源发出的光线受粒子的散射和吸收作用，使光的传播特性改变，光敏元件接受的光强明显减弱，电路正常状态被破坏，则发出声光报警。

（3）激光感烟探测器。点型激光感烟探测的原理主要采用了光散射基本原理，但又与普通散射光探测有很大区别。激光感烟探测器的光学探测室的发射激光二极管和组合透镜使光束在光电接受器的附近聚焦成一个很小的亮点，然后光线进入光接受器被吸收掉。当火灾发生时，烟粒子在窄激光光束中的散射光通过特殊的反光镜被聚到光接受器上，从而探测到烟雾颗粒。在普通的点型光电感烟探测器中，烟粒子向所有方向散射光线，仅一小部分散射到光电接受器上，灵敏度较差。激光探测器采用光学放大器件，将大部分散射光聚集到光电接受器上，大大地提高了灵敏度。应用在高灵敏度吸气式感烟火灾报警系统，点型激光感烟探测器的灵敏浓度高于一般光电感烟探测器灵敏度的 50 倍，误报率也大大降低。

(4) 红外光束线型火灾探测器。线型火灾探测器是响应某一连续线路附近的火灾产生的物理或化学现象的探测器。红外光束线型感烟火灾探测器的原理是应用烟粒子吸收或散射现象，使红外光束强度发生变化，从而实现火灾探测。

在正常情况下，红外光束探测器的发射器发送一个不可见的、波长为 940mm 的脉冲红外光束，它经过保护空间不受阻挡地射到接受器的光敏元件上。当发生火灾时，由于受保护空间的烟雾气溶胶扩散到红外光束内，使到达接受器的红外光束衰减，接受器接受的红外光束辐射通量减弱，当辐射通量减弱到预定的感烟动作阈值时，如果保持衰减 5s（或 10s）时间，探测器立即发出火灾报警信号。

红外光束线型火灾探测器保护面积大，尤其适宜保护难以使用点型探测器甚至根本不可能使用点型探测器的场所。

C　感烟探测器的选择原则

对火灾初期有阴燃阶段，产生大量的烟和少量的热，很少或没有火焰辐射的场所，如棉、麻织物火灾等，应选择感烟火灾探测器。

不适宜选用点型感烟探测器的场所有：

(1) 正常情况下有烟的场所。

(2) 经常有粉尘及水蒸气等固体、液体微粒出现的场所。

(3) 发火迅速、产生烟极少的爆炸性场所。

(4) 受烟气蔓延速度的影响，高度较大的房间不适合选用点型感烟火灾探测器，见表 5-2。

离子感烟与光电感烟探测器的使用场合基本相同，但离子感烟探测器较敏感，误报率较高，且其敏感元件的寿命较光电感烟探测器短。不宜选用光电感烟探测器的场所包括：(1) 有大量粉尘、水雾滞留；(2) 可能产生蒸汽和油雾；(3) 在正常情况下有烟和蒸汽滞留；(4) 存在高频电磁干扰；(5) 高海拔地区。

有下列情形的场所不宜选用点型离子感烟探测器：(1) 相对湿度长期大于 95%；(2) 气流速度大于 5m/s；(3) 大量粉尘、水雾滞留；(4) 可能产生腐蚀性气体；(5) 在正常情况下有烟滞留；(6) 产生醇类、醚类、酮类等有机物。

下列场所宜选择吸气式感烟火灾探测器：(1) 具有高速气流的场所；(2) 点型感烟、感温火灾探测器不适宜的大空间、舞台上方、建筑高度超过 12m 或有特殊要求的场所；(3) 低温场所；(4) 需要进行隐蔽探测的场所；(5) 需要进行火灾早期探测的重要场所；(6) 人员不宜进入的场所。

灰尘、污物较多且必须安装感烟火灾探测器的场所，应选间断吸气的点型采样吸气式感烟火灾探测器或具有过滤网和管路自清洗功能的管路采样吸气式感烟火灾探测器。

5.1.1.3 火焰探测器

点型火焰探测器是一种对火焰中特定波段（红外、可见和紫外光谱）中的电磁辐射敏感的火灾探测器，又称感光探测器。因为电磁辐射的传播速度极快，因此，这种探测器对快速发生的火灾或爆炸能及时响应，是对易燃、可燃液体火灾的理想探测器。

响应波长高于 700nm 辐射能通量的探测器称作红外火焰探测器。

响应波长低于 400nm 辐射能通量的探测器称紫外火焰探测器。紫外线火灾探测器结构见图 5-10。紫外线火灾探测器原理见图 5-11。

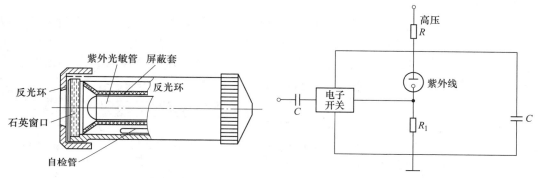

图 5-10 紫外线火灾探测器结构   图 5-11 紫外线火灾探测器原理

探测器采用圆柱状紫外光敏元件，当它接收到 1850～2450A 的紫外线时，产生电离作用，紫外光敏管开始放电，使光敏管的内电阻变小，导电电流增加，使电子开关导通，光敏管工作电压降低。当降低到着火电压以下时，光敏管停止放电，导电电流减少，电子开关断开，此时电源电压通过 RC 电路充电，使光敏管的工作电压升高到着火电压以上，再重复上述过程。这样就产生了一串脉冲，脉冲的频率与紫外线强度成正比，同时还与电路参数有关。

符合下列条件之一的场所，宜选择点型火焰探测器或图像型火焰探测器：（1）火灾发展迅速，有强烈的火焰辐射和少量烟、热和光的场所；（2）可能发生液体燃烧等无阴燃阶段的火灾；（3）需要对火焰做出快速反应。

符合下列条件之一的场所，不宜选择点型火焰探测器和图像型火焰探测器：（1）可能发生无焰火灾；（2）在火焰出现前有浓烟扩散；（3）探测器的镜头易被污染；（4）探测器的视线易被油污、烟雾、水雾和冰雪遮挡；（5）探测区域内的可燃物是金属和无机物；（6）探测器易受阳光、白炽灯等光源直接或间接照射。（7）探测区域内正常情况下有高温物体的场所，不宜选择单波段红外火焰探测器。（8）正常情况下有明火作业，探测器易受 X 射线、弧光和闪电等影响的场所，不宜选择紫外火焰探测器。

5.1.1.4 可燃气体火灾探测器

对探测区域内某一点周围的特殊气体参数敏感响应的探测器称为气体火灾探测器，又称可燃气体火灾探测器。它的工作原理是利用金属氧化物半导体元件、催化燃烧元件对可燃气体的敏感反应，并将这种氧化催化作用的结果转化为电信号，发出报警信号。火灾过程中完全燃烧和不完全燃烧产生大量的一氧化碳等可燃气体，并且这种可燃气体往往先于火焰或烟出现。因此，可燃气体火灾探测器可能提供最早期的火灾报警，适用于预防具有潜在的火灾爆炸或毒气危害的工业场所及民用建筑，可以起到防火、防爆、检测环境污染的作用。

下列场所宜选择可燃气体探测器：（1）使用可燃气体的场所；（2）燃气站和燃气表房以及存储液化石油气罐的场所；（3）其他散发可燃气体和可燃蒸气的场所。

在火灾初期产生一氧化碳的下列场所可选择点型一氧化碳火灾探测器：（1）烟不容易对流或顶棚下方有热屏障的场所；（2）在棚顶上无法安装其他点型火灾探测器的场所；（3）需要多信号复合报警的场所。

5.1.1.5　复合火灾探测器

复合火灾探测器是一种可以响应两种或两种以上火灾参数的探测器，是两种或两种以上火灾探测器性能的优化组合，集成在每个探测器内的微处理机芯片，对相互关联的每个探测器的探测值进行计算，从而降低了误报率。同一探测区域内设置多个火灾探测器时，可选择具有复合判断火灾功能的火灾探测器和火灾报警器控制器。

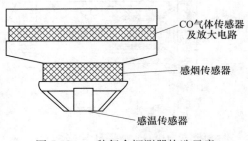

图 5-12　一种复合探测器构造示意

通常有感烟感温型、感温感光型、感烟感光型、红外光束感烟感光型、感烟感温感光型复合探测器。其中以感烟感温复合型探测器使用最为广泛，其工作原理为只要有一种火灾信号达到相应的阀值时探测器即可报警。图 5-12 为一种感温、感烟和 CO 气体三位一体的复合型火灾探测器构造示意图。

5.1.1.6　智能型火灾探测器

智能型火灾探测器本身带有微处理信息功能，可以处理由环境所收到的信息，并针对这些信息进行计算处理，统计评估，大大降低了误报率。例如 JTF-GOM-GST601 感烟型智能探测器能自动检测和跟踪由灰尘积累而引起的功能工作状态的漂移，当这种漂移超出给定范围时，自动发出故障信号，同时这种探测器可跟踪环境变化，自动调节探测器的工作参数，大大降低了由灰尘积累和环境变化所造成的误报和漏报。还有的智能型探测器利用模糊控制原理，结合火势很弱-弱-适中-强-很强的不同程度，再根据预设的有关规则，把这些不同程度的信息转化为适当的报警动作指标。如"烟不多，但温度快速上升——发出警报"，又如"烟不多，且温度没有上升——发出预警报等"。随着科技水平的不断提高，这类智能型探测器现在已经成为主流。

5.1.2　测爆仪的类型及选择

可燃气泄漏和积聚的程度，是现场爆炸危险性的主要监测指标，相应的测爆仪和报警器是监测现场爆炸性气体泄漏危险程度的重要工具。厂矿常用的可燃气爆炸危险性测量仪表的原理有热催化、热导、气敏和光干涉四种。

（1）热催化原理。热催化检测原理如图 5-13 所示。在检测元件 R_1 作用下，可燃气发生氧化反应，释放出燃烧热，其大小与可燃气体浓度成比例。检测元件通常用铂丝制成。气体进入工作室后在检测元件上放出燃烧热，由灵敏电流计 P 指示出气样的相对浓度，这种仪表的满刻度值通常等于可燃气的爆炸下限。

（2）热导原理。利用被测气体的导热性与纯净空气的导热性的差异，把可燃气体的浓度转换为加热丝温度和电阻的变化，在电阻温度计上反映出来。其检测原理与热催化原理的电路相同。

（3）气敏原理。气敏半导体检测元件吸附可燃气体后，电阻大大下降（可由 $50k\Omega$ 下降到 $10k\Omega$ 左右），与检测元件串联的微安表可给出气样浓度的指示值，检测电路见图 5-14。

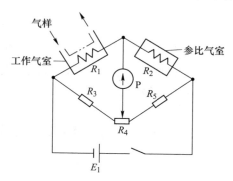

图 5-13　催化检测与热导检测原理图

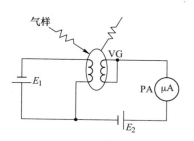

图 5-14　气敏检测电路图

图中 VG 为气敏检测元件，由电源 E_1 加热到 $200\sim300℃$。气样经扩散到达检测元件，引起检测元件电阻下降，与气样浓度对应的信号电流在微安表 PA 上指示出来。E_2 是测量检测元件电阻用的电源。

（4）光干涉原理。主要通过测量气体折射率的变化对气体成分进行定量分析。

以 CJG10 型光干涉式甲烷测定器为例，由光源发出的散射光经聚光镜聚焦到达平面镜，其中一部分光束通过标准空气，另一部分光束穿过甲烷室。由于光程差，在物镜的焦平面上产生干涉条纹。当甲烷室与空气室都充满相同的气体时，干涉条纹位置不移动，但当甲烷抽进甲烷室，由于光束通过的介质发生改变，干涉条纹相对原位置移动一段距离。测量这个位移量，便可知甲烷在空气中的含量。

5.2　火灾爆炸危险性物质的控制

在生产过程中，应根据具有火灾爆炸危险性物质的燃烧爆炸特性，以及生产工艺和设备的条件，采取有效的措施，预防在设备和系统里或在其周围形成爆炸性混合物。这类措施主要有设备的密闭、厂房通风、惰性介质保护、以不燃溶剂代替可燃溶剂、危险物品的隔离储存、妥善处理含有危险成分的"三废"物质等。

5.2.1　设备密闭

装盛可燃易爆介质的设备和管路，如果气密性不好，就会由于介质的流动性和扩散性，而造成跑、冒、滴、漏现象，逸出的可燃易爆物质，可使设备和管路周围空间形成爆炸性混合物。同样的道理，当设备或系统处于负压状态时，空气就会渗入，使设备或系统内部形成爆炸性混合物。设备密闭性差是发生火灾和爆炸事故的主要原因之一。

容易发生可燃易爆物质泄漏的部位主要有设备的转轴与壳体或墙体的密封处，设备的各种孔盖（人孔、手孔、清扫孔）及封头盖与主体的连接处，以及设备与管道、管件的各个连接处等。

为保证设备和系统的密闭性，在验收新的设备时，在设备修理之后及在使用过程中，必须根据压力计的读数用水压试验来检查其密闭性，测定其是否漏气并进行气体分析。此外，可于接缝处涂抹肥皂液进行充气检验。为了检查无味气体（氢、甲烷等）是否漏出，可在其中加入显味剂（硫醇、氨等）。

当设备内部充满易燃物质时，要采用正压操作，以防外部空气渗入设备内。设备内的压力必须加以控制，不能高于或低于额定的数值。压力过高，轻则渗漏加剧，重则破裂而致大量可燃物质排出；压力太低也不好，如煤气导管中的压力应略高于大气压，若压力降低，就有渗入空气、发生爆炸的可能。通常可设置压力报警器，在设备内压力失常时及时报警。

对爆炸危险性大的可燃气体（如乙炔、氢气等）以及危险设备和系统，在连接处应尽量采用焊接接头，减少法兰连接。

5.2.2　厂房通风

要使设备达到绝对密闭是很难办到的，总会有一些可燃气体、蒸气或粉尘从设备系统中泄漏出来，而且生产过程中某些工艺（如喷漆）有时也会挥发出可燃性物质。因此，必须用通风的方法使可燃气体、蒸气或粉尘的浓度不致达到危险的程度，一般应控制在爆炸下限的 1/5 以下。如果挥发物既有爆炸性又对人体有害，其浓度应同时控制到满足《工业企业设计卫生标准》的要求。

在设计通风系统时，应考虑到气体的相对密度。某些比空气重的可燃气体或蒸气，即使是少量物质，如果在地沟等低洼地带积聚，也可能达到爆炸极限，此时车间或库房的下部亦应设通风口使可燃易爆物质及时排出。从车间中排出含有可燃物质的空气时，应设置防爆的通风系统，鼓风机的叶片应采用碰击时不会发生火花的材料制造，通风管内应设有防火遮板，一旦发生火灾爆炸时能迅速遮断管路，避免波及他处。

5.2.3　惰性气体保护

当可燃性物质可能与空气或氧气接触时，向混合物中送入氮、二氧化碳、水蒸气、烟道气等惰性气体（或称阻燃性气体），有很大的实际意义。这些阻燃性气体在通常条件下化学活泼性差，没有燃烧爆炸危险。采用烟道气时应经过冷却，并除去氧及残余的可燃组分。氮气等惰性气体在使用前应经过气体分析，其中含氧量不得超过 2%。

向可燃气体、蒸气或粉尘与空气的混合物中加入惰性气体，可以达到两种效果：一是缩小甚至消除爆炸极限范围；二是将混合物冲淡。例如易燃固体物质的压碎、研磨、筛分、混合以及粉状物料的输送，可以在惰性气体的覆盖下进行；当厂房内充满可燃性物质而具有危险时（如发生事故使车间、库房充满有爆炸危险的气体或蒸气），应向这一地区通入大量惰性气体加以冲淡；在生产条件允许的情况下，可燃混合物在处理过程中亦应加入惰性气体作为保护气体；还有用惰性介质充填非防爆电器、仪表；在停车检修或开工生产前，用惰性气体吹扫设备系统内的可燃物质，等等。

惰性气体的需用量取决于混合物中允许的最高含氧量（氧限值），亦即在确定惰性气体的需用量时，一般并不是根据惰性气体的浓度达到哪一数值时可以遏止爆炸，而是根据加入惰性气体后，氧的浓度降到哪一数值时爆炸即不发生。可燃物质与空气的混合物中加入氮或二氧化碳，成为无爆炸性混合物时氧的浓度，见表5-3。

表5-3 可燃混合物不发生爆炸时氧的最高含量

可燃物质	氧的最大安全浓度/%		可燃物质	氧的最大安全浓度/%	
	CO_2 稀释剂	N_2 稀释剂		CO_2 稀释剂	N_2 稀释剂
甲烷	14.6	12.1	丁二烯	13.9	10.4
乙烷	13.4	11.0	氢	5.9	5.0
丙烷	14.3	11.4	一氧化碳	5.9	5.6
丁烷	14.5	12.1	丙酮	15	13.5
戊烷	14.4	12.1	苯	13.9	11.2
己烷	14.5	11.9	煤粉	16	—
汽油	14.4	11.6	麦粉	12	—
乙烯	11.7	10.6	硬橡胶粉	13	—
丙烯	14.1	11.5	硫	11	—

惰性气体的需用量，可根据表5-4中的数值用下列公式计算：

$$X = \frac{21 - \omega_0}{\omega_0} V \tag{5-1}$$

式中 X——惰性气体的需用量，L；

ω_0——从表中查得的最高含氧量，%；

V——设备内原有空气容积（即空气总量，其中氧占21%）。

例如，假若氧的最高含量为12%，设备内原有空气容积为100L，则

$$X = \frac{21 - 12}{12} \times 100 = 75L$$

这就是说，必须向空气容积为100L的设备输入75L的惰性气体，然后才能进行操作。而且在操作中每输入或渗入100L的空气，必须同时引入75L的惰性气体，才能保证安全。

必须指出，以上计算的惰性气体是不含有氧和其他可燃物的，如使用的惰性气体只含有部分氧，则惰性气体的用量用下式计算：

$$X = \left(\frac{21 - \omega_0}{\omega_0 - \omega_0'} \right) V \tag{5-2}$$

式中，w_0'为惰性气体中的含氧量，%。例如在前述条件下，如所加入的惰性气体中含氧6%，则

$$X = \left(\frac{21 - 12}{12 - 6} \right) \times 100 = 150L$$

在向有爆炸危险的气体或蒸气中加入惰性气体时，应避免惰性气体的漏失以及空气渗入其中。

【例5-1】 某新置苯贮罐，$V = 200m^3$，使用前需充入多少氮气（氮气中含氧1%）才

能保证安全?

【解】 由表5-3查得

$$\omega_0 = 11.2$$

$$\omega_0' = 1$$

所需氮气容积为:

$$X = \left(\frac{21 - \omega_0}{\omega_0 - \omega_0'}\right) V = \frac{21 - 11.2}{11.2 - 1} \times 200 = 192 m^3$$

答:必须充入氮气192m³才能保证安全。

5.2.4 以不燃溶剂代替可燃溶剂

以不燃或难燃的材料代替可燃或易燃材料,是防火与防爆的根本性措施。因此,在满足生产工艺要求的条件下,应当尽可能地用不燃溶剂或火灾危险性较小的物质代替易燃溶剂或火灾危险性较大的物质,这样可防止形成爆炸性混合物,为生产创造更为安全的条件。常用的不燃溶剂主要有甲烷和乙烷的氯衍生物,如四氯化碳、三氯甲烷和三氯乙烷等。使用汽油、丙酮、乙醇等易燃溶剂的生产可以用四氯化碳、三氯乙烷或丁醇、氯苯等不燃溶剂或危险性较低的溶剂代替。又如四氯化碳可用来代替溶解脂肪、沥青、橡胶等所采用的易燃溶剂。但这类不燃溶剂具有毒性,在发生火灾时它们能分解放出光气,因此应采取相应的安全措施。例如为避免泄漏必须保证设备的气密性,严格控制室内的蒸气浓度,使之不得超过卫生标准规定的浓度等。

评价生产中所使用溶剂的火灾危险性时,饱和蒸气压和沸点是很重要的参数。饱和蒸气压越大,蒸发速度越快,闪点越低,则火灾危险性越大;沸点较高(例如沸点在110℃以上)的液体,在常温(18~20℃)时所挥发出来的蒸气是不会达到爆炸危险浓度的。危险性较小的液体的沸点和蒸气压见表5-4。

表5-4 危险性较小的物质的沸点及蒸气压

物质名称	沸点/℃	20℃时的蒸气压/Pa	物质名称	沸点/℃	20℃时的蒸气压/Pa
戊醇	130	267	氯苯	130	1200
丁醇	114	534	二甲萘	135	1333
醋酸戊酯	130	800	乙二醇	126	1067

5.2.5 危险物品的储存

性质相互抵触的化学危险物品如果储存不当,往往会酿成严重的事故。例如无机酸本身不可燃,但与可燃物质相遇能引起着火及爆炸;氯酸盐与可燃的金属相混时能使金属着火或爆炸;松节油、磷及金属粉末在卤素中能自行着火,等等。由于各种化学危险品的性质不同,因此,它们的储存条件也不相同。为防止不同性质物品在储存中互相接触而引起火灾和爆炸事故,应了解各种化学危险品混存的危险性及贮存原则,见表5-5~表5-7。

表 5-5　接触或混合后能引起燃烧的物质

序号	接触或混合后能引起燃烧的物质	序号	接触或混合后能引起燃烧的物质
1	溴与磷、锌粉、镁粉	5	高温金属磨屑与油性织物
2	浓硫酸、浓硝酸与木材、织物等	6	过氧化钠与醋酸、甲醇、丙酮、乙二醇等硝酸铵与亚硝酸钠
3	铝粉与氯仿		
4	王水与有机物	7	

表 5-6　形成爆炸混合物的物质

序号	形成爆炸混合物的物质
1	氯酸盐、硝酸盐与磷、硫、镁、铝、锌等易燃固体粉末以及脂类等有机物
2	过氯酸或其盐类与乙醇等有机物
3	过氯酸盐或氯酸盐与硫酸
4	过氧化物与镁、锌、铝等粉末
5	过氧化二苯甲酰和氯仿等有机物
6	过氧化氢与丙酮
7	次氯酸钙与有机物
8	氢与氟、臭氧、氧、氧化亚氮、氯
9	氨与氯、碘
10	氯与氮、乙炔与氯、乙炔与二倍容积的氯、甲烷与氯等加上日光
11	三乙基铝、钾、钠、碳化铀、氯磺酸遇水
12	氯酸盐与硫化物
13	硝酸钾与醋酸钠
14	氟化钾与硝酸盐、氯酸盐、氯、高氯酸盐共热时
15	硝酸盐与氯化亚锡
16	液态空气、液态氧与有机物
17	重铬酸铵与有机物
18	联苯胺与漂白粉（135℃时）
19	松脂与碘、醚、氯化氮及氟化氮
20	氟化氮与松节油、橡胶、油脂、磷、氨、硒
21	环戊二烯与硫酸、硝酸
22	虫胶（40%）与乙醇（60%）在140℃时
23	乙炔与铜、银、汞盐
24	二氧化氮与很多有机物的蒸气
25	硝酸铵、硝酸钾、硝酸钠与有机物
26	高氯酸钾与可燃物
27	黄磷与氧化剂
28	氯酸钾与有机可燃物
29	硝酸与二硫化碳、松节油、乙醇及其他物质
30	氯酸钠与硫酸、硝酸
31	氯与氢（见光时）

表 5-7　禁止一起储存的物品

组别	物品名称	不准一起储存的物品种类	备　注
1	爆炸物品：苦味酸、梯恩梯、火棉、硝化甘油、硝酸铵炸药、雷汞等	不准与任何其他种类的物品共贮，必须单独隔离贮存	起爆药如雷管等，与炸药必须隔离贮存
2	易燃液体：汽油、苯、二硫化碳、丙酮、乙醚、甲苯、酒精（醇类）、硝基漆、煤油	不准与其他种类物品共同贮存	如数量甚少，允许与固体易燃物品隔开后贮存
3	易燃气体：乙炔、氢、氢化甲烷、硫化氢、氨等	除惰性不燃气体外，不准和其他种类的物品共贮；	氯兼有毒害性
	惰性气体：氮、二氧化碳、二氧化硫、氟利昂等	除易燃气体、助燃气体、氧化剂和有毒物品外，不准和其他种类物品共贮；	
	助燃气体：氧、氟、氯等	除惰性不燃气体和有毒物品外，不准和其他物品共贮	
4	遇水或空气能自燃的物品：钾、钠、电石、磷化钙、锌粉、铝粉、黄磷等	不准与其他种类的物品共贮	钾、钠须浸入石油中，黄磷浸入水中，均应单独贮存
5	易燃固体：赛璐珞、影片、赤磷、萘、樟脑、硫磺、火柴等	不准与其他种类的物品共贮	赛璐珞、影片、火柴均须单独隔离贮存
6	氧化剂：能形成爆炸混合物的物品：氯酸钾、氯酸钠、硝酸钾、硝酸钠、硝酸钡、次氯酸钙、亚硝酸钠、过氧化钡、过氧化钠、过氧化氢（30%）等	除惰性气体外，不准和其他种类的物品共贮；	过氧化物遇水有发热爆炸危险，应单独贮存。过氧化氢应贮存在阴凉处所
	能引起燃烧的物品：溴、硝酸、铬酸、高锰酸钾、重铬酸钾	不准和其他种类物品共贮	与氧化剂亦应隔离
7	有毒物品：光气、氰化钾、氰化钠等	除惰性气体外，不准和其他种类的物品共贮	

5.3　引火源的控制

　　工业生产过程中，存在着多种可以引起火灾和爆炸的引火源。化工企业中常见的引火源有明火、化学反应热、化工原料的分解自燃、热辐射、高温表面、摩擦和撞击、绝热压缩、电气设备及线路的过热和火花、静电放电、雷击和日光照射等等。消除引火源是防火与防爆的最基本措施，控制引火源对防止火灾和爆炸事故的发生具有极其重要的意义。下面着重讨论一般工业生产中常见引火源的防范措施。

5.3.1　明火

　　明火指敞开的火焰、火星和火花等。敞开火焰具有很高的温度和很大的热量，是引起火灾的主要着火源。

　　工厂中熬炼油类、固体的沥青、蜡等各种可燃物质，是容易发生事故的明火作业。熬炼过程中由于物料含有水分、杂质，或由于加料过满而在沸腾时溢出锅外，或是由于烟道裂缝窜火及锅底破漏，或是加热时间长、温度过高等，都有可能导致着火事故。因此，在工艺操作过程中，加热易燃液体时，应当采用热水、水蒸气或密闭的电器以及其他安全的加热设备。

如果必须采用明火，设备应该密闭，炉灶应用封闭的砖墙隔绝在单独的房间内，周围及附近地区不得存放可燃易爆物质。点火前炉膛应用惰性气体吹扫，排除其中的可燃气体或蒸气与空气的爆炸性混合气，而且对熬炼设备应经常进行检查，防止烟道窜火和熬锅破漏。为防止易燃物质漏入燃烧室，设备应定期作水压试验和气压试验。熬炼物料时不能装盛过满，应留出一定的空间；为防止沸腾时物料溢出锅外，可在锅沿外围设置金属防溢槽，使溢出锅外的物料不致与灶火接触。还可以采用"死锅活灶"的方法，以便能随时撤出灶火。此外，应随时清除锅沿上的可燃物料积垢。为避免锅内物料温度过高，操作者一定要坚守岗位，监护温升情况，尽可能采用自动控温仪表。

喷灯是常用的加热器具，尤其是在维修作业中，多用于局部加热、解冻、烤模和除漆等。喷灯的火焰温度可高达1000℃以上，这种高温明火的加热器具如果使用不当，就有造成火灾或爆炸的危险。使用喷灯解冻时，应将设备和管道内的可燃性保温材料清除掉，加热作业点周围的可燃易爆物质也应彻底清除。在防爆车间和仓库使用喷灯，必须严格遵守厂矿企业的用火证制度；工作结束时应仔细清查作业现场是否留下火种，应注意防止被加热物件和管道由于热传导而引起火灾；使用过的喷灯应及时用水冷却，放掉余气并妥善保管。

存在火灾和爆炸危险的场地，如厂房、仓库、油库等地，不得使用蜡烛、火柴或普通灯具照明；汽车、拖拉机一般不允许进入，如确需进入，其排气管上应安装火花熄灭器。在有爆炸危险的车间和仓库内，禁止吸烟和携带火柴、打火机等，为此，应在醒目的地方张贴警示标志以引起注意。

明火与有火灾及爆炸危险的厂房和仓库等相邻时，应保证足够的安全间距，例如化工厂内的火炬与甲、乙、丙类生产装置、油罐和隔油池应保持100m的防火间距。

5.3.2　摩擦和撞击

摩擦和撞击往往是可燃气体、蒸气和粉尘、爆炸物品等着火爆炸的根源之一。例如机器轴承的摩擦发热、铁器和机件的撞击、钢铁工具的相互撞击、砂轮的摩擦等都能引起火灾；甚至铁桶容器裂开时，亦能产生火花，引起逸出的可燃气体或蒸气着火。

在有爆炸危险的生产中，机件的运转部分应该用两种材料制作，其中之一是不发生火花的有色金属材料（如铜、铝）。机器的轴承等转动部分，应该有良好的润滑，并经常清除附着的可燃物污垢。敲打工具应由铍铜合金或包铜的钢制作。地面应铺沥青、菱苦土等较软的材料。输送可燃气体或易燃液体的管道应做耐压试验和气密性检查，以防止管道破裂、接口松脱而跑漏物料，引起着火。搬运贮存可燃物体和易燃液体的金属容器时，应当用专门的运输工具，禁止在地面上滚动、拖拉或抛掷，并防止容器的互相撞击，以免产生火花，引起燃烧或容器爆裂造成事故。吊装可燃易爆物料用的起重设备和工具，应经常检查，防止吊绳等断裂下坠发生危险。如果机器设备不能用不发生火花的各种金属制造，应当使其在真空中或惰性气体中操作。

5.3.3　电气设备

电气设备或线路出现危险温度、电火花和电弧时，就成为引起可燃气体、蒸气和粉尘着火、爆炸的一个主要引火源。电气设备发生危险温度的原因是由于在运行过程中设备和线路的短路、接触电阻过大、超负荷或通风散热不良等造成的。发生上述情况时，设备的发热量增加，温度急剧上升，出现大大超过允许温度范围（如塑料绝缘线的最高温度不得超过70℃，橡皮绝缘线不得超过60℃等）的危险温度，不仅能使绝缘材料、可燃物质和积落的可燃灰尘燃烧，而且能使金属熔化，酿成电气火灾。

电火花可分为工作火花和事故火花两类，前者是电气设备（如直流电焊机）正常工作时产生的火花，后者是电气设备和线路发生故障或错误作业出现的火花。电火花一般具有较高的温度，特别是电弧的温度可达5000~6000K，不仅能引起可燃物质燃烧，还能使金属熔化飞溅，成为危险的引火源。

在爆炸性气体环境或爆炸性粉尘环境中，保证电气设备的正常运行，防止出现事故火花和危险温度，对防火防爆有着重要意义。要保证电气设备的正常运行，则需保持电气设备的电压、电流、温升等参数不超过允许值，保持电气设备和线路绝缘能力以及良好的连接等。

电气设备和电线的绝缘，不得受到生产过程中产生的蒸气及气体的腐蚀，因此电线应采用铁管线，电线的绝缘材料要具有防腐蚀的功能。电气设备应保持清洁，因为灰尘堆积和其他脏污既降低电气设备的绝缘，又妨碍通风和冷却，还可能由此引起着火。因此，应定期清扫电气设备，以保持清洁。

在运行中，应保持设备及线路各导电部分连接可靠，活动触头的表面要光滑，并要保证足够的触头压力，以保持接触良好。固定接头时，特别是铜、铝接头要接触紧密，保持良好的导电性能。在具有爆炸危险的场所，可拆卸的连接应有防松措施。铝导线间的连接应采用压接、熔焊或钎焊，不得简单地采用缠绕接线。

在爆炸性环境中，应根据危险程度的不同，采用不同保护级别的防爆型电气设备。

首先，根据爆炸性气体混合物或粉尘出现的频繁程度和持续时间，爆炸性气体/粉尘环境危险区域可分为0区/20区、1区/21区/2区/22区，见表5-8。

表5-8　爆炸性环境内电气设备保护级别的选择

	危险区域	电气设备保护级别（EPL）
0 区	连续或长期出现爆炸性气体混合物的环境；	Ga
1 区	正常运行时可能出现爆炸性气体混合物的环境；	Ga 或 Gb
2 区	正常运行时不太可能出现爆炸性气体混合物的环境，或即使出现也仅是短时存在的爆炸性气体混合物的环境；	Ga、Gb 或 Gc
20 区	连续或长期出现爆炸性粉尘混合物的环境；	Da
21 区	正常运行时可能出现爆炸性粉尘混合物的环境；	Da 或 Db
22 区	正常运行时不太可能出现爆炸性粉尘混合物的环境，或即使出现也仅是短时存在的爆炸性粉尘混合物的环境；	Da、Db 或 Dc

爆炸性环境防爆型电气设备保护级别的选择应符合表5-8的规定。根据设备成为引火源的可能性和爆炸性气体环境、爆炸性粉尘环境及煤矿甲烷爆炸性环境的不同特征，各保护级别的要求见表5-9，电气设备保护级别（EPL）与电气设备防爆结构的关系见表5-10。

表 5-9　爆炸性环境内电气设备保护级别的要求

保护级别（EPL）	适用环境	级别高低	保　护　要　求
Ga	爆炸性气	很高	在正常运行、出现的预期故障或罕见故障时不是点火源
Gb	体环境	高	在正常运行、出现的预期故障时不是点火源
Gc		一般	在正常运行时不是点火源，也可采取一些附加保护措施，保证在引火源预期经常出现的情况下（例如灯具的故障）不会形成有效点燃
Da	爆炸性粉	很高	在正常运行、出现的预期故障或罕见故障时不是点火源
Db	尘环境	高	在正常运行、出现的预期故障时不是点火源
Dc		一般	在正常运行时不是点火源，也可采取一些附加保护措施，保证在引火源预期经常出现的情况下（例如灯具的故障）不会形成有效点燃

注意：（1）爆炸性环境，是指在大气条件下，可燃性物质以气体、蒸气、粉尘、纤维或飞絮的形式与空气形成的混合物，被点燃后，能够保持燃烧自行传播的环境。

（2）正常运行，指设备在电气上和机械上符合设计规范并在制造商规定范围内的运行状况。制造商规定的范围包括持续运行条件，例如电动机在工作周期内运行；电源电压的变化在规定范围内和任何其他运行容差都属正常运行。

（3）所谓罕见故障，是指已知要发生，但在罕见情况下才会出现的故障类型。例如，两个独立的可预见故障，单独出现是不发生点燃危险，但共同出现时产生点燃危险，它们被视为一个罕见故障。

表 5-10　电气设备保护级别与电气设备防爆结构的关系

电气设备保护级别（EPL）	电气设备防爆结构	防爆形式	电气设备保护级别（EPL）	电气设备防爆结构	防爆形式
Ga	本质安全型	"ia"		无火花	"n、nA"
	浇封型	"ma"		限制呼吸	"nR"
	由两种独立的防爆类型组成的设备，每一种类型达到保护级别 Gb 的要求	—		限能	"nL"
Gb	光辐射设备和传输系统的保护	"op is"	Gc	火花保护	"nC"
	隔爆型	"d"		正压型	"pz"
	增安型	"e"		非可燃现场总线概念（FNICO）	—
	本质安全型	"ib"		光辐射设备和传输系统的保护	"op sh"
	浇封型	"mb"	Da	本质安全型	"iD"
	油浸型	"o"		浇封型	"mD"
	正压型	"px、py"		外壳保护型	"tD"
	充砂型	q	Db、Dc	本质安全型	"iD"
	本质安全现场总线概念（EISCO）	—		浇封型	"mD"

电气设备保护级别（EPL）	电气设备防爆结构	防爆形式	电气设备保护级别（EPL）	电气设备防爆结构	防爆形式
Gc	光辐射设备和传输系统的保护	Op pr		外壳保护型	"tD"
	本质安全型	"ic"		正压型	"pD"
	浇封型	"mc"			

增安型（increased safety "e"）：在正常运行时不产生电火花、电弧和危险温度的电气设备，如防爆安全型高压水银荧光灯。

隔爆型（flameproof enclosures "d"）：在电气设备发生爆炸时，其外壳能承受爆炸性混合物在壳内爆炸时产生的压力，并能阻止爆炸火焰传播到外壳周围，不致引起外部爆炸性混合物爆炸的电气设备，如隔爆型电动机。

本质安全型（intrinsic safety "i"）：指在正常或故障情况下产生的电火花，其电流值均小于所在场所爆炸性混合物的最小引爆电流，而不会引起爆炸的电气设备。

浇封型：将可能产生点燃爆炸性环境的火花或发热部件封入复合物中，使它们在运行或安装条件下避免点燃爆炸性混合物。选择浇封材料时应考虑允许在正常操作和出现允许的故障时复合物的变形。

油浸型（oil-immersion）电气设备：将电气设备或设备的部件整个浸在油或者其他保护液中，防止设备可能产生的电火花点燃液面以上或者外壳外面的爆炸性混合物。

正压型：向外壳内充以保护其体，保持外壳内部高于周围环境的过压，以避免在外壳内部形成爆炸性环境。

充砂型（quartz）：在其外壳内填充沙粒或者其他填充材料，使之在规定的使用条件下，壳内产生的电弧、传播的火焰、外壳壁或填充材料表面的过热均不能点燃周围爆炸性混合物。

外壳保护型：所有的电气设备由外壳保护以避免粉尘层或粉尘云被点燃的防爆型式。

n 型：一种在正常运行时或在标准规定的异常条件下，不会产生引起点燃的火花或超过温度组别限制的最高表面温度的电气设备。

在爆炸危险场所内选用电气设备时，不但要按爆炸危险场所的危险程度选型，而且所选防爆电气设备的级别和组别不应低于爆炸性混合物的级别和组别。根据爆炸性混合物的级别和组别，以及爆炸性环境的危险程度，所适用的电气设备分为Ⅰ类、Ⅱ类和Ⅲ类。Ⅰ类电气设备用于煤矿瓦斯气体环境。用于煤矿的电气设备，当其环境中除甲烷外还可能含有其他爆炸性气体时，应按照相应可燃性气体的要求进行制造和实验。该类电气设备应用相应的标志（例如"Ex d Ⅰ/ⅡB T3"或"Ex d Ⅰ/Ⅱ（NH₃）"）。气体、蒸气或粉尘分级与电气设备类别的关系见表 5-11。其中，最大试验安全间隙（MESG）是指在规定的试验条件下，一个壳体充有一定浓度的被试验气体与空气的混合物，点燃后，通过 25mm 长的接合面均不能引燃壳体爆炸性气体混合物的外壳接合面之间的最大间隙。最小点燃电流比（MICR）为各种可燃物的最小点燃电流值与实验室甲烷的最小点燃电流值之比。

当存在有两种以上可燃性物质形成的爆炸型混合物时，应按照混合后的爆炸型混合物的级别和组别选用防爆设备，无据可查又不可能进行试验时，可按危险程度较高的级别和组别选用防爆电气设备。对于标有适用于特定的气体、蒸气环境的防爆设备，没有经过鉴定，不得使用于其他的气体环境内。

表5-11 气体、蒸气或粉尘分级与电气设备类别的关系

气体、蒸气或粉尘级别	气体、蒸气的分级依据		代表性气体或粉尘	设备类别
	最大试验安全间隙（MESG）/mm	最小点燃电流比（MICR）		
ⅡA	≥0.9	>0.8	丙烷	ⅡA、ⅡB或ⅡC
ⅡB	0.5<MESG<0.9	0.45≤MICR≤0.8	乙烯	ⅡB或ⅡC
ⅡC	≤0.5	<0.45	氢气	ⅡC
ⅢA			可燃性飞絮	ⅢA、ⅢB或ⅢC
ⅢB			非导电性粉尘	ⅢB或ⅢC
ⅢC			导电性粉尘	ⅢC

Ⅱ类电气设备的温度组别、最高表面温度和气体、蒸气引燃温度之间的关系见表5-12。

表5-12 爆炸危险场所电气设备的极限温度和极限温升

电气设备温度组别	电气设备允许最高表面温度/℃	气体、蒸气的引燃温度/℃	适用的设备温度级别
T1	450	>450	T1~T6
T2	300	>300	T2~T6
T3	200	>200	T3~T6
T4	135	>135	T4~T6
T5	100	>100	T5~T6
T6	85	>85	T6

安装在爆炸性粉尘环境中的电气设备应采取措施防止热表面点燃可燃性粉尘层引起火灾。Ⅲ类电气设备的最高表面温度应按国家现行标准的规定进行选择。电气设备结构应满足电气设备在规定的运行条件下不降低防爆性能的要求。

应根据爆炸危险场所的危险等级选用相应类型的电缆或导线。除本质安全系统的电路外，爆炸性环境电缆配线的技术要求见表5-13。

表5-13 爆炸危险场所电缆配线的技术要求

爆炸危险区域	电缆明设或在沟内敷设时的最小截面			移动电缆
	电力	照明	控制	
1区、20区、21区	铜芯2.5mm²及以上	铜芯2.5mm²及以上	铜芯1.0mm²及以上	重型
2区、22区	铜芯1.5mm²及以上，铝芯16mm²及以上	铜芯1.5mm²及以上	铜芯1.0mm²及以上	中型

除本质安全系统的电路外，在爆炸性环境内电压为 1000V 以下的钢管配线的技术要求见表 5-14。

表 5-14　爆炸性环境内电压为 1000V 以下的钢管配线的技术要求

爆炸危险区域	钢管配线用绝缘导线的最小截面			管子链接要求
	电力	照明	控制	
1 区、20 区、21 区	铜芯 2.5mm^2 及以上	铜芯 2.5mm^2 及以上	铜芯 1.0mm^2 及以上	钢管螺纹旋合不应小于 5 扣
2 区、22 区	铜芯 2.5mm^2 及以上	铜芯 1.5mm^2 及以上	铜芯 1.5mm^2 及以上	钢管螺纹旋合不应小于 5 扣

铝芯绝缘导线或电缆的连接与封端，应采用压接、熔接或钎焊。引入电机或其他电气设备的电源线接头，应采取防松措施。动力电缆、绝缘导线中间不得有接头。

如果因条件限制，确需在爆炸危险场所采用非防爆型电气设备时，可以将它安装在没有爆炸危险的房间，但传动轴穿墙处必须用填料严加密封。非防爆型照明灯具和开关可设置在屋外，再通过玻璃把光线射入屋内。对于 1 级危险场所应用两层玻璃密封，采用机械传动或气压控制操纵安装在屋外的非防爆开关。防雨瓷拉线开关可放入塑料容器内，注入变压器油，使油面具有足够的高度，防止尘土落入，并及时换油。

5.3.4　静电放电

生产和生活中的静电现象是一种常见的带电现象。据有关统计资料表明，由于静电引起火灾和爆炸事故的工艺过程，以输送、研磨、搅拌、喷射、卷缠和涂层等居多；就行业来说，以炼油、化工、橡胶、造纸、印刷和粉末加工等居多。这是因为在这些生产工艺过程中，气体、高电阻液体和粉尘在管道中的高速流动，或者从高压容器与系统的管口喷出，以及固体物质的大面积摩擦、粉碎、研磨、搅拌等都比较容易产生静电。尤其在天气或环境干燥的情况下，更容易产生静电。生产过程中产生的静电可以由几伏到几万伏，由于大多数可燃气体（蒸气）与空气的爆炸性混合物的点火能量在 0.3mJ 以下，当静电电压在 3000V 以上时，就能被引燃。某些易燃液体，如汽油、乙醚等的蒸气与空气混合物，甚至在 300V 时就能引起燃烧或爆炸。此外，静电还可能造成电击。在某些部门如纺织、印刷、粉体加工等，还会妨碍生产和影响产品的质量。

静电防护主要是设法消除或控制静电的产生和积累的条件，主要有工艺控制法、泄漏法和中和法等。工艺控制法主要采取合理选用材料、改进设备和系统的结构、限制流体的速度以及净化输送物料、防止混入杂质等措施，控制静电产生和积累的条件，使其不会达到危险程度。泄漏法就是采取增湿、导体接地、采用抗静电添加剂和导电性地面等措施，促使静电电荷从绝缘体上自行消散。中和法是在静电电荷密集的地方设法产生带电离子，使该处静电电荷被中和，从而消除绝缘体上的静电。

为防止静电放电火花引起的燃烧爆炸，可根据生产过程中的具体情况采取相应的防静电措施。例如将容易积聚电荷的金属设备、管道或容器等安装可靠的接地装置，以导除静电，是防止静电危害的基本措施之一。下列生产设备应有可靠的接地：输送可燃气体和易燃液体的管道以及各种闸门、灌油设备和油槽车（包括灌油桥台、铁轨、油桶、加油用鹤管和漏斗等）；通风管道上的金属网过滤器；生产或加工易燃液体和可燃气体的设备贮罐；

输送可燃粉尘的管道和生产粉尘的设备以及其他能够产生静电的生产设备。防静电接地的每处接地电阻不宜超过 300Ω。

为消除各部件的电位差，可采用等电位措施。例如在管道法兰之间加装跨接导线，既可以消除两者之间的电位差，又可以造成良好的电气通路，以防止静电放电火花。流体在管道中的流速必须加以控制，例如易燃液体在管道中的流速不宜超过 4~5m/s，可燃气体在管道中的流速不宜超过 6~8m/s。灌注液体时，应防止产生液体飞溅和剧烈搅拌现象。向贮罐输送液体的导管，应放在液面下或将液体沿容器的内壁缓慢流下，以免产生静电。易燃液体灌装结束时，不能立即进行取样等操作，因为在液面上积聚的静电荷不会很快消失，易燃液体蒸气也比较多，因此应经过一段时间，待静电荷减少后，再进行操作，以防静电放电火花引起火灾爆炸。

在具有爆炸危险的厂房内，一般不允许采用平皮带传动，采用三角皮带比较安全些。但最好的方法是安设单独的防爆式电动机，即电动机和设备之间用轴直接传动或经过减速器传动。采用皮带传动时，为防止传动皮带在运转中产生静电发生危险，可每隔 3~5 天在皮带上涂抹一次防静电的涂料。此外，还应防止皮带下垂，皮带与金属接地物的距离不得小于 20~30cm 以减小对接地金属物放电的可能性。

增高厂房或设备内空气的湿度，也是防止静电的基本措施之一。当相对湿度在 65%~70% 以上时，能防止静电的积聚。对于不会因空气湿度而影响产品质量的生产，可用喷水或喷水蒸气的方法增加空气湿度。

生产和工作人员应尽量避免穿尼龙或毛、化纤等易产生静电的工作服，而且为了导除人身上积聚的静电，最好穿布底鞋或导电橡胶底胶鞋。工作地点宜采用水泥地面。

5.4 防火与防爆安全装置

5.4.1 防火装置

防火安全装置是指生产系统中为预防火灾爆炸事故而设置的各种阻火装置、泄压装置和指示装置等。它们广泛应用于建筑物、厂区、厂房、车间及生产设备中，是保证生产安全稳定运行必不可少的技术措施。

5.4.1.1 安全液封

安全液封是一种湿式阻火装置，通常安装在压力低于 0.02MPa 的可燃气体管道和生产设备之间，以及绝对禁止倒流的气体管路中。安全液封有开敞式和封闭式两种（见图 5-15 和图 5-16）。液封的介质按实际需要有所不同。

安全液封阻火的基本原理是：由于液体封在进出气管之间，在液封两侧的任一侧着火，火焰将在液封处熄灭，从而阻止了火势蔓延。液封内的液位应根据生产设备内的压力保持一定的高度，以保证其可靠性。因此，运行要经常检查液位高度。在寒冷地区，应通入水蒸气或注入防冻液，以防止液封冻结。

水封井通常设在有可燃气体、易燃液体蒸气或油污污水的管网上，用以防止燃烧或爆炸沿管网蔓延扩展。水封井的阻火原理与安全液封相同，是安全液封的一种，其结构如图 5-17 所示。水封井的水位高度不宜小于 250mm。

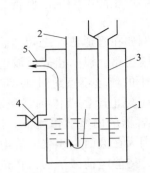

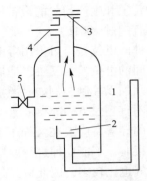

图 5-15　开敞式安全液封
1—外壳；2—进气管；3—安全管
4—验水栓；5—气体出口

图 5-16　封闭式安全液封
1—进气管；2—单向阀；3—爆破片
4—气体出口；5—验水栓

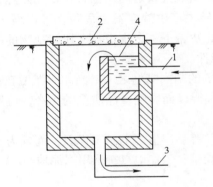

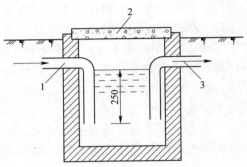

图 5-17　水封井
1—污水进口；2—井盖；3—污水出口；4—溢水槽

5.4.1.2　阻火器

阻火器是利用管子直径或流通孔隙减小到某一程度，火焰就不能蔓延的原理制成的。其阻火层由能通过气体或蒸气的许多细小孔道的固体材料所构成，火焰气流进入阻火层时被分隔成许多细小的火焰流，由于散热作用和器壁效应而被熄灭。

阻火器常用在容易引起火灾爆炸的高热设备和输送可燃液体、易燃液体蒸气的管线之间，以及可燃气体、易燃液体的容器及管道、设备的放空管末端。阻火器有金属网阻火器、波纹金属片阻火器、砾石阻火器等多种形式。

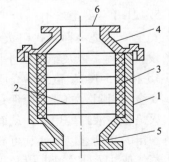

图 5-18　金属网阻火器
1—壳体；2—金属网；3—垫圈；
4—上盖；5—进口；6—出口

金属网阻火器的构造见图 5-18。它是用单层或多层具有一定孔径的金属网把空间分隔成许多小孔隙，由铜丝或钢丝制成。

波纹金属片阻火器是由交叠放置的波纹金属片组成的有正三角形孔隙的方形阻火器，或将一条波纹带与一条扁平带绕在一个芯子上，组成圆形阻火器，如图 5-19

所示。

砾石阻火器用砂粒、卵石、玻璃球或铁屑等作为充填料，其阻火效果比金属网阻火器更好。如金属网阻火器阻止二硫化碳火焰比较困难，而采用直径为 3～4mm 砾石，在直径为 150mm 的管内，砾石层厚度为 200mm 即可阻止二硫化碳的火焰。其结构如图 5-20 所示。

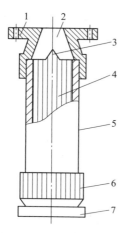

图 5-19　波纹金属片阻火器

1—上盖；2—出口；3—轴芯；4—波纹金属片；
5—外壳；6—下盖；7—进口

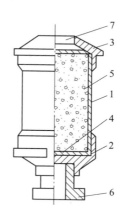

图 5-20　砾石阻火器

1—壳体；2—下盖；3—上盖；4—网格；
5—砂粒；6—进口；7—出口

影响阻火器效能的主要因素是阻火器的厚度及其孔隙或通道的大小。各式阻火器的内径大小及外壳高度是由连接阻火器的管道直径来决定的，阻火器的内径通常取连接阻火器管道直径的四倍。不同类型的阻火器，其性能和适用范围各不相同，如表 5-15 所示。

表 5-15　不同类型阻火器性能的比较

类型	性　　能	适用范围
金属网阻火器	结构简单，容易制造，造价低廉；阻爆范围小，易于损坏，不耐烧	石油储罐、输气管道、油轮
波纹金属片阻火器	使用范围大，流体阻力小，能阻止爆燃火焰，易于置换和清洗；但结构复杂，造价高	石油储罐、气体管道、油气回收系统
砾石阻火器	孔隙小，结构简单，易于制造；但阻力大，易于阻塞，重量大	化工厂反应器、氢管道、乙炔管道

5.4.1.3　阻火闸门

阻火闸门是为防止火焰沿通风管道或生产管道蔓延而设置的阻火装置。正常条件下，阻火闸门处于开启状态，一旦温度升高使闸门上的易熔金属元件熔化时，闸门便自动关闭。低熔点合金一般采用铅、锡、镉、汞等金属制成，也可用赛璐珞、尼龙等塑料材料制成，以其受热后失去强度的温度作为阻火闸门的控制温度。跌落式自动阻火闸门则是在易熔元件熔断后，闸板在自身重力作用下自动跌落而将管道封闭，其结构如图 5-21 所示。手控阻火闸门多安装在操作岗位附近，以便于控制。

5.4.1.4　火星熄灭器

火星熄灭器又称防火帽，通常安装在能产生火星的设备的排空系统，以防止飞出的火星引燃周围的易燃易爆介质。火星熄灭器可分为涡流式火星熄灭器、带有防火阀的火星熄灭器和烟囱用火星熄灭器等类型，其阻火原理及熄灭火星的方式如下。

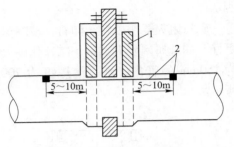

图 5-21　阻火闸门示意图
1—闸板；2—易熔元件

（1）将带有火星的烟气从小容积引入大容积，使其流速减慢，火星颗粒沉降下来而不从排烟道飞出。

（2）设置障碍，改变烟气流动方向，增加火星的流程，使其沉降或熄灭。

（3）设置格网或叶轮，将较大的火星挡住或分散，以加速火星的熄灭。

（4）在烟道内喷水或水蒸气，使火星熄灭。

5.4.2　防爆装置

为阻止火灾、爆炸的蔓延和扩展，减少其破坏作用，防爆泄压设施、阻火设备、抑爆装置、紧急切断装置、安全联锁装置等防火防爆安全装置是工艺设备不可缺少的部件或元件，火灾爆炸危险性大的化学反应设备应同时设置几种防火防爆安全装置，一般的设备可设置其中的一种或几种。

5.4.2.1　防爆泄压装置

防爆泄压装置，是指设置在工艺设备上或受压容器上，防止设备、容器破坏的安全防护装置。它的作用是当密闭容器内的压力异常升高，超过了安全限度时能自动将容器内压力降到安全值，防止爆炸冲击波对设备或建（构）筑物的破坏和对人员的伤害。防爆泄压装置包括安全阀、防爆片、防爆门、防爆球阀等。

A　安全阀

a　安全阀的特点和使用

安全阀用于排放系统内高出设定压力的部分工作介质，在压力降到正常工作值后能自动复位，系统仍可继续运行。但会产生少部分泄漏，动作滞后，不能适应快速泄压的要求，对黏性大或含固体颗粒的介质，可能造成堵塞或粘连而影响使用。

安全阀通常安装在不正常条件下可能超压甚至破裂的设备或机械上，如操作压力大于 0.07MPa（表压）的锅炉、钢瓶等压力容器；顶部操作压力大于 0.03MPa 的蒸馏塔、蒸发塔和汽提塔；往复式压缩机的各段出口和电动往复泵、齿轮泵、螺杆泵的出口；可燃气体或可燃液体受热膨胀时，可能超过设计压力的设备。

b　安全阀的结构及分类

安全阀按作用原理有重力式、杠杆式和弹簧式三种类型，其结构如图 5-22 所示。按阀瓣开启高度，可将安全阀分为微启式和全启式。微启式开启高度一般小于阀孔直径的 1/20，全启式开启高度不小于阀孔直径 1/4。全启式适应于气体泄放或排量较大场合，微启式则用在压力不高、排量不大的场合。按气体排放方式分，安全阀有全封闭、半封闭和敞开式等。全封闭式将排放气体全部经泄放管排放，主要用于有毒、易燃介质容器。

（1）重力式安全阀。利用重锤的重力控制定压的安全阀被称为重力式安全阀。当阀前静压超过安全阀的定压时，阀瓣上升以泄放被保护系统的超压；当阀前压力降到安全阀的回座压力时，可自动关闭。如图 5-22a 所示。

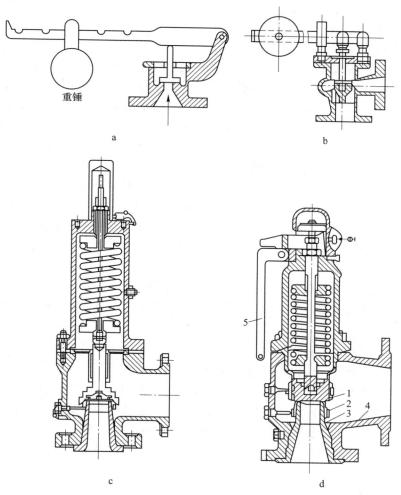

图 5-22　安全阀

a—重力式安全阀；b—杠杆式安全阀；c—通用式弹簧安全阀；d—弹簧式安全阀

1—阀芯；2—调整环；3—阀座；4—阀体；5—提升手柄

（2）杠杆式安全阀。利用重锤和杠杆对阀瓣施加压力，以平衡介质作用在阀瓣上的正常工作压力。以上两种具有结构简单，调整容易、准确，比较笨重，对振动敏感，回座压力较低的特点，适用在压力不高而温度较高的场合。如图 5-22b 所示。

（3）弹簧安全阀。利用压缩弹簧的弹力施加于阀瓣，以平衡介质作用在阀瓣上的正常工作压力。通用式弹簧安全阀，其定压由弹簧控制，其动作特性受背压的影响，如图 5-22c 所示。平衡式弹簧安全阀，其定压由弹簧控制，用活塞或波纹管减少背压对安全阀的动作性能的影响。如图 5-22d 所示。它具有结构紧凑，灵敏度高，对振动的敏感性差，开启滞后，弹力受高温影响的特点，适用在温度不高而压力较高的场合。

安全阀一般有两个功能：一是排放泄压，即受压容器内部压力超过正常值时，安全阀自动开启，把容器内介质排放出去，以降低压力，防止设备爆破；当压力降至正常值时，安全阀又自动关闭；二是报警，即当设备超压，安全阀开启向外排放介质时，产生气动声响，以示警告。安全阀的开启压力应调整为容器或设备工作压力的1.05~1.10倍，但不得超过容器或设备的设计压力。

c　安全阀的安装和维护

（1）直接垂直安装。安全阀与承压设备应直接垂直地安装在设备的最高位置。安全阀与承压设备之间不得装设任何阀门或引出管，但介质易燃、有毒或黏性大时，为了便于更换、清洗安全阀，可以安装截止阀，正常运行时，截止阀需全开，并加铅封。

（2）保持畅通稳固。安全阀的进口和排放管应保持畅通。排放管原则上应一阀一根，要求直而短，避免曲折，并禁止在管上装设阀门。安全阀安装时要稳固可靠。

（3）防止腐蚀冻结。应在排放管底部装设泄液管，排除凝液或侵入的雨水，防止产生腐蚀和冬季结冰堵塞，安全阀和排放管要有防雨雪和尘埃侵入的措施。

（4）安全排放。根据介质的不同特性采取相应的安全排放措施。可燃液体设备的安全阀出口泄放管，应接入储罐或其他容器；泵的安全阀出口泄放管，宜接至泵的入口管道、塔或其他容器；可燃气体设备的安全阀出口泄放管，应接至火炬系统或其他安全泄放设施。

（5）注意维护保养。保持清洁，防止腐蚀和油污、脏物堵塞安全阀；经常检查铅封，发现泄漏及时调换或维修，严禁用加大载荷的办法来消除泄漏。安全阀每年至少要做一次定期检验。

B　防爆片

防爆片又称爆破片、防爆膜、泄压膜，是在压力突然升高时能自动破裂泄压的一次性安全装置。它安装在含有可燃气体、蒸气或粉尘等物料的密闭压力容器或管道上，当设备或管道内物料突然升压或瞬间反应超过设计压力时，首先自动爆破泄压，立即将大量气体和热量释放出去，起到降压的作用。因此，爆破片与安全阀不同，不能恢复原来状态，造成操作中断，但是它具有密封性好、反应迅速，灵敏度高，泄放量大，对黏性大、腐蚀性强的介质也能适应。

a　防爆片的使用场所

防爆片通常应用在以下场所：

（1）有爆燃或异常反应存在，使压力瞬间急剧上升突然超压或发生爆炸的设备；

（2）不允许介质有任何泄漏的设备；物料黏度高和腐蚀性强的设备系统，以及物料易于结晶或聚合有可能堵塞安全阀和不允许流体有任何泄漏的设备；

（3）气体排放口径<12mm，或>150mm，而要求全量泄放或全量泄放时毫无阻碍的设备。

b　防爆片的结构与分类

防爆片装置主要由爆破片与夹持器组成，爆破片是脆性材料的爆破元件，又称防爆膜，夹持器起固定爆破片的作用。正常生产时压力很小的设备系统，可采用石棉、塑料、玻璃或橡胶等材料制作防爆片；操作压力较高的设备系统，可采用铝、铜、碳钢、不锈钢制作。

按防爆片的断裂特征和形状，可分为拉伸正拱型、失稳反拱型、剪切平板型和弯曲平板型四种类型，如图 5-23 所示。

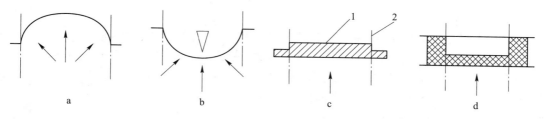

图 5-23　爆破片示意

a—拉伸正拱型；b—失稳反拱型；c—剪切平板型；d—弯曲平板型

1—爆破片；2—夹持圈

防爆片的防爆效率取决于它的材质、厚度和泄压孔面积，防爆片的厚度（a）可按经验式计算，即

$$\delta = \frac{pD}{K} \tag{5-3}$$

式中　δ——防爆片厚度，mm；

　　　p——设计确定的爆破压力，Pa；

　　　D——防爆孔直径，mm；

　　　K——应力系数，根据不同材料选择（如铝在小于 100℃ 时，$K = 2.4 \times 10^3 \sim 2.8 \times 10^3$；铜在小于 200℃ 时，$K = 7.7 \times 10^3 \sim 8.8 \times 10^3$）。

防爆片的爆破压力一般按不超过操作压力 25% 考虑。

防爆片应有足够的泄压面积，以保证膜片破裂时能及时泄出容器内的压力，防止压力迅速增加而导致容器发生爆炸。防爆泄压孔的面积一般按 $0.035 \sim 0.08 \mathrm{m}^2/\mathrm{m}^3$ 计算，但对含有氢和乙炔的设备系统则应大于 $0.4 \mathrm{m}^2/\mathrm{m}^3$。

对室内设备，为防止防爆片爆破后，大量易燃易爆物料充入空间，扩大灾害，可在防爆片的爆破孔上接装通向室外安全地点的导爆筒。在有腐蚀性物料的设备上安装防爆片，应在防爆片上涂一层聚四氯乙烯防腐剂。

应当指出，防爆片的可靠性必须经过爆破试验鉴定。铸铁防爆片破裂时，会产生火花，因此采用铝片或铜片比较安全。

c　防爆片的安全使用

膜片的安装要可靠，夹持器和垫片表面不得有油污，夹紧螺栓应上紧；有易燃易爆介质的设备所使用的膜片应用不打火花的材质制造；容器运行中应经常检查连接处有无泄漏；防爆片排放管的要求与安全阀相同；防爆片每年至少更换一次，对于容器超压但未破裂以及正常运行中有明显变形的膜片应立即更换。

d　组合型防爆泄压装置

安全阀具有动作后回复的优点，但不能完全密封，不适合黏稠物料；防爆片则有排放量大密封性好的特点，但破裂后不能恢复。因此，在一些特殊的场合，将两者组合起来使用，可以充分发挥它们各自的优点。密封性和耐腐蚀性要求高、粘污介质的设备，可以采用安全阀入口处装设防爆片，防爆片对安全阀起保护作用，安全阀也可使容器暂时继续运行；对于介质是剧毒气体，或容器内压力有脉动的设备，可以采用安全阀出口处装设防爆片，其中安全阀对防爆片起稳压作用，防爆片具有防止安全阀泄漏的作用。

C　防爆球阀

防爆球阀是安装在加热炉（立式圆筒炉）燃烧室底部的一种防爆泄压装置。它由两个直径为 15~20cm 的铸铁球和两根杠杆组成，安装在一个支点上，如图 5-24 所示。当燃烧发生爆炸时球 1 受压向下动作，球 2 同时上升，爆炸气体通过球阀泄放后，球 1 受球 2 重力作用而被顶回原位。根据燃烧室的大小，一般安装 4~7 个球阀，均匀地分布在燃烧室底部。

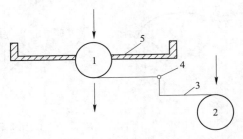

图 5-24　防爆球阀示意

1，2—球；3—杠杆；4—支点；5—燃烧室

D　防爆门

防爆门又称泄爆门（窗），是爆炸时能够掀开泄压，保护设备完整的防爆安全装置。其构造如图 5-25 所示。

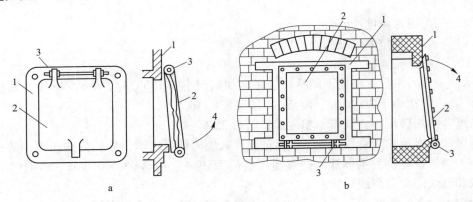

图 5-25　泄爆门

a—向上翻动式防爆门；b—向下翻动式防爆门

1—泄爆门（窗）框；2—泄爆门；3—转轴；4—泄爆门动作方向

防爆门通常安装在燃油、燃气和燃煤粉的加热炉燃烧室（炉）外墙壁的四周，以防止燃烧室或加热炉发生爆炸或爆炸时设备遭到破坏。容积较大的燃烧室可安装数个泄爆门，泄爆门的总面积一般按燃烧室内部净容积不少于 $250cm^2/m^3$ 来计算。为了防止燃烧气体喷出伤人或掀开的盖子伤人，泄爆门（窗）应设置在人们不常到的地方，高度不应低于 2m，泄爆门的门盖与门座的接触面宽度一般为 3~5m，并应定期检修、试动，保证严密不漏，并且防锈死、失效。

E　放空管

放空管是一种管式排放泄压安全装置。放空管分为两种：一是正常排气放空用，将生产过程中产生的一些废气及时排放；二是事故放空用，当反应物料发生剧烈反应，采取措施无效，不能防止反应设备超压、超温、分解爆炸事故而设置的一种自动或手动的紧急放空装置。

　　放空管一般应安设在设备或容器的顶部，室内设备安设的放空管应引出室外，其管口要高于附近有人操作的最高设备 2m 以上。此外，连续排放的放空管口，还应高出半径 20m 范围内的平台或建筑物顶 3.5m 以上；间歇排放的放空管口，应高 10m 范围内的平台或建筑物顶 3.5m 以上。对经常排放有火灾爆炸危险的气态物质的放空管，管口附近宜设置阻火器。当放空气体流速较大时，放空管应有良好的静电接地设施。放空管口应处在防雷保护范围内。

　　F　呼吸阀

　　呼吸阀是安装在轻质油品储罐上的一种安全附件，有液压式和机械式两种，如图 5-26 所示。

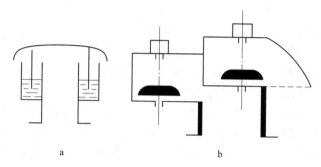

图 5-26　呼吸阀
a—液压式呼吸阀；b—机械式呼吸阀

　　液压式呼吸阀是由槽式阀体和带有内隔壁的阀罩构成，在阀体和阀罩内隔壁的内外环空间注入沸点高、蒸发慢、凝点低的油品，作为隔绝大气与罐内油气的液封。机械式呼吸阀是一个铸铁或铝铸成的盒子，盒子内有真空阀和压力阀、吸气口和呼气口。呼吸阀的作用是保持密闭容器内外压力经常处于动态平衡。当储罐输入油品或气温上升时，罐内气体受液体压缩或升温膨胀而从呼吸阀排出，此时呼吸阀处于呼气状态，可以防止储罐鼓胀或形成高压而爆裂。当储罐输出油品或气温下降时，则大气由呼吸阀吸入罐内，此时呼吸阀处于吸气状态，可以防止储罐憋压或形成负压而抽瘪。

　　在气温较低地区宜同时设置液压式和机械式呼吸阀，液封油的凝固点应低于当地最低气温，以使油罐可靠地呼吸，保证安全运行。呼吸阀下端应安装阻火器，并处于避雷设施保护范围内。

5.4.2.2　抑爆装置

　　A　爆轰抑制器

　　爆轰的破坏力远大于爆炸，当设备具有爆轰危险时，应安设爆轰抑制器抑制爆轰的发生或减弱其危害。爆轰抑制器分为直接式和间接式两种。

　　(1) 直接式。直接式爆轰抑制器是仅靠消焰元件的间隙来阻止爆轰的传播，其原理与阻火器相同，但要求阻火元件的间隙相当小或者厚度相当大。其缺点是抑制器的压力损失很大。

（2）间接式。间接式爆轰抑制器是采用将管路直径急剧加大，在爆轰波初始生成时，使管路中的压力降低，以降低火焰传播速度，从而抑制爆轰的传播。为了彻底消除火焰，还与阻火器联合使用，通常在抑制器后连接阻火器。如图 5-27 所示为安装了间接式爆轰抑制器的管道中，火焰速度与传播距离的关系。

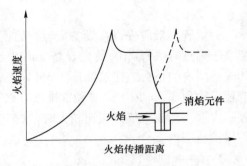

图 5-27　火焰传播速度随传播距离的变化

由于管径急剧扩大，火焰速度剧减，不会转变成爆轰。在火焰速度小的位置安装一个阻火元件，可达到消焰的目的。管径为 25.0mm 的密闭管中，为了阻止氢或乙炔与空气的混合气体的爆轰传播，大约需要 25~30 层 100 目的金属网。但安装间接式的抑制器时，阻火元件所需的金属网大约需要 12~ 15 层，可降低压力损失。

B　粉尘爆炸抑制装置

粉尘从接触火源到发生爆炸所需的时间较长，达数十秒，为气体的数十倍，因此为粉尘爆炸检测、抑制、泄压提供了宝贵的时间。

粉尘防爆的原则是缩小粉尘扩散范围，清除积尘，控制火源，适当增湿，还可采用抑爆装置等。粉尘爆炸抑制装置能在粉尘爆炸初期迅速喷洒灭火剂，将火焰熄灭，达到抑制粉尘爆炸的目的。抑爆装置由爆压波探测机构、信号放大器和抑爆剂发射器组成，如图 5-28a 所示，其抑制效果如图 5-28b 所示。

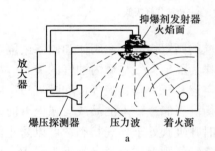
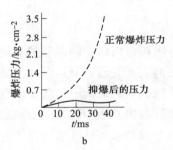

图 5-28　爆炸抑制装置及其抑制效果
a—抑爆装置示意图；b—抑爆措施实施后压力的变化

（1）爆压波探测机构。爆压波探测机构必须反应迅速、动作准确，以便迅速发出信号。用于爆压波探测机构中的传感器通常有热电传感器，光学传感器和压力传感器三种类型。用于粉尘爆炸压力波检测机构的传感器主要是压力传感器。

（2）抑爆剂撒播机构。粉尘爆炸波探测机构发出的信号经放大器传送到抑爆剂撒播机构后，撒播机构立即快速地，一般在 10^{-2} ~ 10^{-3} s 内，把灭火剂撒播出去。撒播方法可用电雷管起爆，使充满灭火剂的容器破坏，从而将灭火剂喷出，也可在装满灭火剂的容器内用氮气加压。当雷管起爆时容器比较薄弱的部分（爆破板）破裂，由于加压气体的压力使灭火剂从开口处喷出。充填在撒播机构内的灭火剂可用卤代烷、磷酸铵粉末灭火剂以及水等。

5.5 灭 火 措 施

"工欲善其事，必先利其器"，熟悉和掌握灭火技术理论和措施，掌握各种灭火技术和设施的应用是控制火灾发展以及扑救火灾的重要保障。

5.5.1 灭火器

灭火器是指在内部压力作用下，将充装的灭火剂喷出，以扑灭火灾的灭火器材。灭火器主要用来扑救初起火灾，是群众性防火灭火的常用工具。

5.5.1.1 灭火器的类型

按充装灭火剂的类型，灭火器分为水型灭火器、干粉灭火器、泡沫灭火器、卤代烷1211灭火器、二氧化碳灭火器。

（1）水型灭火器。水型灭火器内充装的灭火剂主要是清水，有的加入适量防冻剂、润湿剂、阻燃剂或增稠剂等，以增强灭火性能。此类灭火器采用储气瓶加压的方式，利用二氧化碳钢瓶中的气体作动力，将水喷射到燃烧物上，以达到灭火的目的。水能冷却并穿透固体燃烧物质而灭火，并可有效防止复燃。主要适用于纺织品、纸、粮草等一般固体物质的初起火灾。

水型灭火器由筒体、筒盖（包括安全帽、开启机构、提环等）、喷射系统（包括喷嘴出液管、二氧化碳气体导出管等）及二氧化碳储气瓶等部件组成。使用时，将灭火器置于起火物 10m 左右处，取下安全帽，用力拍击开启杆凸头，将二氧化碳储气瓶的密封片击破，二氧化碳气体进入筒体形成压力，迫使水从喷嘴喷出，进行灭火。此时，应立即一手提灭火器提环，另一手托住灭火器底圈，将水流对准燃烧处喷射，直至将火扑灭。使用时应注意灭火器始终与地面保持垂直，切不可颠倒或横卧，以免喷射中断。每年应检查一次二氧化碳钢瓶的质量，若减少 1/10 以上时，应重新充装二氧化碳气体。

（2）干粉灭火器。干粉灭火器是利用二氧化碳气体或氮气气体作动力，喷射干粉灭火剂的灭火器械，有推车式、手提式两种。干粉是一种干燥的、易于流动的微细固体粉末，由能灭火的基料和防潮剂、流动促进剂、结块防止剂等添加剂组成。主要用于扑救石油、有机溶剂等易燃液体、可燃气体和电气设备的初起火灾，也可以扑救一般物质的初起火灾。

手提干粉灭火器分为储压式和储气瓶式。使用储压式干粉灭火器时去掉铅封，拉出保险，压下压把，干粉即可喷出。储气瓶式干粉灭火器又分为外装式（储气钢瓶放在筒外）和内置式（储气钢瓶放在筒内）。使用外装式灭火器时，握住喷嘴，向上提起提环，干粉即可喷出；使用内置式灭火器时，先拔去保险销，一手握住喷嘴，另一手向上提起提把，将喷嘴对准火焰根部，压下压把，干粉即可喷出。

使用推车式干粉灭火器时，将其后部向着火源（在室外应置于上风方向），先取下喷枪展开出粉管（切记不可有拧折现象），在提起进气压杆时二氧化碳进入储罐，当表压升至 0.7~1.1MPa（0.8~0.9MPa 时灭火效果尤佳）时，放下进气压杆停止进气，然后打开开关，喷出干粉，由近至远将火扑灭。要注意扑救油类火灾时，不要使干粉气流直接冲击油渍，以免溅起油面使火势蔓延。

（3）泡沫灭火器。泡沫灭火器包括机械泡沫灭火器和抗溶泡沫灭火器。此类灭火器具有冷却和覆盖燃烧物表面及与空气隔绝的作用，除了广泛适用于扑救一般固体物质 A 类火灾外，还能扑救油类等可燃液体火灾，但不能扑救带电设备和醇、醚等有机溶剂的火灾。机械泡沫灭火器利用窒息隔氧的机理，适用于扑救非极性溶剂和油品火灾；抗溶泡沫灭火器适用于扑救极性溶剂火灾。

（4）卤代烷 1211 灭火器。1211 是二氟一氯一溴甲烷的代号，分子式为 CF_2ClBr。1211 灭火剂是一种低沸点的液化气体，以液态罐装在钢瓶内，利用装在筒内的氮气压力将 1211 灭火剂喷射出去，能快速窒息火焰，抑制燃烧连锁反应，而终止燃烧过程。具有灭火效率高、毒性低、腐蚀性小、久储不变质、灭火后不留痕迹、不污染被保护物、绝缘性能好等优点。1211 灭火剂它属于储压式一类，适用于 A 类、B 类、C 类和 E 类火灾危险场所，曾经是我国生产和使用最广的一种卤代烷灭火剂。但由于该灭火剂对臭氧层破坏力强，我国已于 2005 年停止生产 1211 灭火剂。为保护大气臭氧层和人类生态环境，《建筑灭火器配置设计规范》规定在非必要场所应当停止配置卤代烷灭火器，例如电影院、体育馆的观众厅、医院门诊部、住院部、图书馆一般书库、民用燃油、燃气锅炉房等民用建筑，以及橡胶制品的涂胶和胶浆部位，植物油加工厂的浸出厂房、谷物或饲料加工厂房等工业建筑等。

（5）二氧化碳灭火器。二氧化碳灭火器充装液态二氧化碳，利用气化的二氧化碳能够降低燃烧区温度，隔绝空气并降低空气中氧含量来进行灭火。主要适用于扑救仪器仪表、贵重设备、图书资料、600V 以下电气设备及油类的初起火灾。

二氧化碳灭火器主要由钢瓶、启闭阀、虹吸管和喷嘴组成，又分为手轮式和鸭嘴式两种。使用手轮式灭火器时，手提提把，翘起喷嘴，打开启闭阀即可。使用鸭嘴式灭火器时，拔出鸭嘴式开关的保险销，将鸭嘴向下压，二氧化碳即可从喷嘴喷出。

二氧化碳灭火器靠气体堆积在燃烧物表面，稀释并隔绝空气而窒息灭火，不污损设备，适用于 B 类、C 类和带电的 B 类火灾场所，但对 A 类火灾基本无效。使用二氧化碳灭火器应注意：二氧化碳是窒息性气体，在狭窄的空间使用后应迅速撤离或佩戴呼吸器；二氧化碳灭火器喷射距离较短，不能逆风使用，也不允许颠倒使用；二氧化碳喷出后会从周围空气中吸取大量的热，使用中要防止冻伤。

5.5.1.2　灭火器的选择

灭火器的选择应考虑下列因素：

（1）灭火器配置场所的火灾种类。

（2）灭火器配置场所的危险等级。

（3）灭火器的灭火效能和通用性。

（4）灭火剂对保护物品的污损程度。

（5）灭火器设置点的环境温度。

（6）使用灭火器人员的体能。

根据不同配置场所火灾危险等级较高的火灾类型，应选择相适应的不同类型的灭火器。不同类型灭火器的适用性见表 5-16。

表 5-16　灭火器类型的适用性

火灾场所	水型灭火器	灭火器类型				卤代烷1211灭火器	二氧化碳灭火器
		干粉灭火器		泡沫灭火器			
		磷酸铵盐干粉灭火器	碳酸氢钠干粉灭火器	机械泡沫灭火器	抗溶泡沫灭火器		
A 类场所	适用	适用	不适用	适用		适用	不适用
B 类场所	不适用	适用		适用于扑救非极性溶剂和油品火灾	适用于扑救极性溶剂火灾	适用	适用
C 类场所	不适用	适用		不适用		适用	适用
D 类场所	不适用	不适用		不适用		不适用	不适用
E 类场所	不适用	适用	适用于带电的 B 类火灾	不适用		适用	适用于带电的 B 类火灾

注意：（1）对于 D 类火灾即金属燃烧的火灾，就我国目前情况来说，还没有定型的灭火器产品。目前国外 D 类火灾灭火器主要有粉状石墨灭火器和灭金属火灾的专用干粉灭火器。在我国尚未生产此类灭火器和灭火剂的情况下，可用干砂或铸铁屑末来替代。

（2）E 类火灾是建筑灭火器配置设计的专用概念，主要指发电机、变压器、配电盘、开关箱、仪器仪表和电子计算机等在燃烧时仍旧带电的火灾，必须用能达到电绝缘性能要求的灭火器灭火。对于那些仅有常规照明线路和普通照明灯具而且并无上述电器设备的普通建筑场所，可不按 E 类火灾的规定配置灭火器。

在同一灭火器配置场所，当选用两种或两种以上类型灭火器时，应采用灭火剂相容的灭火器。不相容的灭火剂举例见表 5-17。

表 5-17　不相容的灭火剂举例

灭火剂类型	不相容的灭火剂	
干粉与干粉	磷酸铵盐	碳酸氢钠、碳酸氢钾
干粉与泡沫	碳酸氢钠、碳酸氢钾	蛋白泡沫
泡沫与泡沫	蛋白泡沫、氟蛋白泡沫	水成膜泡沫

在同一灭火器配置场所，宜选用相同类型和操作方法的灭火器。当同一灭火器配置场所存在不同火灾种类时，应选用通用型灭火器。

5.5.2　自动喷水灭火系统

自动喷水灭火系统，即利用加压设备，将水通过管网送至带有热敏元件的喷头，喷头在火灾的热环境中自动开启喷水灭火，同时发出火警信号，是当今世界上公认的最为有效的、应用最广泛、用量最大的自动灭火系统。

从灭火的效果来看，凡发生火灾时可以用水灭火的场所，均可以采用自动喷水灭火系统。我国的《自动喷水灭火系统设计规范》（GB 50084—2017）规定，自动喷水灭火系统应设置在人员密集、不易疏散、外部增援灭火与救援较困难或火灾危险性较大的场所中。规范同时又规定自动喷水灭火系统不适用于存在较多下列物品的场所：

（1）遇水发生爆炸或加速燃烧的物品。

（2）遇水发生剧烈化学反应或产生有毒有害物质的物品。

（3）洒水将导致喷溅或沸溢的液体。

5.5.2.1　自动喷水灭火系统的分类

根据被保护建筑物的性质和火灾发生、发展特性的不同，自动喷水灭火系统可以有许多不同的系统形式。通常根据系统中所使用的喷头有无感温阀和堵水支撑结构，分为闭式自动喷水灭火系统和开式自动喷水灭火系统两大类。应根据设置场所的建筑特征、环境条件和火灾特点等选择相应的开式或闭式系统。露天场所不宜采用闭式系统。

闭式自动喷水灭火系统的喷头是常闭式，有堵水支撑结构，受感温阀控制其开启。发生火灾时，只有处于火焰之中或临近火源的闭式喷头周围的环境温度达到喷头感温阀预定的动作温度时，才会开启灭火。开式自动喷水灭火系统的喷头处于常开状态，没有堵水支撑结构，不带感温闭锁装置，水流在管道上进行控制。发生火灾时，火灾所处的系统保护区域内所有的开式喷头一起喷水灭火。

根据被保护建筑物的要求，闭式自动喷水灭火系统还可分为，湿式自动喷水灭火系统、干式自动喷水灭火系统、干湿式自动喷水灭火系统、预作用喷水灭火系统。开式自动喷水灭火系统可分为雨淋系统、水幕系统等形式。

A　湿式自动喷水灭火系统

湿式系统管网中充满有压力的水，故称湿式自动喷水灭火系统，其系统图见图5-29。湿式自动喷水灭火系统具有动作迅速、灭火速度快、及时扑救效率高的优点，是世界上使

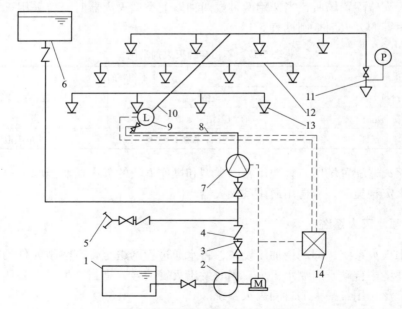

图 5-29　湿式自动喷水灭火系统

1—水池；2—水泵；3—闸阀；4—止回阀；5—水泵接合器；6—消防水箱；7—湿式报警阀组；

8—配水干管；9—水流指示器；10—配水管；11—末端试水装置；12—配水支管；13—闭式洒水喷头；

14—报警控制器；P—压力表；M—驱动电机；L—水流指示器

用时间最长、应用最广泛、控火灭火率最高的一种闭式自动喷水灭火系统。目前世界上已安装的自动喷水灭火系统有 70% 以上采用了湿式自动喷水灭火系统。

当温度低于 4℃ 时，管网内的水有冰冻的危险；当环境温度高于 70℃ 时，管网内水汽化的加剧有破坏管道的危险。因此，湿式系统适用于安装在室内温度不低于 4℃ 且不高于 70℃ 的建筑物、构筑物内。湿式报警装置最大工作压力为 1.2MPa。

B　干式自动喷水灭火系统

干式系统主要由闭式喷头、管网、干式报警阀、充气设备、报警装置和供水设备组成。平时报警阀后管网充以有压气体（或氮气），水源至报警阀的管段内充以有压水，见图 5-30。

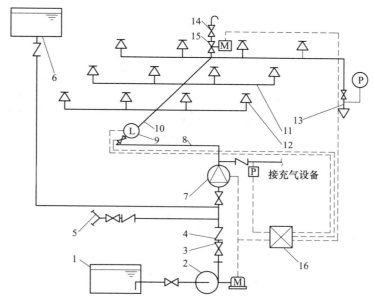

图 5-30　干式自动喷水灭火系统

1—水池；2—水泵；3—闸阀；4—止回阀；5—水泵接合器；6—消防水箱；7—干式报警阀组；
8—配水干管；9—水流指示器；10—配水管；11—配水支管；12—闭式喷头；13—末端试水装置；
14—快速排气阀；15—电动阀；16—报警控制器；P—压力表；M—驱动电机

火灾发生时，火源处温度上升，火源上方喷头开启并借助排气阀加速排气，首先排除管网中的压缩空气，致使干式报警阀后管网压力下降，干式报警阀阀前压力大于阀后压力，干式报警阀开启，水流向配水管网，并从已开启的喷头喷水灭火。根据干式报警阀阀前的水压来设计确定阀后的充气压力，干式系统管网容积不超过 3000L。

干式自动喷水灭火系统是除湿式系统以外使用历史最长的一种闭式自动喷水灭火系统。与湿式自动喷水灭火系统相比，干式系统具有如下特点：

（1）干式自动喷水灭火系统在报警阀后的管网无水，可避免冻结和水汽化的危险。适用于室内温度低于 4℃ 或年采暖期超过 240 天的不采暖房间，或高于 70℃ 的建筑物、构筑物内，如不采暖的地下停车场、冷库等。

（2）比湿式系统投资高。因为需要充气，增加一套充气设备，因而提高了系统造价。

（3）干式系统的施工和平时管理较为复杂，对管网的气密性有较严格要求，管网平时的气压应保持在一定范围，当气压下降到一定值时，应进行及时充气。

（4）干式系统的喷水灭火速度不如湿式系统快，因为喷头受热开启后，首先要排除管道中的气体，然后才能出水灭火，延误了灭火的时机。

C　预作用自动喷水灭火系统

预作用自动喷水灭火系统的系统图见图5-31。日常状态下，预作用系统预作用报警阀后管网充以低压压缩空气或氮气（也可以是空管）。火灾时，火灾探测系统探测到火灾，通过火灾报警控制箱或手动开启预作用阀，打开排气阀，排出管网内预先充好的压缩空气，消防水进入管网，呈湿式系统。随着火场温度继续升高，闭式喷头动作，喷出压力水灭火。

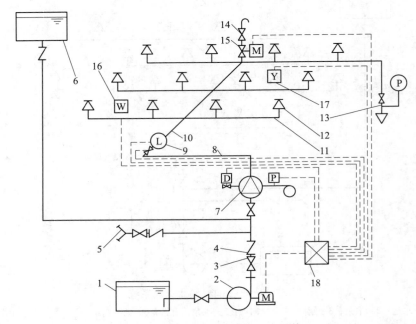

图 5-31　预作用自动喷水灭火系统

1—水池；2—水泵；3—闸阀；4—止回阀；5—水泵接合器；6—消防水箱；7—预作用报警阀组；
8—配水干管；9—水流指示器；10—配水管；11—配水支管；12—闭式喷头；13—末端试水装置；
14—快速排气阀；15—电动阀；16—感温探测器；17—感烟探测器；18—报警控制器；
19—压力开关；D—电磁阀；M—驱动开关

一般情况下，预作用系统要求火灾探测器的动作先于喷头的动作，而且应确保当闭式喷头受热开放时管道内已充满了压力水。从火灾探测器动作到水流流到最远喷头的时间，应不超过 3min。此时水流在配水管中的流速不应小于 2m/s，由此可以确定预作用系统管网最长的保护距离。

如果发生火灾时，火灾探测器发生故障，未能发出报警信号并启动预作用阀，火源处温度上升使得喷头开启，造成管网中压缩空气气压迅速下降，可以借压力开关发出报警信号，并通过火灾报警控制箱开启预作用阀，供水灭火。因此，对于充气式预作用系统，即使火灾探测器发生故障，预作用系统仍能正常工作。

预作用系统将电子技术、自动化技术结合起来，集湿式系统和干式系统的优点于一身，克服了干式系统喷水迟缓，和湿式系统由于误动作而造成水渍的缺点，因此常用于对系统安全程度要求较高的一些场所。具有下列要求之一的场所，应采用预作用系统：

（1）系统处于准工作状态时严禁误喷的场所。

（2）系统处于准工作状态时严禁管道充水的场所。

（3）用于替代干式系统的场所。

预作用系统组成较其他系统复杂、投资高，对系统管网和喷头安装要求严格。

D 雨淋灭火系统

雨淋灭火系统属开式自动喷水灭火系统，雨淋灭火系统组成主要包括三部分：

（1）雨淋报警阀。

（2）火灾探测传动控制系统。

（3）具有开式喷头的自动喷水管网系统。

雨淋报警阀的启动可采用电动启动或传动管网启动的方式。

火灾时，电动启动雨淋灭火系统由两路不同的火灾探测信号自动开启雨淋阀，由雨淋阀控制洒水管道系统上的所有开式喷头同时开启喷水灭火。传动管启动雨淋灭火系统中着火区的闭式喷头首先开启并造成传动管排水，使雨淋阀失去压力平衡并开启管道系统上所有的开式喷头喷水灭火。

雨淋灭火系统与闭式系统相比，具有反应快、喷水量大、覆盖面积大、降温和灭火效率显著等特点，适用于大面积喷水快速灭火的特殊场所，有利于控制来势凶猛、蔓延快的火灾。但系统的喷头全部为开式，启动完全由控制系统操纵，因而对自动控制系统的可靠性要求高。

闭式喷水火灾系统在灭火时只有火焰直接影响到的喷头才被开启喷水，雨淋喷水灭火系统克服了以上缺点，但雨淋灭火系统水渍损失大于闭式系统。

规范规定具有下列条件之一的场所应采用雨淋灭火系统：

（1）燃烧猛烈、火灾水平蔓延速度快、闭式喷头的开放不能及时使喷水有效覆盖着火区域。

（2）严重危险级 II 级的场所。

（3）室内净空高度超过表 5-18 的规定，且必须迅速扑灭初期火灾。

表 5-18 洒水喷头类型和场所净空高度

设置场所		一只喷头的保护面积	响应时间性能	流量系数	场所净空高度/m
民用建筑	普通场所	标准覆盖面积洒水喷头	快速响应喷头 特殊响应喷头 标准响应喷头	$K \geq 80$	$h \leq 8$
		扩大覆盖面积洒水喷头	快速响应喷头	$K \geq 80$	
	高大空间场所	标准覆盖面积洒水喷头	快速响应喷头	$K \geq 115$	$8 < h \leq 12$
		非仓库型特殊应用喷头			
		非仓库型特殊应用喷头			$12 < h \leq 18$

续表 5-18

设置场所	一只喷头的保护面积	响应时间性能	流量系数	场所净空高度/m
厂房	标准覆盖面积洒水喷头	特殊响应喷头 标准响应喷头	$K \geqslant 80$	$h \leqslant 8$
	扩大覆盖面积洒水喷头	标准响应喷头	$K \geqslant 80$	
	标准覆盖面积洒水喷头	特殊响应喷头 标准响应喷头	$K \geqslant 115$	$8 < h \leqslant 12$
	非仓库型特殊应用喷头			
仓库	标准覆盖面积洒水喷头	特殊响应喷头 标准响应喷头	$K \geqslant 80$	$h \leqslant 9$
	仓库型特殊应用喷头			$h \leqslant 12$
	早期抑制快速响应喷头			$h \leqslant 13.5$

E　水幕系统

水幕系统由水幕喷头、管道、雨淋阀（或手动快开阀）、供水设备和火灾探测报警装置等组成。水幕系统的动作方式和工作原理与雨淋系统相同。当发生火灾时，借助玻璃球闭式喷头的感温装置或手动快开阀控制。

水幕系统是自动喷水灭火系统中唯一不以灭火为主要直接目的的一种系统。消防水幕系统将水喷洒成水帘幕状，用以冷却防火分隔物，提高其耐火性能；或形成防火水帘，防止火焰穿过开口部位，造成火势扩大和火灾蔓延。在下列部位应设置消防水幕：

（1）应进行防火分隔，但由于生产工艺需要或其他原因而无法设置防火分隔物的部位。

（2）相邻建筑之间的防火间距不能满足要求，其相邻建筑之间的门、窗、孔洞处以及可燃的屋檐处。

（3）在建筑物或工艺装置区内，生产类别不同的部位。

（4）用防火卷帘和防火水幕代替防火门、防火窗的部位。

（5）超过 1500 个座位的剧院、会堂以及高层建筑物内超过 800 个座位的剧院、礼堂的舞台口以及与室内舞台相连的门、窗、洞口等部位。

（6）根据消防实际需要，需用水幕保护的其他部位。

5.5.2.2　自动喷水灭火系统的设计原则

我国《自动喷水灭火系统规范》（GB 50084—2017）中将火灾危险等级分为四大级、八大小级，即轻危险级、中危险级（Ⅰ、Ⅱ级）、严重危险级（Ⅰ、Ⅱ级）和仓库危险级（Ⅰ、Ⅱ、Ⅲ级），见表 5-19 所示。

表 5-19　自动喷水灭火系统设置场所火灾危险等级分类

危险等级		设置场所举例
轻危险级		住宅建筑、幼儿园、老年人建筑、建筑高度为 24m 及以下的旅馆、办公楼；仅在走道设置闭式系统的建筑等
中危险级	Ⅰ级	1. 高层民用建筑中的旅馆、办公楼、综合楼、邮政楼、金融电信楼、指挥调度楼、广播电视塔（楼）； 2. 公共建筑（含单、多、高层）中的医院、疗养院；图书馆（书库除外）、档案馆、展览馆（厅）；英剧院、音乐厅和礼堂（舞台除外）及其他娱乐场所；火车站、机场及码头的建筑；总建筑面积小于 5000m² 的商场、总建筑面积小于 1000m² 的地下商场等； 3. 文化遗产建筑中的木结构古建筑、国家文物保护单位等； 4. 工业建筑中的食品、家用电器、玻璃制品厂等工厂的备料与生产车间等；冷藏库、钢结构屋架等建筑构件

危险等级		设置场所举例
中危险级	Ⅱ级	1. 民用建筑：书库、舞台（葡萄架除外）、汽车停车场（库）、总建筑面积 5000m² 及以上的商场、总建筑面积 1000m² 以上的地下商场、净空高度不超过 8m、物品高度不超过 3.5m 的超级市场等； 2. 工业建筑：棉毛麻丝及化纤的纺织、织物及制品、木材木器及胶合板、谷物加工、烟草及制品、饮用酒（啤酒除外）、皮革及制品、造纸及纸制品、制药等工厂的备料与生产车间等
严重危险级	Ⅰ级	印刷厂、酒精制品、可燃液体制品等工厂的备料与生产车间、净空高度不超过 8m、物品高度不超过 3.5m 的超级市场等
严重危险级	Ⅱ级	易燃液体喷雾操作区域、固体易燃物品、可燃的气溶胶制品、溶剂清洗、喷涂油漆、沥青制品等工厂的备料及生产车间、摄影棚、舞台"葡萄架"下部等
仓库危险级	Ⅰ级	食品、烟酒；木箱、纸箱包装的不燃、难燃物品等
仓库危险级	Ⅱ级	木材、纸、皮革、谷物及制品、棉毛麻丝化纤及制品、家用电器、电缆、B 组塑料与橡胶及其制品、钢塑混合材料制品、各种塑料瓶包装的不燃物品、难燃物品及各类物品混杂储藏的仓库等
仓库危险级	Ⅲ级	A 组塑料与橡胶及其制品；沥青制品等

注：表中 A 组、B 组塑料与橡胶举例参见《自动喷水灭火系统设计规范》（GB 50084—2017）附录 B。

自动喷水灭火系统基本设计数据包括喷水强度、作用面积、喷头动作数、每只喷头保护面积、最不利点处喷头压力以及理论供水量等。不同净空高度的民用建筑和工业厂房的系统设计基本参数不应低于表 5-20 和表 5-21 的规定。

表 5-20　民用建筑和厂房采用湿式系统的设计基本参数

火灾危险等级		最大净空高度 h/m	喷水强度 /L·(min·m²)⁻¹	作用面积 /m²	喷头工作压力 /MPa
轻危险级		—	4	—	—
中危险级	Ⅰ级	—	6	160	—
中危险级	Ⅱ级	$h \leqslant 8$	8	—	0.10
严重危险级	Ⅰ级	—	12	260	—
严重危险级	Ⅱ级	—	16	260	—

表 5-21　民用建筑和厂房高大空间场所采用湿式系统的设计基本参数

适用场所		最大净空高度 h/m	喷水强度 /L·(min·m²)⁻¹	作用面积 /m²	喷头间距 S/m
民用建筑	中庭、体育馆、航站楼等	$8 < h \leqslant 12$	12	160	$1.8 < S \leqslant 3.0$
民用建筑	中庭、体育馆、航站楼等	$12 < h \leqslant 18$	15	160	$1.8 < S \leqslant 3.0$
民用建筑	影剧院、音乐厅、会展中心等	$8 < h \leqslant 12$	15	160	$1.8 < S \leqslant 3.0$
民用建筑	影剧院、音乐厅、会展中心等	$12 < h \leqslant 18$	20	160	$1.8 < S \leqslant 3.0$
厂房	制衣制鞋、玩具、木器、电子生产车间等	$8 < h \leqslant 12$	15	160	$1.8 < S \leqslant 3.0$
厂房	棉纺厂、麻纺厂、泡沫塑料生产车间等	$8 < h \leqslant 12$	20	160	$1.8 < S \leqslant 3.0$

仓库危险级Ⅰ级、仓库危险级Ⅱ级场所的湿式系统设计基本参数不应低于表5-22的规定。其他场所湿式系统的设计基本参数不应低于《自动喷水灭火系统设计规范》（GB 50084—2017）表5.0.4-3至表5.0.4-5的规定。其中，作用面积，即喷水灭火系统设计喷水的最大面积。在这个面积内，喷水强度、喷水的均匀性能可以得到保证。作用面积的大小主要是根据建筑物的燃烧特性（包括建筑物内储存的可燃物）、可燃物的多少及燃烧时间等因素确定。系统最不利点处喷头压力最低不应小于0.05MPa，这主要是根据喷头特性和喷水强度要求决定的。

表5-22　仓库危险级Ⅰ级~Ⅱ级场所的系统设计基本参数

储存方式	最大净空高度/m	最大储物高度 h_s/m	喷水强度/L·(min·m²)⁻¹		作用面积/m²		持续喷水时间/h	
			Ⅰ级	Ⅱ级	Ⅰ级	Ⅱ级	Ⅰ级	Ⅱ级
堆垛、托盘	9.0	$h_s \leq 3.5$	8.0	8.0	160	160	1.0	1.5
		$3.5 < h_s \leq 6.0$	10.0	16.0	200	200		2.0
单、双、多排货架		$6.0 < h_s \leq 7.5$	14.0	22.0	200	200		2.0
		$h_s \leq 3.0$	6.0	8.0	160	160		1.5
单、双排货架		$3.0 < h_s \leq 3.5$	8.0	12.0		200		
		$3.5 < h_s \leq 6.0$	18.0	24.0		280	1.5	
		$6.0 < h_s \leq 7.5$	14.0+1J	22.0+1J				
多排货架		$3.5 < h_s \leq 4.5$	12.0	18.0	200	200		2.0
		$4.5 < h_s \leq 6.0$	18.0	18.0+1J				
		$6.0 < h_s \leq 7.5$	18.0+1J	18.0+2J				

注意：（1）货架储物高度大于7.5m时，应设置货架内置洒水喷头。对于仓库危险级Ⅰ和Ⅱ级场所，顶板下洒水喷头的喷水强度分别不应低于18L/（min·m²）和20L/（min·m²），作用面积不应小于200m²，持续喷水时间不应小于2h。

（2）表中字母"J"表示货架内置洒水喷头，J前的数字表示货架内置洒水喷头的层数。货架内洒水喷头的设计按《自动喷水灭火系统设计规范》（GB 50084—2017）第5.0.8条的规定执行。

喷头应布置在顶板或吊顶下易于接触到火灾热气流并有利于均匀布水的位置。但喷头附近有障碍物时，应符合《自动喷水灭火系统设计规范》（GB 50084—2017）第7.2节的规定或增设补偿喷水强度的喷头。直立型、下垂型标准覆盖面积洒水喷头的布置，包括同一根配水支管上喷头的间距及相邻水支管的间距，应根据设置场所的火灾危险等级、洒水喷头类型和工作压力确定，并不应大于表5-23的规定，且不应小于1.8m。设置单排洒水喷头的闭式系统，其洒水喷头间距应按地面不留漏喷空白点确定。严重危险级或仓库危险级场所宜采用流量系数大于80的洒水喷头。

表 5-23　同一根配水支管上直立型、下垂型标准覆盖面积洒水喷头的布置

火灾危险等级	正方形布置的边长/m	矩形或平行四边形布置的长边边长/m	一只喷头的最大保护面积/m²	喷头与端墙的距离/m	
				最大	最小
轻危险级	4.4	4.5	20.0	2.2	
中危险 I 级	3.6	4.0	12.5	1.8	0.1
中危险 II 级	3.4	3.6	11.5	1.7	
严重危险级、仓库危险级	3.0	3.6	9.0	1.5	

5.5.3　水喷雾灭火系统

　　水喷雾灭火系统的灭火机理是利用水雾喷头在一定水压下将水流分解成细小水雾滴，起到表面冷却、窒息、冲击乳化和稀释的作用。从水雾喷头喷出的雾状水滴，粒径细小，表面积很大，遇火后迅速汽化，带走大量的热量，使燃烧表面温度迅速降到燃点以下，使燃烧体达到冷却目的；当雾状水喷射到燃烧区遇热汽化后，形成比原体积大 1700 倍的水蒸气，包围和覆盖在火焰周围，因燃烧体周围的氧浓度降低，使燃烧因缺氧而熄灭；对于不溶于水的可燃液体，雾状水冲击到液体表面并与其混合，形成不燃性的乳状液体层，从而使燃烧中断；对于水溶性液体火灾，由于雾状水能与水溶性液体很好溶合，使可燃烧性浓度降低，降低燃烧速度而熄灭。

　　水喷雾灭火系统是在自动喷水灭火系统的基础上发展起来的，具有安全可靠、经济适用、操作方便、灭火效率高的特点。与水喷淋系统相比，水喷雾灭火系统的最大优点是用水量小、释放后二次灾害小，灭火效能、工程造价等方面均优于水喷淋系统。水喷雾灭火系统可用于扑救固体火灾、闪点高于 60℃ 的液体火灾和电气火灾。也可用于可燃气体和甲、乙、丙类液体的生产、储存装置或装卸设施的防护冷却。过去水喷雾灭火系统主要用于石化、交通和电力部门的消防系统中，随着大型民用建筑的发展，水喷雾灭火系统在民用建筑消防系统中的应用成为可能，《建筑设计防火规范》明确规定，高层建筑内的可燃油油浸电力变压器室、充可燃油的高压电容器和多油开关室、自备发电机房和燃油、燃气锅炉房应设水喷雾灭火系统。

5.5.4　细水雾灭火系统

　　"细水雾"是相对于"水喷雾"的概念，所谓的细水雾，是使用特殊喷嘴、通过高压喷水产生的水微粒。在 NFPA750 中，细水雾的定义是：在最小设计工作压力下、距喷嘴 1 米处的平面上，测得水雾最粗部分的水微粒直径 $D_{v0.99}$ 不大于 $1000\mu m$。这是用体积法表示雾滴直径的一种方法，$D_{v0.99}$ 表示小于 $1000\mu m$ 的直径体积含量为 99%。根据粒径的大小，NFPA 750 将细水雾分为以下三级：

　　（1）第一级细水雾：粒径为 $D_{v0.99}$ 不大于 $200\mu m$；

　　（2）第二级细水雾：粒径 $D_{v0.99}$ 大于 $200\mu m$ 且不大于 $400\mu m$；

　　（3）第三级细水雾：粒径 $D_{v0.99}$ 大于 $400\mu m$。NFPA750 将细水雾灭火系统按系统工作压力分为三种：管网工作压力不大于 1.21MPa 的系统称为低压细水雾灭火系统；管网工

作压力大于 1.21MPa、不大于 3.45MPa 的系统称为中压细水雾灭火系统；管网工作压力大于 3.45MPa 的称为高压细水雾灭火系统。

我国的《细水雾灭火系统技术规范》（GB 50898—2013）[58] 对细水雾的定义是：水在最小设计工作压力下，经喷头喷出并在喷头轴线下方 1.0m 处的平面上形成的直径 $D_{v0.5}$ 小于 200μm，$D_{v0.99}$ 小于 400μm 的水雾滴。

细水雾灭火系统尤其适用于扑救下列物质的火灾，可用于保护经常有人的场所：室内可燃液体火灾；室内油浸变压器火灾；计算机房、交换机房等火灾；图书馆、档案馆火灾；配电室、电缆夹层、电缆隧道、柴油发电机房、燃气轮机、锅炉房、直燃机房等；船舶 A 类机器处所：如机舱中的柴油发动机、柴油发电机、燃油锅炉、焚烧炉、燃油装置等；其他适于细水雾灭火系统的火灾。

细水雾系统不得直接用于和水产生剧烈化学反应或产生一定有害物的物质上，如锂、钠、钾、镁、钛、锆、铀等金属或其化合物。细水雾系统不能直接应用于有低温液化气体的场合（如液化天然气）。

与水喷淋灭火系统或常规水喷雾灭火系统比较，细水雾灭火系统具有以下优点：

（1）用水量大大降低。通常而言常规水喷雾用水量是水喷淋的 70%～90%，而细水雾灭火系统的用水量通常为常规水喷雾的 20% 以下。

（2）降低了火灾损失和水渍损失。对于水喷淋系统，很多情况下由于使用大量水进行火灾扑救造成的水渍损失还要高于火灾损失。

（3）减少了火灾区域热量的传播。由于细水雾的阻隔热辐射作用，有效控制火灾蔓延。

（4）电气绝缘性能更好，可以有效扑救带电设备火灾。

与气体灭火系统比较，细水雾灭火系统的优点如下：

（1）细水雾对人体无害，对环境无影响，适用于有人的场所。

（2）细水雾具有很好的冷却作用，可以有效避免高温造成的结构变形，且灭火后不会复燃。

（3）细水雾系统的水源更容易获取，灭火的可持续能力强。

（4）可以有效降低火灾中的烟气含量及毒性。

5.5.5　二氧化碳灭火系统

二氧化碳灭火系统一般为管网灭火系统，是一种固定装置，见图 5-32。

在常温常压条件下，二氧化碳的物态为气相。当贮存于密闭高压气瓶中，低于临界温度 31.4℃时是气液两相共存的。在灭火中，当二氧化碳从贮存气瓶中释放出来，压力骤然下降，使得二氧化碳由液态转变成气态，稀释空气中的氧含量。氧含量降低会使燃烧时的释热速率减小，而当释热速率减少到低于散热速率的程度，燃烧就会停止下来。二氧化碳释放时又因熵降的关系，温度会急剧下降，形成细微的固体干冰粒子，干冰吸取周围的热量而升华，即能产生冷却燃烧的作用，但二氧化碳灭火作用主要在于窒息，冷却起次要作用。二氧化碳灭火系统因同样具有灭火后无污渍的特点，所以作为气体灭火技术替代卤代烷灭火系统的使用，二氧化碳灭火系统的应用越来越广泛。二氧化碳灭火系统是目前应用非常广泛的一种现代化消防设备，二氧化碳灭火剂具有无毒、不污损设备、绝缘性能好等

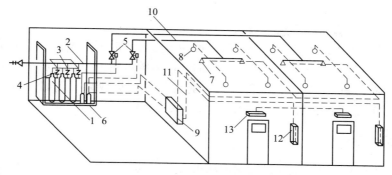

图 5-32 二氧化碳灭火系统的组成

1—灭火器储瓶；2—汇流管（连接各储瓶出口）；3—汇流管与储瓶连接的软管；4—逆止阀；
5—选择阀；6—释放启动装置；7—灭火喷头；8—火灾探测器；9—灭火报警及灭火控制盘；
10—灭火剂输送管道；11—探测与控制线路；12—紧急启动器；13—释放显示灯

优点。主要缺点是灭火需要浓度高，会使人员受到窒息毒害，若设计不合理易引起爆炸。

二氧化碳灭火系统主要适用于：

（1）固体表面火灾及部分固体的深位火灾（如棉花、纸张）及电气火灾。

（2）液体或可溶化固体（如石蜡、沥青等）火灾。

（3）灭火前可切断气源的气体火灾。

二氧化碳灭火系统不能扑救含氧化剂的化学品（如硝化纤维、火药等）引发的火灾、活泼金属（如钾、钠、钛、锆等）以及金属氢化物（如氢化钾、氢化钠）等引发的火灾。二氧化碳灭火系统的选用要根据防护区和保护对象具体情况确定。全淹没二氧化碳灭火系统适用于无人居留或发生火灾能迅速（30s 以内）撤离的防护区；局部二氧化碳灭火系统适用于经常有人的较大防护区内，扑救个别易燃烧设备或室外设备。

5.5.6 蒸汽灭火系统

水蒸气为热含量高的惰性气体，能冲淡燃烧区的可燃气体，降低空气中氧的含量，达到窒息灭火的作用。

饱和蒸汽灭火效果优于过热蒸汽，尤其对于高温设备的油气火灾，不仅能迅速扑灭泄漏点火灾，而且可以避免水系统灭火形式可能引起的设备破裂的危险。

设置蒸汽灭火系统的场所主要有：

（1）使用蒸汽的甲乙类厂房，操作温度等于或超过本身自燃点的丙类液体厂房。

（2）单台锅炉蒸发量超过 2t/h 的燃油、燃气锅炉房。

（3）火柴厂的火柴库部位。

蒸汽灭火系统是在经常具备充足蒸汽源的条件下使用的一种灭火方式，具有设备造价低、淹没性好等优点，但不适用于大体积、大面积的火灾区，也不适用于扑灭电器设备、贵重仪表、文物档案等的火灾。

蒸汽灭火系统按其灭火场所不同，可分为固定蒸汽灭火系统及半固定式蒸汽灭火系统。

固定式蒸汽灭火系统采用全淹没方式来扑灭整个房间、舱室的火灾。它使燃烧房间惰化而熄灭火焰。常用于生产厂房、燃油锅炉的泵房、游船舱、甲苯泵房等场所。对建筑物容积不大于 500m³ 的保护空间灭火效果较好。

半固定式蒸汽灭火系统利用水蒸气的机械冲击力量吹散可燃气体，并可瞬间在火焰周围形成蒸汽层，隔绝氧气从而达到灭火的目的。该系统可用于扑救闪点大于 45℃ 的罐体会破裂的可燃液体储罐的火灾以及局部火灾，有良好的灭火效果。例如，地上式可燃液体（不包括润滑油）储罐区，宜设置半固定式蒸汽灭火系统。

5.5.7 泡沫灭火系统

泡沫灭火剂的灭火机理主要是应用泡沫灭火剂，其与水混溶后产生一种可漂浮、黏附在着火的燃烧物表面形成一个连续的泡沫层，或者充满某一火灾空间，起到隔绝、冷却、窒息的作用。即通过泡沫本身和所析出的混合液对燃烧物表面进行冷却，以及通过泡沫层的覆盖作用使燃烧物与氧隔绝而灭火。泡沫灭火剂的主要缺点是水渍损失和污染、不能用于带电火灾的扑救。

泡沫灭火系统广泛用于油田、炼油厂、油库、发电厂、汽车库、飞机库、矿井坑道等场所。泡沫灭火系统按其使用方式有固定式、半固定式和移动式之分。选用泡沫灭火系统时，应根据可燃物的性质选用泡沫液。泡沫罐应贮存于通风、干燥场所，温度应在 0 ～ 40℃ 范围内。此外，还应保证泡沫灭火系统所需的消防用水量、水温（$t = 4 \sim 35℃$）和水质要求。

根据泡沫灭火剂发泡性能的不同可分为：低倍数泡沫灭火系统、中倍数泡沫灭火系统和高倍数泡沫灭火系统三类。低倍泡沫灭火剂的发泡倍数一般在 20 倍以下，中倍数泡沫灭火剂的发泡倍数一般在 20 ～ 200 倍之间，高倍数泡沫灭火剂的发泡倍数在 200 ～ 1000 倍之间。

5.5.7.1 低倍数泡沫灭火系统

该系统主要用于扑救原油、汽油、煤油、柴油、甲醇、乙醇、丙酮等 B 类火灾，适用于炼油厂、化工厂、油田、油库、为铁路油槽车装卸的鹤管栈桥、码头、飞机库、机场、燃油锅炉房等。根据泡沫喷射方式的不同，固定式泡沫灭火系统又分为液下喷射和液上喷射两种形式。

液下喷射泡沫灭火系统（见图 5-33）必须采用氟蛋白泡沫液或水成膜泡沫液。国内现行的低倍数泡沫灭火系统设计规范规定了以氟蛋白泡沫液为灭火剂的设计参数。该系统在防火堤外安装高倍压泡沫发生器，泡沫管入口装在油罐的底部，泡沫由油罐下部注入，通过油层上升进入燃烧液面，产生的浮力使罐内油品上升，冷却表层油。同时，可以避免泡沫在油罐爆炸掀顶时，因热气流、热辐射和热罐壁高温而遭到破坏，提高了灭火效率。该系统一般用于固定顶罐的防护，但不能用于水溶性甲、乙、丙类液体储罐的防护，也不宜用于外浮顶和内浮顶储罐。

液上喷射泡沫灭火系统的泡沫发生器安装在油罐壁的上端，喷射出的泡沫由反射板反射在罐内壁，盐罐内壁向液面上覆盖，达到灭火的目的。缺点是当油罐发生爆炸时，泡沫发生器或泡沫混合液管道有可能被拉坏，造成火灾失控，见图 5-34。

5.5.7.2 高倍数泡沫灭火系统

高倍数泡沫灭火系统是一种比较新型的泡沫灭火方式。该系统不仅可以扑救 A、B 类

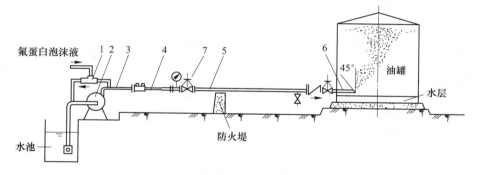

图 5-33　固定式液下喷射泡沫灭火系统

1—环泵式比例混合器；2—泡沫混合液泵；3—泡沫混合液管道；4—液下喷射泡沫产生器；

5—泡沫管道；6—泡沫注入管；7—背压调节阀

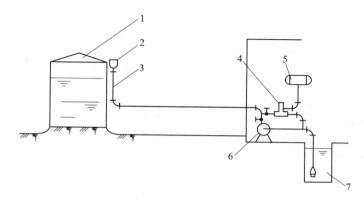

图 5-34　固定式液上喷射泡沫灭火系统

1—油罐；2—泡沫发生器；3—泡沫混合液管道；4—比例混合器；

5—泡沫液罐；6—泡沫混合液泵；7—水池

火灾以及封闭的带电设备场所的火灾，而且可以有效控制液化石油气、液化天然气的流淌火灾。高泡沫灭火系统同时又具有消烟、排除有毒气体和形成防火隔离带等多种用途。

高倍数泡沫灭火系统不用于下列物质的火灾扑救：

（1）硝化纤维、炸药等在无空气的环境中仍能迅速氧化的化学物质与强氧化剂。

（2）钾、钠、镁、钛和五氧化二磷等活泼金属和化学物质。

（3）非封闭的带电设备。

（4）扑救立式油罐内的火灾。

习　　题

一、填空题

1. 主要的防火控制和隔绝装置有（　　）、（　　）、（　　）、（　　）、（　　）等。

2. 主要的火灾爆炸控制和隔绝装置有（　　）、（　　）、（　　）、（　　）、（　　）等。

3. 泡沫灭火器除了用于扑救一般固体物质火灾外，还能扑救油类等可燃液体火灾，但不能扑救带电设备
   和醇、醚等有机溶剂的火灾。（　　）

二、选择题

1. 有下列情形的场所不宜选用离子感烟探测器：（　　）。
   A. 产生醇类、醚类、酮类等有机物　　　B. 气流速度大于 5m/s
   C. 大量粉尘、水雾滞留　　　　　　　　D. 可能产生腐蚀性气体
   E. 相对湿度小于 95%

2. 不宜选用光电感烟探测器的场所包括：（　　）。
   A. 可能产生黑烟　　　　　　　　　　　B. 大量积聚粉尘
   C. 可能产生蒸汽和油雾　　　　　　　　D. 在正常情况下有烟和蒸汽滞留
   E. 存在高频电磁干扰

3. 干粉灭火器多长时间检查一次（　　）。
   A. 半年　　　　　　　　　　　　　　　B. 一年
   C. 三个月　　　　　　　　　　　　　　D. 两年

4. 大型油罐应设置（　　）自动灭火系统。
   A. 泡沫灭火系统　　　　　　　　　　　B. 二氧化碳灭火系统
   C. 卤代烷灭火系统　　　　　　　　　　D. 喷淋灭火系统

5. （　　）是扑救精密仪器火灾的最佳选择。
   A. 二氧化碳灭火剂　　　　　　　　　　B. 干粉灭火剂
   C. 泡沫灭火剂

6. 遇水燃烧物质的火灾可以用（　　）扑救。
   A. 泡沫灭火剂　　　　　　　　　　　　B. 干砂
   C. 干粉灭火剂　　　　　　　　　　　　D. 二氧化碳灭火剂

三、简答题

1. 生产过程中的火灾危险性分为哪几类？各有何特征？
2. 简述控制点火源的防火基本技术措施。
3. 灭火器是如何分类的？各类灭火器的适用范围是什么？

第 5 章　课件、习题及答案

6   **建筑工程防火防爆**

6.1　建筑物的耐火性能

建筑构件起火或受热失去稳定破坏，会导致建筑物倒塌，造成人员伤亡。为了安全疏散人员，抢救物资和扑灭火灾，要求建筑物具有一定的耐火能力。建筑物的耐火能力取决于建筑构件的耐火性能，称为耐火极限。

6.1.1　建筑构件的耐火性能

所谓建筑构件的耐火极限，是指按标准温度-时间变化曲线所规定的标准火灾温升曲线，对建筑构件进行耐火试验，从构件受到火的作用时起，到失去完整性、隔热性（背火面的温度升高到设定温度，一般取为220℃）或稳定性为止的这段时间，单位为小时。国际上通用的标准耐火实验的升温条件，见式（6-1）和图6-1。准确地说，规范中给出的耐火极限值，应该说是耐火极限标准设计值，它只是特定条件下的耐火极限。我国关于建筑构件耐火极限的国家标准中的标准火灾温升曲线与国际标准是一致的。

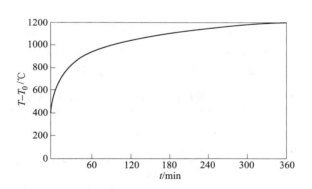

图 6-1　ISO 规定的标准火灾温升曲线

$$T - T_0 = 345\lg(8t + 1) \tag{6-1}$$

式中　t——试验时间，min；

　　T_0，T——试验开始时刻和 t 时刻的温度，℃，T_0 应在 5~40℃ 的范围内。

耐火性能试验中，构件的耐火极限有三个判定条件，即完整性、隔热性和稳定性。所有影响构件这三项性能的因素都影响构件的耐火极限。

（1）完整性。失去完整性是指当分隔构件（如楼板、屋面板、门、窗、墙体、吊顶等）一面受火作用时，在试验过程中，构件出现穿透性裂缝，火焰穿过构件，或穿过空隙，使其背面可燃物起火。这时，构件将失去阻止火焰和高温烟气穿透或阻止背面出现火焰的性能。此时可认为构件失去完整性。

当构件混凝土含水量较大时，受火时易于发生爆裂，使构件局部穿透，失去完整性。当构件接缝、穿管密封处不严密或填缝材料不耐火时，构件也易于在这些地方形成穿透性裂缝而失去完整性。

（2）隔热性。失去隔热性是指分隔构件失去隔绝过量热传导性能。在试验中，试件背火面测点的平均温度超过初始温度140℃，或背火面任一测点温度超过初始温度180℃时，均认为构件失去绝热性。材料的导热系数和构件厚度是影响构件隔热性的两个主要因素。材料导热系数越大，热量越易传到背火面，隔热性越差；反之，导热系数越小，隔热性越好。由于金属的导热系数比混凝土、砖大得多，所以当墙体或楼板有金属管道穿过时，构件更易失去隔热性。由于热量是逐层传导，所以，构件厚度越大，隔热性越好。

（3）稳定性。凡影响构件高温承载力的因素都影响构件的稳定性，如构件材料的燃烧性能、有效荷载量值、钢材品种、实际材料强度、截面形状与尺寸、配筋方式、配筋率、表面保护、受力状态、支撑条件和计算长度等。失去稳定性是指构件在实验过程中失去承载能力或抗变形能力，此条件主要针对承重构件。具体讲：

1）墙——试验中发生垮塌，则表示试件失去承载能力。

2）梁或板——试验中发生垮塌，则表示试件失去承载能力。试件最大挠度超过 $L/20$，则表示试件失去抗变形能力。此处 L 为试件跨度。

3）柱——试验中发生垮塌，则表示试件失去承载能力。试件轴向压缩变形速度超过 $3H(\mathrm{mm/min})$，则表示试件失去抗变形能力。其中 H 为试件在载炉内的受火高度，单位以米计。如某钢筋混凝土柱，炉内的受火高度为3m，如其变形速度超过9mm/min，则该柱失去抗变形能力。

建筑物的耐火等级是由建筑构件的燃烧性能和最低耐火极限决定的，是衡量建筑物耐火程度的标准。根据《建筑设计防火规范》（GB 50016—2014）的规定，建筑物的耐火等级分为一、二、三、四共4级。不同耐火等级建筑物建筑构件的耐火等级如表6-1所示。

表6-1 不同耐火等级建筑相应构件的燃烧性能和耐火等级 （h）

构件名称		耐火等级/h			
		一级	二级	三级	四级
墙	承重墙	不燃性 3.00	不燃性 2.50	不燃性 2.00	难燃性 0.5
	防火墙	不燃性 3.00	不燃性 3.00	不燃性 3.00	不燃性 3.00
	非承重外墙	不燃性 1.00	不燃性 1.00	不燃性 0.5	可燃性
	楼梯间和前室的墙 电梯井的墙住宅建筑单 元之间的墙和分户墙	不燃性 2.00	不燃性 2.00	不燃性 1.5	难燃性 0.5
	疏散走道两侧的隔墙	不燃性 1.00	不燃性 1.00	不燃性 0.5	难燃性 0.25
	房间隔墙	不燃性 0.75	不燃性 0.5	难燃性 0.5	难燃性 0.25
柱		不燃性 3.00	不燃性 2.50	不燃性 2.0	难燃性 0.5
梁		不燃性 2.00	不燃性 1.50	不燃性 0.5	难燃性 0.5
楼板		不燃性 1.5	不燃性 1.0	不燃性 0.5	可燃性
屋顶承重构件		不燃性 1.5	不燃性 1.00	可燃性 0.5	可燃性
疏散楼梯		不燃性 1.5	不燃性 1.0	不燃性 0.5	可燃性
吊顶（包括吊顶格栅）		不燃性 0.25	难燃性 0.25	难燃性 0.15	可燃性

注意：（1）除另有规定外，以木柱承重且墙体采用不燃材料的建筑，其耐火极限应按四级确定。

（2）住宅建筑构件的耐火极限和燃烧性能可按现行国家标准《住宅建筑规定》GB 50368 的规定执行。

（3）建筑高度大于 100m 的民用建筑，其楼板的耐火极限不应低于 2.00h。

（4）一、二级耐火等级建筑的上人平屋顶，其屋面板的耐火极限分别不应低于 1.50h 和 1.00h。

6.1.2 建筑物的分类和耐火等级

耐火等级是衡量建筑物耐火程度的分级标准。各类建筑由于使用性质、重要程度、规模大小、层数高低和火灾危险性存在差异，所要求的耐火程度应有所不同。确定建筑物耐火等级的目的是使不同用途的建筑物具有与之相适宜的耐火安全储备，以做到既有利于安全，又利于节约投资。影响建筑物耐火等级的因素包括：

（1）建筑物的重要性。建筑物的重要程度是确定其耐火等级的重要因素。对于性质重要、功能、设备复杂、规模大、建筑标准高的建筑，一旦发生火灾，经济损失、人员伤亡大，甚至会造成很大的政治影响。因此，对于国家机关重要的办公楼、中心通信枢纽大楼、中心广播电视大楼、大型影剧院、礼堂、大型商场、重要的科研楼、图书馆、档案馆、高级宾馆等，其耐火等级应选定一、二级。

（2）火灾危险性。建筑物的火灾危险性大小对其耐火等级的选定影响很大，特别是对火灾荷载大的工业建筑、民用建筑以及人员密集的公共建筑应选择较高的耐火等级。

（3）建筑物的高度。建筑物越高，火灾时人员疏散和火灾扑救越困难，损失也越大。对高度较大的建筑物选定较高的耐火等级，提高其耐火能力，可以确保其在火灾条件下不发生倒塌破坏，为人员安全疏散和消防扑救创造有利条件。

6.1.2.1 民用建筑的分类和耐火等级

在我国，现行《建筑设计防火规范》（GB 50016—2014）把建筑高度大于 27m 的住宅建筑和建筑高度大于 24m 的非单层厂房、仓库和其他民用建筑称为高层建筑。

高层建筑内大都设有多而长的竖井，如楼梯井、电梯井、管道井、风道、电缆井、排风管道等。一旦起火，烟囱效应将加剧火焰和烟气的蔓延。

同时，室外风场参数是影响高层建筑物火灾蔓延的重要因素。实测表明，若建筑物 10m 处的风速为 5m/s，则在 90m 高处风速可达 15m/s。在通风效应的强烈影响下，那些在普通建筑内不易蔓延的小火星在高层建筑内部却可发展成重大火灾。

许多高层建筑的上层是目前普通灭火装备达不到的，世界上最先进的云梯车的登高也不过 100m，我国一般云梯式消防车目前只能达到 50m。在某些国家，利用直升机进行楼顶救援也成为一个重要消防手段，它不但能救出受困者，还可空运消防人员进行灭火抢险。随着经济的发展和技术的进步，这种方法在我国也得到快速发展。

由于这些特点，高层建筑物的火灾防治引起人们的普遍注意。有些专家明确提出，应把这种火灾作为最重要的特殊火灾问题对待（其次是地下建筑火灾、油品火灾等），加强其防治技术和扑救对策的研究。

为了便于针对不同类别的建筑物在耐火等级、防火间距、防火分区、安全疏散、消防给水、防排烟等方面分别提出不同的要求，以同时满足消防安全和节约投资的目的，首先需要对于民用建筑进行分类。

《建筑设计防火规范》将性质重要、火灾危险大、疏散和扑救难度大的高层建筑划为一类，如建筑高度大于 54m 的住宅建筑（包括设置商业服务网点的住宅建筑）、建筑高度大于 50m 的公共建筑、建筑高度 24m 以上部分任一楼层建筑面积大于 1000m² 的商店、展览、电信、邮政、财贸金融建筑、其他多种功能组合的建筑和重要的公共建筑。对于医疗建筑、独立建造的老年人照料设施，不计高度皆列为一类建筑，主要是考虑病人行动不便、疏散困难。省级及以上的广播电视和防灾指挥调度建筑、网局级和省级电力调度建筑，藏书超过 100 万册的图书馆、书库，因为其重要地位，也划分为一类。见表 6-2。

表 6-2　民用建筑分类

名称	高层民用建筑		单、多层民用建筑
	一类	二类	
住宅建筑	建筑高度大于 54m 的住宅建筑（包括设置商业服务网点的住宅建筑）	建筑高度大于 27m，但不大于 54m 的住宅建筑（包括设置商业服务网点的住宅建筑）	建筑高度不大于 27m 的住宅建筑（包括设置商业服务网点的住宅建筑）
公共建筑	1. 建筑高度大于 50m 的公共建筑； 2. 建筑高度 24m 以上部分任一楼层建筑面积大于 1000m² 的商店、展览、电信、邮政、财贸金融建筑、其他多种功能组合的建筑； 3. 医疗建筑、重要的公共建筑、独立建造的老年人照料设施； 4. 省级及以上的广播电视和防灾指挥调度建筑、网局级和省级电力调度建筑； 5. 藏书超过 100 万册的图书馆、书库	除一类高层公共建筑以外的其他高层公共建筑	1. 建筑高度大于 24m 的单层公共建筑； 2. 建筑高度不大于 24m 的其他公共建筑

根据其建筑高度、使用功能、重要性和火灾扑救难度等，民用建筑的耐火等级可分为一、二、三、四级。《建筑设计防火规范》对民用建筑的耐火等级规定如下：

（1）地下或半地下建筑（室）和一类高层建筑的耐火等级不应低于一级。

（2）单、多层重要公共建筑和二类高层建筑的耐火等级不应低于二级。

（3）除木结构建筑外，老年人照料设施的耐火等级不应低于三级。

6.1.2.2　工业建筑的耐火等级

工业建（构）筑物的耐火等级主要取决于工业建筑物发生火灾和爆炸事故的可能性和后果的严重性。工业建筑的耐火等级的划分，应考虑可燃物质（可燃气体、液体和粉尘）在该场所内的数量、爆炸极限和自燃点、设备条件和工艺过程、厂房体积和结构、通风设施等情况，综合全面的情况进行评定。生产厂房耐火等级见表 6-3。

表 6-3　厂房的耐火等级、层数和占地面积

生产的火灾危险性类别	耐火等级	最多允许层数	每个防火分区的最大允许建筑面积/m²			
			单层厂房	多层厂房	高层厂房	地下或半地下厂房（包括地下或半地下室）
甲	一级	宜采用单层	4000	3000	—	—
	二级		3000	2000	—	—
乙	一级	不限	5000	4000	2000	—
	二级	6	4000	3000	1500	—
丙	一级	不限	不限	6000	3000	500
	二级	不限	8000	4000	2000	500
	三级	2	3000	2000	—	—
丁	一、二级	不限	不限	不限	4000	1000
	三级	3	4000	2000	—	—
	四级	1	1000	—	—	—
戊	一、二级	不限	不限	不限	6000	1000
	三级	3	5000	3000	—	—
	四级	1	1500	—	—	—

注意：（1）防火分区间应用防火墙分隔。一、二级耐火等级的单层厂房（甲类厂房除外）如面积超过本表规定，设置防火墙有困难时，可用防火水幕或防火卷帘分隔。采用防火卷帘时，应符合《建筑设计防火规范》第 6.5.3 条的规定；当采用防火分隔水幕时，应符合《自动喷水灭火系统设计规范》（GB 50084）的规定。

（2）一级耐火等级的多层及二级耐火等级的单层、多层纺织厂房（麻纺厂除外）可按本表的规定增加 50%，但上述厂房的原棉开包、清花车间均应设耐火极限不低于 2.50h 的防火墙分隔，需要开设门、窗、洞、口时，应设置甲级防火门、窗。

（3）一、二级耐火等级的单层、多层造纸生产联合厂房，其防火分区最大允许占地面积可按本表的规定增加 1.5 倍。

（4）厂房内设置自动灭火系统时，每个防火分区最大允许建筑面积可按本表的规定增加 1 倍；丁、戊类地上厂房内装有自动灭火系统时，每个防火分区的最大允许建筑面积不限。厂房内局部设置自动灭火系统时，其防火分区的增加面积可按该局部面积的 1 倍计算。

（5）一、二级耐火等级的谷屋筒仓工作塔，且每层人数不超过 2 人时，其层数不限。

（6）员工宿舍严禁设置在厂房内。办公室、休息室等不应设置在甲乙类厂房内，确需贴邻本场房时，其耐火等级不应低于二级，并应采用耐火极限不低于 3.0h 的防爆墙与厂房分隔，且应设置独立的安全出口。办公室、休息室设置在丙类厂房时，应采用耐火极限不低于 2.50h 的防火墙和 1.0h 的楼板与其他部位分隔，并应设置至少 1 个独立的安全出口。如隔墙上需开设相互连通的门时，应采用乙级防火门。

仓库的耐火等级见表 6-4。

表6-4 仓库的耐火等级、层数和面积

储存物品的火灾危险性类别		耐火等级	最多允许层数	每座仓库最大允许占地面积和每个防火分区的最大允许建筑面积/m²						地下或半地下仓库（包括地下或半地下室）
				单层库房		多层库房		高层库房		
				每座库房	防火分区	每座库房	防火分区	每座库房	防火分区	防火分区
甲	(3)、(4)项	一级	1	180	60	—	—	—	—	—
	(1)、(2)、(5)、(6)项	一、二级	1	750	250	—	—	—	—	—
乙	(1)、(3)、(4)项	一、二级	3	2000	500	900	300	—	—	—
		三级	1	500	250	—	—	—	—	—
	(2)、(5)、(6)项	一、二级	5	2800	700	1500	500	—	—	—
		三级	1	900	300	—	—	—	—	—
丙	(1)项	一、二级	5	4000	1000	2800	700	—	—	150
		三级	1	1200	400	—	—	—	—	—
	(2)项	一、二级	不限	6000	1500	4800	1200	4000	1000	300
		三级	3	2100	700	1200	400	—	—	—
丁		一、二级	不限	不限	3000	不限	1500	4800	1200	500
		三级	3	3000	1000	1500	500	—	—	—
		四级	1	2100	700	—	—	—	—	—
戊		一、二级	不限	不限	不限	不限	2000	6000	1500	1000
		三级	3	3000	1000	2100	700	—	—	—
		四级	1	2100	700	—	—	—	—	—

注意：（1）仓库内设置自动灭火系统时，除冷库的防火分区外，每座仓库的最大允许占地面积和每个防火分区的最大允许建筑面积可按本表的规定增加1.0倍。仓库内的防火分区之间必须采用防火墙分隔。甲乙类生产场所（仓库）不应设置在地下或半地下。甲乙类仓库内防火分区之间的防火墙不应开设门窗洞口，地下或半地下仓库（包括地下或半地下室）的最大允许占地面积，不应大于相应类别地上仓库的最大允许占地面积。

（2）石油库区内的桶装油品仓库应符合现行国家标准《石油库设计规范》（GB 50074）的规定。

（3）一、二级耐火等级的煤均化库，每个防火分区的最大允许建筑面积不应大于12000m²。

（4）独立建造的硝酸铵仓库、电石仓库、聚乙烯等高分子制品仓库、尿素仓库、配煤仓库、造纸厂的独立成品仓库，当建筑的耐火等级不低于二级时，每座仓库的最大允许占地面积和每个防火分区的最大允许建筑面积可按本表的规定增加1倍。

（5）一、二级耐火等级粮食平房仓的最大允许占地面积不应大于12000m²，每个防火分区的最大允许建筑面积不应大于3000m²；三级耐火等级粮食平房仓的最大允许占地面积不应大于3000m²，每个防火分区的最大允许建筑面积不应大于1000m²。

（6）一、二级耐火等级且占地面积不大于 2000m² 的单层棉花库房，其防火分区的最大允许建筑面积不应大于 2000m²。

（7）一、二级耐火等级冷库的最大允许占地面积和防火分区的最大允许建筑面积，应符合现行国家标准《冷库设计规范》（GB 50072）的规定。

（8）"—"表示不允许。

6.2　建筑消防规划布局

建筑发生火灾时，火灾除了在建筑内部扩大外，有时还会蔓延到邻近的建筑物上，以至形成火烧连城的惨剧，造成难以估量的火灾损失。同时，人员、物资需要疏散，需要消防车靠近建筑物实施灭火和救援，这就要求在城市总体规划的原则下，根据建筑物的使用性质、生产经营规模、建筑高度、建筑体积及火灾危险性等，合理进行建筑选址、优化建筑消防规划、总平面布局和平面布置。

6.2.1　建筑用地的规划

建筑用地的规划首先应遵循国家整体规划的要求，在总体规划的原则下，本着"以防为主，防消结合"的方针，充分保障建筑内部和周围环境的火灾安全。

高层建筑不宜布置在易燃、易爆建（构）筑物附近，与其他民用建筑的距离应保持必要的防火间距。高层建筑宜与城市干道有机相连，高层建筑与消防站的距离应保证接警 5min 内，使消防车能在最短时间内到达火场，并投入灭火战斗。

工业厂房类建筑的用地规划不仅考虑自身的安全，还应充分考虑周围企业、居民住宅及公共建筑的防火安全。

为了保障建筑总体布局的消防安全，建筑选址必须符合以下基本要求：

（1）注意周围环境。易燃、易爆工厂、仓库，应用实体围墙与外界隔开。民用建筑不宜建在火灾危险性较大的厂区或库区附近，若必须在此类厂区建设，则应严格遵守防火规范要求，选择有足够安全距离的地点。

（2）注意地势条件。甲、乙、丙类液体仓库，宜布置在地势较低的地方，以免对周围环境造成火灾威胁；若必须布置在地势较高处，则应采取一定的防火措施，如设置截挡全部流散液体的防火堤。乙炔站等遇水产生可燃气体，会发生火灾爆炸的工业企业，严禁布置在易被水淹没的地方。对于爆炸物品仓库，宜优先利用地形，如选择多面环山，附近没有建筑物的地方，以减少爆炸时的危害。

（3）注意风向。那些易燃易爆的甲、乙类工厂或仓库宜建在远离城市的本地区全年最小频率风向的上风侧，且与周围建筑保持适当的安全距离。如某个液化石油气站发生火灾爆炸事故，大量液化石油气泄漏出来，液化石油气上空形成了浓厚的白色云雾，大火在下风向 800m、侧风向 180~200m、上方向 100m 范围的空气中剧烈燃烧，造成了巨大的损失。

6.2.2　消防道路的规划

大型民用建筑及工业建筑，人员、财富、生产力高度集中，一旦发生火灾，消防扑救非常困难。消防道路的合理规划是成功完成消防扑救的必要条件。设置消防道路的目的就在于一旦发生火灾后，消防车可顺利到达火场，消防人员迅速开展灭火战斗，及时扑灭火灾。设计时，一般应根据当地消防部队使用的消防车辆的外形尺寸、载重、转弯半径等消防车技术性能，以及建筑物的体量大小、周围通行条件等建筑因素确定。

实际的规划设计中，消防车道一般可与交通道路、桥梁等结合布置。因此，消防车道下的管道和暗沟应能承受大型消防车的压力。并且，消防车道应尽量短捷，并宜避免与铁路平交。如必须平交，应设备用车道，两车道之间的间距不应小于一列火车的长度。

消防车道穿过建筑物的门洞时，其净高和净宽不应小于4m；门垛之间的净宽不应小于3.5m。

消防车道的宽度不应小于3.5m，道路上空遇有管架、栈桥等障碍物时，其净高不应小于4m。

当建筑物沿街部分的长度超过150m或总长度超过220m时，均应设置穿过建筑物的消防车道。有封闭内院或天井的建筑物，当内院或天井的短边长度超过24m时，宜设有进入内院的消防车道；当该建筑物沿街时，应设置连通街道和内院的人行通道（可利用楼梯间），其间距不宜大于80m。

高层民用建筑，超过3000个座位的体育馆、超过2000个座位的会堂和占地面积超过3000m²的商店建筑、展览馆等，但多层公共建筑，高层工业建筑（高架仓库）周围，均应设环形消防车道。

工厂、仓库应设置消防车道，一座甲、乙、丙类厂房的占地面积超过3000m²时或一座乙、丙类库房的占地面积超过1500m²时，宜设置环形消防车道，如有困难，可沿其两个长边设置消防车道或设置可供消防车通行的，且宽度不小于6m的平坦空地。

环形消防车道至少应有两处与其他车道连通。尽头式消防车道应设回车道或回车场，回车场的面积不小于12m×12m；对于高层建筑，不宜小于15m×15m；供重型消防车使用时，不宜小于18m×18m。对于建筑高度超过100m的建筑，需考虑大型消防车辆灭火救援作业的需求。如对于举升高度112m、车长19m、展开支腿跨度8m、车重75t的消防车，一般情况下，灭火救援场地的平面尺寸不小于20m×10m，场地的承载力不小于10kg/cm²，转弯半径不小于18m。

消防车道一般应与建筑物保持一定的距离，根据建筑物着火时需架设消防云梯的高度，消防车道与建筑物的距离要求见表6-5和图6-2。

表6-5　消防车道与建筑物的距离要求

消防云梯高度	消防车道与建筑物的距离
30	$1 \leqslant C \leqslant 8$
24	$1 \leqslant C \leqslant 6$
8	$1 \leqslant C \leqslant 3$

6.2.3　各类建筑消防平面布置的一般要求

单体建筑内，除应进行满足功能需求的划分外，还应根据场所的火灾危险性、使用性质重要性、人员密集场所人员安全疏散和消防成功扑救的必要性，对建筑物内部空间进行合理布置，以防止火灾和烟气在建筑内

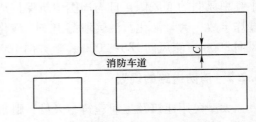

图6-2　消防车道与建筑物的距离

部蔓延扩大，确保火灾时人员的生命安全，减少财产损失。

6.2.3.1 高层建筑的总平面布置

观众厅、会议厅、多功能厅等人员密集场所，宜布置在首层或二、三层。当人员密集公共场所必须设在其他楼层时，应符合下列规定：

（1）一个厅、室的疏散门不应少于两个，且建筑面积不宜超过 $400m^2$；

（2）托儿所、幼儿园的儿童用房和儿童游乐厅等儿童活动场所设置在一、二级耐火等级的建筑内时，应设置在建筑物的首层或二、三层，并宜设置单独的安全出口和疏散楼梯。

锅炉房宜单独设置。如受条件限制，锅炉房确需布置在民用建筑内时，不应布置在人员密集场所的上一层、下一层或贴邻，并应满足下列规定：

（1）锅炉的容量应符合现行国家标准《锅炉房设计规范》GB 50041 的规定。油浸变压器的总容量不应大于 $1260kV \cdot A$，单台容量不应大于 $630kV \cdot A$。

（2）并采用无门窗洞口的耐火极限不低于 2.00h 的隔墙和 1.5h 的不燃性楼板与其他部位隔开，必须开门时，应设甲级防火门。

（3）燃油或燃气锅炉房、变压器室应设置在首层或地下一层靠外墙部位，并应设直接对外的安全出口。常（负）压燃油或燃气锅炉可设置在地下二层或屋顶上。设置在屋顶上的常（负）压燃气锅炉，距离通向屋面的安全出口不应小于 6m。

（4）变压器下方应设有储存变压器全部油量的事故储油设施；变压器室、多油开关室、高压电容器室，应设置防止油品流散的设施。

消防控制室宜设在高层建筑的首层或地下一层，且应采用耐火极限不低于 2h 的隔墙和 1.5h 的楼板与其他部位隔开，并应设置直通室外的安全出口。

高层建筑的人员安全疏散设计应当考虑到水平与竖直两个方面。每层楼应至少设有两个方向的疏散路线，不应出现袋型走廊，并且宜将楼梯设在大楼的两端。有时还可设置在墙外，连通阳台，使人员在房间门受阻时可通过阳台进入疏散通道。为把高层建筑中人员尽快撤出，主要还应加强竖直疏散。增强人员对火灾事态的应变能力也是保证人员安全疏散的重要方面。突如其来的火灾往往使有些人精神过度紧张，导致不知所措地乱窜甚至跳楼等，这种恐慌心理有时比火灾本身的威胁更为可怕。应当加强对人们防灭火知识及疏散常识的教育和训练，这对高层建筑的使用者尤为重要。

我国的建筑设计规范规定，建筑高度大于 100m 的公共建筑，应设置避难层（间），避难层可兼做设备层，避难层应设置消防电梯出口；高层病房楼应在二层及以上的病房楼层和洁净手术部设置避难间；3 层及 3 层以上总建筑面积大于 $3000m^2$（包括设置在其他建筑内三层级以上楼层）的老年人照料设施，应在二层及以上各层老年人照料设施部分的每座疏散楼梯间的相邻部位设置 1 间避难间。避难间内可供避难的净面积不应小于 $12m^2$。日本新宿中心大厦标准层和避难层疏散设计如图 6-3、图 6-4 所示。

该大厦占地面积 $14920m^2$，总建筑面积 $183063m^2$，地上 55 层，地下 5 层，塔楼 3 层，高度 222.95m。根据各楼层使用功能的不同，将走廊、疏散楼梯间前室作为安全区进行防火、防烟分隔，并增设小楼梯，到达中间的避难层，再换疏散楼梯避难。设备层设室外回廊，宽 1.2m，既可临时避难，同时可利用连通的疏散楼梯疏散。在东侧疏散楼梯前室进行加压，西侧疏散楼梯在楼梯间进行加压，在前室自然排烟，保护楼梯间、前室不受烟气侵扰。为了防止超高层楼梯间的烟囱效应，每隔 13 层在楼梯平台处用防火门进行分隔。

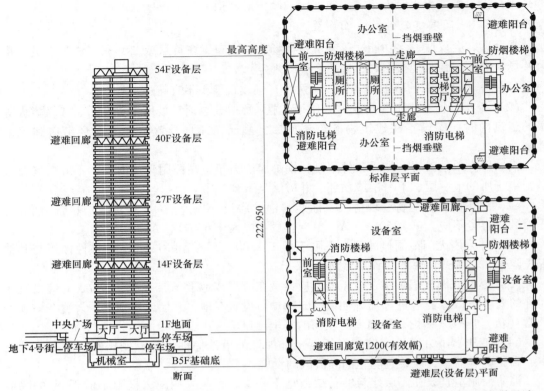

图 6-3 新宿中心大厦避难层竖向分布示意　　图 6-4 新宿中心大厦标准层和避难层疏散设计

此外，大厦周围街道设计为高差很小的广场，以便万一发生火灾事故时，可变为疏散人员、消防队救灾的场所。地下商场设计直通室外广场的楼梯，高层建筑的地下层，与其他地下空间的疏散路线分别设计，以防止火灾时人流交叉，造成群集踩踏事故发生。

6.2.3.2 工业企业的总平面布置

工厂、仓库的平面布置，要根据建筑的火灾危险性、地形、周围环境以及长年主导风向等，进行合理布置，一般应满足以下要求：

A 合理分区

规模较大的工厂、仓库，要根据实际需要，合理划分生产区、储存区（包括露天储存区）、生产辅助设施区和行政办公、生活福利区等。同一生产企业，若有火灾危险性大和火灾危险性小的生产建筑，则应尽量将火灾危险性相同或相近的建筑集中布置，以利采取防火防爆措施，便于安全管理。并应满足以下基本要求：

（1）厂区或库区围墙与厂（库）区内建筑物的距离不宜小于 5m，并应满足围墙两侧建筑物之间的防火间距要求。液氧储罐周围 5m 范围内不应有可燃物和设置沥青路面。变电所、配电所不应设在有爆炸危险的甲、乙类厂房内或贴邻建造。乙类厂房的配电所必须在防火墙上开窗时，应设不燃烧体密封固定窗。

（2）甲、乙类生产和甲、乙类物品库房不应设在建筑物的地下或半地下室内。

（3）厂房内设置甲、乙类物品的中间库房时，其储量不宜超过一昼夜的需要量。中间仓库应靠外墙布置，并应采用耐火极限不低于 3h 的不燃烧体墙和 1.5h 的不燃烧体楼板与其他部分隔开。

（4）有爆炸危险的甲、乙类厂房内不应设置办公室、休息室。如必须贴邻本厂房设置时，应采用一、二级耐火等级建筑，并应采用耐火极限不低于3h的不燃烧体防火墙隔开和设置直通室外或疏散楼梯的安全出口。

（5）有爆炸危险的甲、乙类厂房总控制室应独立设置；其分控制室可毗邻外墙设置，并应用耐火极限不低于3.0h的防火隔墙与其他部分隔开。

（6）有爆炸危险的甲、乙类生产部门，宜设在单层厂房靠外墙或多层厂房的最上一层靠外墙处。有爆炸危险的设备应尽量避开厂房的梁、柱等承重构件布置。

B　注意风向

按当地全年主导风向，有火灾爆炸危险的生产厂房宜在明火或散发电火花的地点以及其他建筑物的下风向，并在不影响邻近其他单位安全的前提下，尽可能布置在厂房边缘。

有火灾爆炸危险的厂房的主轴线宜与当地全年主导风向垂直，或夹角小于45°，有利于排除危险性气体和粉尘。同时，厂房的朝向应避免朝西，或采取避阳措施，减少阳光照射使室温升高。在山区，应布置在迎风山坡一面，且通风良好的地方。

散发可燃气体、可燃蒸气和可燃粉尘的车间、装置等，应布置在厂区的全年主导风向的下风或侧风向。物质接触能引起燃烧、爆炸的，两建筑物或露天生产装置应分开布置，并应保持足够的安全距离。如氧气站空分设备的吸风口，应位于乙炔站和电石渣堆或散发其他碳氢化合物的部位全年主导风向的上风向，且两者必须不小于100~300m的距离，如制氧流程内设有分子筛吸附净化装置时，可减少到50m。

C　平面及空间布置

（1）厂房的平面形状不宜变化过多，一般应为矩形；面积也不宜过大。厂房内部尽量用防火、防爆墙分隔，以使在发生事故时缩小受灾范围。多层厂房的跨度不易大于18m，以便于设置足够多的泄压面积。

（2）有火灾爆炸危险的生产部门不应设在建筑物的地下室和半地下室内，以免发生事故时影响上层，同时不利于进行疏散与扑救。这些部门应设在单层厂房和多层厂房最顶层靠外墙处，如有可能，应尽量设在敞开和半敞开的建筑物内，以利于通风和防爆泄压，减少事故损失。

（3）厂房内应有良好的自然通风设备或机械通风。高大设备应布置在厂房中间，矮小设备可靠窗布置，以避免挡风。易爆生产设备在厂房应布置在当地全年主导风向的下风向的下风侧，并且使工人的操作部位处在上风侧，以保障职工的安全。

（4）易发生爆炸的设备，其上部应是轻质屋盖。设备的周围还应尽量避开建筑结构的主要承重部件；但如布置具有具体困难无法避开时，则对主梁或桁架等结构加强，以免里面发生事故时造成建筑物的倒塌，并且这样还能起到阻挡重大设备部件向外飞出的作用。

（5）厂房宜单独设置。如必须与非防爆厂房贴近时，只能一面贴邻，并在两者之间用防火墙或防爆墙隔开。相邻两厂房之间不应有门相通，如必须相互联系时，可利用外廊和阳台来通行；也可在中间的防火墙和防爆墙上作双斗门，斗门内的两个门应错开，以减少爆炸冲击波的影响。

（6）厂房内不应设置办公室、休息室、化验分析室等辅助用房。供本车间使用的辅助房可在厂房外贴邻，并且最多只能两面贴邻，贴邻部分还应用耐火极限不小于 3h 的非燃烧实体墙分隔。

6.3 建筑物防火间距

为了防止建筑物间的火势蔓延，各幢建筑物之间留出一定的安全距离即防火间距是非常必要的。这样能够避免或减少相邻建筑物受到火灾辐射热等的影响，防止火灾蔓延，并可提供疏散人员和灭火战斗的必要场地。

6.3.1 民用建筑之间的防火间距

民用建筑之间的防火间距不应小于表 6-6 的要求，并应注意以下几方面问题。

表 6-6 民用建筑的防火间距

耐火等级		防火间距/m			
		高层民用建筑 一、二级	裙房和其他民用建筑		
			一、二级	三级	四级
高层民用建筑 裙房和其他民用建筑	一、二级	13	9	11	14
	一、二级	9	6	7	9
	三级	11	7	8	10
	四级	14	9	10	12

（1）两座建筑相邻较高的一面的外墙为防火墙时，其防火间距不限。

（2）相邻的两座建筑物，较低一座的耐火等级不低于二级、屋顶不设天窗、屋顶承重构件的耐火极限不低于 1h，且相邻的较低一面外墙为防火墙时，其防火间距可适当减少，但不应小于 3.5m。

（3）相邻的两座建筑物，较低一座的耐火等级不低于二级，当相邻较高一面外墙的开口部位设有防火门窗或防火卷帘和水幕时，其防火间距可适当减少，但不应小于 3.5m。

（4）两座建筑相邻两面的外墙为非燃烧体，如无外露的燃烧体屋檐，当每面外墙上的门窗洞口面积之和不超过该外墙面积的 5%，且门窗口不正对开设时，其防火间距可按表 6-6 减少 25%。

（5）耐火等级低于四级的原有建筑物，其防火间距可按四级确定。

（6）数座一、二级耐火等级且不超过六层的住宅，如占地面积总和不超过 2500m²，可成组布置，但组内建筑之间的防火间距不宜小于 4m，组与组或组与相邻建筑之间的防火间距不应小于表 6-6 的规定。

（7）两座高层民用建筑相邻较高一面外墙为防火墙或比相邻较低一座建筑屋面高 15m 及以下范围内的墙为不开设门、窗洞口的防火墙时，其防火间距可不限。

（8）相邻的两座高层民用建筑，较低一座的屋顶不设天窗、屋顶承重构件的耐火极限不低于 1h，且相邻较低一面外墙为防火墙时，其防火间距可适当减小，但不宜小于 4m。

（9）相邻的两座高层民用建筑，当相邻较高一面外墙耐火极限不低于 2h，墙上开口部位设有甲级防火门、窗或防火卷帘时，其防火间距可适当减小，但不宜小于4m。

6.3.2 储罐和民用建筑及室外变配电站的防火间距

甲、乙、丙类液体储罐（区）和湿式可燃气体储罐与民用建筑物及室外变配电站的防火间距，不应小于表6-7的规定。并应注意：

（1）储罐的防火间距应从距建筑物最近的储罐外壁算起。

（2）当甲、乙、丙类液体储罐直埋时，表6-8的防火间距可减少50%。

（3）高层民用建筑与燃气调压站、液化石油气气化站、混气站和城市液化石油气供应站瓶库之间的防火间距应按《城镇燃气设计规范》（GB 50028）中的有关规定执行。

表6-7 建筑物与甲、乙、丙类液体储罐、湿式可燃气体储罐的防火间距

类别	储量 V/m³	一、二级		建筑裙房，单多层民用建筑	其他建筑			室外变配电站
		高层民用建筑	裙房，其他建筑		一、二级	三级	四级	
甲、乙类液体储罐（区）	1≤V<50	40	12	—	12	15	20	30
	50≤V<200	50	15	—	15	20	25	35
	200≤V<1000	60	20	—	20	25	30	40
	1000≤V<5000	70	25	—	25	30	40	50
丙类液体储罐（区）	5≤V<250	40	12	—	12	15	20	24
	250≤V<1000	50	15	—	15	20	25	28
	1000≤V<5000	60	20	—	20	25	30	32
	5000≤V<25000	70	25	—	25	30	40	40
湿式可燃气体储罐	V<1000	25	—	18	12	15	20	20
	1000≤V<10000	30	—	20	15	20	25	25
	10000≤V<50000	35	—	25	20	25	30	30
	50000≤V<100000	40	—	30	25	30	35	35
	100000≤V<300000	45	—	35	—	35	40	40

6.3.3 厂房和库房的防火间距

厂房的防火间距见表6-8。

表6-8 厂房之间的防火间距　　　　　　　　　　（m）

名　　称			甲类厂房	乙类厂房（仓库）			丙丁戊类厂房（仓库）			高层
			单多层	单多层		高层	单多层			高层
			一二级	一二级	三级	一二级	一二级	三级	四级	一二级
甲类厂房	单多层	一二级	12	12	14	13	12	14	16	13
乙类厂房（仓库）	单多层	一二级	12	10	12	13	10	12	14	13
		三级	14	12	14	15	12	14	16	15
	高层	一二级	13	13	15	13	13	15	17	13

续表 6-8

名　　称			甲类厂房	乙类厂房（仓库）			丙丁戊类厂房（仓库）			
			单多层	单多层		高层	单多层			高层
			一二级	一二级	三级	一二级	一二级	三级	四级	一二级
丙类厂房	单多层	一二级	12	10	12	13	10	12	14	13
		三级	14	12	14	15	12	14	16	15
		四级	16	14	16	17	14	16	18	17
	高层	一二级	13	13	15	13	13	15	17	13
丁戊类厂房	单多层	一二级	12	10	12	13	10	12	14	13
		三级	14	12	14	15	12	14	16	15
		四级	16	14	16	17	14	16	18	17
	高层	一二级	13	13	15	13	13	15	17	13

注：1. 防火间距应按相邻建筑物外墙的最近距离计算。如外墙有凸出的燃烧构件，则应从其凸出部分外缘算起（以后有关条文均同此规定）。

2. 两座厂房相邻较高一面的外墙为防火墙时，其防火间距不限，但甲类厂房之间不应小于 4m。

3. 两座一、二级耐火等级厂房，当相邻较低一面外墙为防火墙，且较低一座厂房的屋顶的耐火极限不低于 1h 时，其防火间距可适当减少，但甲、乙类厂房不应小于 6m，丙、丁、戊类厂房不应小于 4m。

4. 两座一、二级耐火等级厂房，当相邻较高一面外墙的门窗等开口部位设置甲级防火门窗或防火卷帘和水幕时，其防火间距可适当减少，但甲、乙类厂房不应小于 6m，丙、丁、戊类厂房不应小于 4m。

5. 两座丙、丁、戊类厂房相邻两面的外墙均为非燃烧体如无外露的燃烧体屋檐，应每面外墙上的门窗洞口面积之和均不超过该外墙面积的 5%，且门窗洞口不正对开设时，其防火间距可按本表减少 25%。

6. 耐火等级低于四级的原有厂房，其防火间距可按四级确定。

　　有火灾爆炸危险性的甲、乙类生产厂房应与周围建筑物按规定留出防火间距，其中与居民区建筑物的防火间距不能小于 25m，与重要公共建筑物的防火间距不应小于 50m。散发可燃气体、可燃蒸汽的甲类厂房与明火或散发火花的地点防火间距不应小于 30m。甲类物品库房的防火间距见表 6-9，其他类物品库房的防火间距见表 6-10。

表 6-9　甲类物品库房与建筑物的防火间距　　　　　　　　　　　（m）

建筑物名称		甲类仓库及其储量/t			
		甲类储存物品第 3、4 项		甲类储存物品第 1、2、5、6 项	
		≤5	>5	≤10	>10
高层民用建筑、重要公共建筑		—	—	50.0	—
裙房、其他民用建筑、明火或散发火花地点		30	40	25	30
甲类仓库		—	—	20.0	—
厂房和乙丙丁戊类仓库	一、二级	15	20	12	15
	三级	20	25	15	20
	四级	25	30	20	25
电力系统电压为 35~500kV 且每台变压器容量在 10MVA 以上的室外变、配电站		30	40	25	30

续表6-9

建筑物名称		甲类仓库及其储量/t			
		甲类储存物品第3、4项		甲类储存物品第1、2、5、6项	
		≤5	>5	≤10	>10
工业企业的变压器总油量大于5t的室外降压变电站					
厂外铁路线中心线				40.0	
厂内铁路线中心线				30	
厂外道路路边				30	
厂内道路路边	主要			10	
	次要			5	

注：甲类物品库房之间的防火间距不应小于20m，但本表第（3）、（4）项物品储量不超过2t，第（1）、（2）、（5）、（6）项物品储量不超过5t时，不应小于12m，甲类仓库与高层仓库之间的防火间距不应小于13m。

表6-10 乙、丙、丁、戊类物品库房的防火间距 （m）

建筑类型	耐火等级	单层、多层乙类仓库 一、二级	单层、多层乙类仓库 三级	单层、多层丙、丁、戊类仓库 一、二级	单层、多层丙、丁、戊类仓库 三级	单层、多层丙、丁、戊类仓库 四级	高层仓库 一二级 乙类	高层仓库 一二级 丙类	高层仓库 一二级 丁、戊类
单层、多层乙、丙、丁、戊类仓库	一、二级	10	12	10	12	14	13		
	三级	12	14	12	14	16	15		
	四级	14	16	14	16	18	17		
高层仓库裙房，单多层民用建筑	一、二级	13	15	13	15	17	13		
	一、二级	25		10	12	14	25		13
	三级			12	14	16			15
	四级			14	16	18			17
高层民用建筑	一类	50		丙类 20	25	25	50	20	15
				丁、戊类 15	18	18			
	二类	50		丙类 15	20	20		15	13
				丁、戊类 13	15	15			

注：1. 两座库房相邻较高一面外墙为防火墙，且总占地面积不超过表6-4一座库房的面积规定时，其防火间距不限。

2. 高层库房之间以及高层库房与其他建筑之间的防火间距应按本表增加3m。

3. 除乙类第6项物品外的乙类仓库，与民用建筑之间的防火间距不宜小于25.0m，与重要公共建筑之间的防火间距不宜小于30.0m，与铁路、道路等的防火间距不宜小于甲类仓库与铁路、道路等的防火间距。

6.3.4　防火间距不足时应采取的措施

由于场地等原因，防火间距难以满足国家有关消防技术规范的要求时，可根据建筑物的实际情况，采取以下措施：

（1）改变建筑物内的生产和使用性质，尽量降低建筑物的火灾危险性。改变房屋部分结构的耐火性能，提高建筑物的耐火等级。

（2）调整生产厂房的部分工艺流程，限制库房内储存物品的数量，提高部分构件的耐火性能和燃烧性能。

（3）将建筑物的普通外墙改造为实体防火墙。建筑物的山墙对建筑物的通风、采光影响小，设置的窗户少，可将山墙改为实体防火墙。

（4）拆除部分耐火等级低、占地面积小、适用性不强且与新建筑物相邻的原有陈旧建筑物。

（5）设置独立的室外防火墙等。

6.4　建筑物内的防火措施

在建筑物同一层内或竖向不同层之间分别划分防火分区，并结合采取一定的防火分隔措施，可以有效地控制火势的蔓延，有利于人员安全疏散和扑火救灾，从而达到减少火灾人员伤亡和财产损失的目的。

6.4.1　防火分区的划分

从防火角度看，防火分区划分得越小，越有利于建筑物的防火安全。但如果划分得过小，势必会影响建筑物的使用功能。防火分区的划分应根据建筑物的类型、使用用途、建筑物的耐火等级、可燃物的种类及数量、排烟设备以及报警、灭火设备的配备情况、人员疏散难易程度等情况进行综合考虑。

防火分区包括水平和竖向防火分区。

水平防火分区是指在同一水平面内，利用防火分隔物将建筑平面分为若干防火分区或防火单元。水平防火分区通常是由防火墙、防火卷帘、防火门及防火分隔水幕等防耐火非燃烧分隔物来达到防止火焰蔓延的目的。在实际设计中，当某些建筑的使用空间要求较大时，可以通过采用防火卷帘加水幕的方式，或者增设自动报警、自动灭火设备来满足防火安全要求。水平防火分区无论是对一般民用建筑、高层建筑、公共建筑，还是对厂房、仓库都是非常有效的防火措施。

不同耐火等级的民用建筑，其层数和防火分区面积应符合表6-11的规定。建筑层数应按建筑的自然层数计算。在应用表6-11时，建筑物高度和层数的计算应符合下列规定：

（1）建筑屋面为坡屋面时，建筑高度应为建筑室外设计地面至其檐口与屋脊的平均高度。

（2）建筑屋面为平屋面（包括有女儿墙的平屋面）时，建筑物高度应为建筑室外设计地面至其屋面面层的高度。

表 6-11 不同耐火等级建筑的允许建筑高度及防火分区最大允许建筑面积

名称	耐火等级	允许建筑高度或层数	防火分区的最大允许建筑面积/m²	备注
高层民用建筑	一二级	①	1500	对于体育馆、剧院的观众厅，防火分区的最大允许建筑面积可适当增加
单、多层民用建筑	一、二级	②	2500	
	三级	5层	1200	
	四级	2层	600	

注：独立建造的一二级耐火等级老年人照料设施的建筑高度不宜大于 32m，不应大于 54m；独立建造的三级耐火等级的老年人照料设施，不应超过 2 层。

① 住宅建筑的建筑高度大于 27m，公共建筑的建筑高度大于 24m。

② 住宅建筑的建筑高度不超过 27m；单层公共建筑或其他公共建筑的建筑高度不超过 24m。

（3）同一座建筑有多种形式的屋面时，建筑高度应按上述方法分别计算后，取其中最大值。

（4）对于台阶式地坪，当位于不同高程地坪上的同一建筑之间有防火墙分隔，各自有符合规定的安全出口，且可沿建筑的两个长边设置贯通式或尽头式消防车道时，可分别计算自己的建筑高度。否则，应按其中建筑高度最大者确定该建筑的建筑高度。

（5）局部突出屋顶的瞭望塔、冷却塔、水箱间、微波无线间或设施、电梯机房、排风和排烟机房以及楼梯出口小间等辅助用房占屋面面积不大于 1/4 者，可不计入建筑高度。建筑屋顶上突出的局部设备用房、出屋面的楼梯间等可不计入建筑层数。

（6）对于住宅建筑，设置在底部且室内高度不大于 2.2m 的自行车库、储藏室、敞开空间，室内外高差或建筑的地下室或半地下室的顶板面高出室外设计地面不超过 1.5m 的部分，可不计入建筑高度和层数。

建筑内设置自动灭火系统时，每层最大允许建筑面积可按表 6-11 增加一倍。局部设置时，增加面积可按该局部面积一倍计算。

地下、半地下建筑内的防火分区间应采用防火墙分隔，每个防火分区的建筑面积不应大于 500m²。当设置自动灭火系统时，每个防火分区的最大允许建筑面积可增加到 1000m²。局部设置时，增加面积应按该局部面积的一倍计算。设备用房的防火分区最大允许建筑面积不应大于 1000m²。

一二级耐火等级建筑内的商业营业厅、展览厅等，当设有火灾自动报警系统和自动灭火系统，且采用不燃烧或难燃烧材料装修时，设置在高层建筑内的地上部分防火分区的允许最大建筑面积为 4000m²，设置在单层建筑或设置在多层建筑的首层内时，不应大于 10000m²，设置在地下部分防火分区的允许最大建筑面积为 2000m²。

建筑物室内火灾不仅可以在水平方向上蔓延，而且还可以通过建筑物楼板缝隙、楼梯间等各种竖向通道向上部楼层延烧，可以采用竖向防火分区方法阻止火势竖向蔓延。竖向防火分区指上、下层分别用耐火极限不低于 1.5h 或 1.00h 的楼板等构件进行防火分隔。一般来说，竖向防火将每一楼层作为一个防火分区。对住宅建筑而言，上下楼板大多为非燃烧体的钢筋混凝土板，它完全可以阻止火灾的蔓延，可以起到防火分区的作用。建筑内如设有上下层相连通的走廊、自动扶梯等开口部位时，其防火分区的建筑面积应按上、下层相连通的建筑面积叠加计算；当叠加计算后的建筑面积大于表 6-11 的规定时，应划分防火分区。

划分防火分区时，必须结合建筑物的平面形状、使用功能、人流及货流情况妥善确定防火分隔物的具体位置。图6-5为北京长城饭店防火分区示意图。

根据长城饭店的平面形状及三翼围绕塔楼的布置特点，将各标准层划分为四个防火分区，各区之间设置钢质防火门，此门平时以电磁开关吸附贴在走道两侧的墙上，当传感器发出火警讯号后，由消防控制中心控制盘自动关闭。控制盘显示所在位置，其上还设有手动关闭装置。图6-6为一饭店新楼，标准层面积2800m^2，结合防震缝和平面设计，用防火墙和甲级防火门划分为三个面积不等的防火分区。

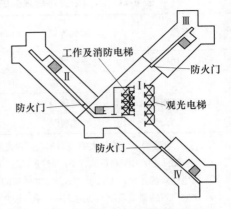

图6-5　长城饭店防火分区示意图

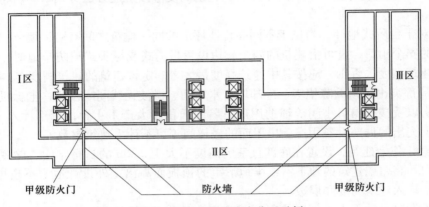

图6-6　某饭店新楼防火分区示例

6.4.2　防火分隔设施

6.4.2.1　防火墙

防火墙是水平防火分区的主要防火分隔物。一般来讲，防火墙的耐火极限都应在3h以上。设置防火墙时，其构造部分的处理，应满足以下基本要求：

（1）防火墙应直接设置在建筑的基础或框架、梁等承重结构上，框架、梁等承重结构的耐火极限不应低于防火墙的耐火极限。

（2）防火墙应从楼地面基层隔断至梁、楼板或屋面板的底面基层。当高层厂房（仓库）屋顶承重结构和屋面板的耐火极限低于1.00h，其他建筑屋顶承重结构和屋面板的耐火极限低于0.5h时，防火墙应高于屋面0.50m以上。

当建筑物的屋盖为耐火极限不低于0.5h的非燃烧体、高层工业建筑屋盖为耐火极限不低于1h的非燃烧体时，防火墙（包括纵向防火墙）可砌至屋面基层的底部，不高出屋面。

（3）建筑外墙为难燃性或可燃性墙体时，防火墙应凸出墙的外表面0.4m以上，且防火墙两侧的外墙均应为宽度均不小于2.0m的不燃性墙体，其耐火极限不应低于外墙的耐火极限。

建筑外墙为不燃性墙体时，防火墙可不凸出墙的外表面，仅靠防火墙两侧的门窗洞口之间最近边缘的水平距离不应小于 2.0m；采用设置乙级防火窗等防止火灾水平蔓延的措施时，该距离不限。

（4）防火墙上不应开门窗洞口，确须开设时，应设置不可开启或火灾时能自动关闭的甲级防火门窗。

考虑到防火墙的防火安全，防火墙内部不应设置排气道，应严禁煤气、氢气、天然气等可燃气体和甲、乙、丙类液体管道穿过防火墙。其他管道亦不宜穿过防火墙，如必须穿过时，应用非燃烧材料将缝隙紧密填塞。穿过防火墙处的管道保温材料，应采用不燃烧材料。当管道为难燃及可燃材料时，应在防火墙两侧的管道上采取防火措施。

（5）为了防止火势从一个防火分区通过窗口烧到另一个防火分区，不应在 U 型、L 型建筑的转角处设置防火墙。如设在转角附近，内转角两侧上的门窗洞口之间最近边缘的水平距离不应小于 4m。采用设置乙级防火窗等防止火灾水平蔓延的措施时，该距离不限。

（6）设计防火墙的构造时，应能在防火墙任意一侧的屋架、梁、楼板等受到火灾的影响而破坏时，不致使防火墙倒塌。

6.4.2.2 防火门

防火门是一种防止火灾蔓延的有效的防火分隔物。建筑内设置防火门的部位，一般为火灾危险性大或者性质重要房间的门以及防火墙、楼梯间及前室上的门等。因此，防火门的设置既要能保持建筑防火分隔的完整性，其开启方式、开启方向等均要保证在紧急情况下人员能快捷开启，不会导致阻塞。设置在建筑内经常有人通行处的防火门宜采用常开防火门。常开防火门应能在发生火灾时自行关闭，并应具有信号反馈的功能。除允许设置常开防火门的位置外，其他位置的防火门应采用常闭防火门，并应在其明显位置设置"保持防火门关闭"等提示标识。除管道检修井和住宅的户门外，防火门应具有自行关闭功能，双扇防火门应具有按顺序自行关闭的功能。防火门关闭后应具有防烟性能。设置在建筑变形缝附近时，防火门应设置在楼层较多的一层，并应保证防火门开启时门扇不跨越变形缝。

现行国家标准《防火门》（GB 12955—2015）按照耐火极限不同，防火门可分为甲、乙、丙三级；按照隔热性能，分为隔热防火门（A 类）、部分隔热防火门（B 类）、非隔热防火门（C 类）三类。防火门按耐火性能的分类及代号见表 6-12。

表 6-12 防火门分类、分级及耐火性能

名称	耐火性能	代号	名称	耐火性能	代号
隔热防火门（A 类）	耐火隔热性≥0.50h 耐火完整性≥0.50h	A0.5（丙级）	部分隔热 耐火隔热防火门（B 类）热性≥0.50h	耐火完整性≥1.00h	B1.00
	耐火隔热性≥1.00h 耐火完整性≥1.00h	A1.00（乙级）		耐火完整性≥1.50h	B1.50
	耐火隔热性≥1.50h 耐火完整性≥1.50h	A1.50（甲级）		耐火完整性≥2.00h	B2.00
	耐火隔热性≥2.00h 耐火完整性≥2.00h	A2.00		耐火完整性≥3.00h	B3.00
	耐火隔热性≥3.00h 耐火完整性≥3.00h	A3.00	非隔热防火门（C 类）	耐火完整性≥1.00h	C1.00
				耐火完整性≥1.50h	C1.50
				耐火完整性≥2.00h	C2.00
				耐火完整性≥3.00h	C3.00

防火门作为一种防火分隔物，不仅应具有一定的耐火极限，还应做到关闭后密封性能好，以免窜烟、窜火，而丧失防止火灾蔓延的作用。因此，宜在门扇与框架缝隙处粘贴防火膨胀胶条。

6.4.2.3　防火卷帘

防火卷帘广泛应用于大型营业厅、展览大厅以及敞开式楼梯间或电梯间处的防火分隔。火灾发生时，放下卷帘，可起到一定的阻火作用，延缓火灾的蔓延速度，以利于人员的安全疏散和消防救助。

防火卷帘有适用于门窗洞口、室内分隔的上下开启和横向开启式，亦有适用于楼板孔道等的水平开启式。除中庭外，当防火分隔部位的宽度不大于 30m 时，防火卷帘的宽度不应大于 10m；当防火分隔部位的宽度大于 30m 时，防火卷帘的宽度不应大于该部位宽度的1/3，且不应大于 20m。

安装防火卷帘时，对门扇各接缝处、导轨、卷筒等处缝隙，应作防火密封处理，以防烟火外窜。防火卷帘与楼板、梁、墙、柱之间的空隙应采用防火封堵材料封堵。对门扇上易被燃烧部分，应使用防火涂料进行喷涂，以提高卷帘的耐火能力。

防火卷帘应具有火灾时靠自重自动关闭的功能。需在火灾时自动降落的防火卷帘，应具有信号反馈的功能。

6.4.2.4　中庭的防火分隔

中庭是在大型建筑内部、以上下楼层贯通的大空间为核心并营造出具有室外自然环境美的室内共享空间。中庭的短边（半径）长度不小于 6m，横截面积不小于 $100m^2$，共享层数不小于 3 层，并带有顶盖。中庭的高度不等，有的与建筑物同高，有的则在建筑物的上部或下部。中庭建筑大致可分为长廊式、封闭式、回廊式和互通式。长廊式中庭两侧面是半室外化敞开的，其显著特点是内部空间具有对流的自然风。回廊式和互通式中庭通过回廊或中庭内部空间直接与其周围的房间发生空间上的联系。各种形式中庭上下左右贯通的大空间，加剧了中庭空间烟囱效应所造成的火焰和烟气的蔓延。一旦中庭起火，将涉及多个楼层，极易形成立体火灾，给人员疏散和灭火救灾造成很大的难度，给防火设计提出了许多新的课题。

建筑内设置中庭时，其防火分区的建筑面积应按上、下层相连通的建筑面积叠加计算；当叠加计算后的建筑面积大于表 6-13 的规定时，应符合下列规定：

（1）与周围连通空间应进行防火分隔：采用防火隔墙时，其耐火极限不应低于1.00h；采用防火玻璃墙时，其耐火隔热性和耐火完整性不应低于 1.00h，采用耐火完整性不低于 1.00h 的非隔热性防火玻璃墙时，应设置自动喷水灭火系统进行保护；采用防火卷帘时，其耐火极限不应低于 3.00h，并应符合建筑防火设计规范 6.5.3 条的规定。

（2）与中庭相连通的门窗，应采用火灾时能自行关闭的甲级防火门、窗。

（3）高层建筑内的中庭回廊应设置自动喷水灭火系统和火灾自动报警系统，并与排烟设备和防火门联锁控制。

（4）中庭应设置排烟设施。

（5）中庭内不应布置可燃物。

在进行防火分隔设计时，若有自动扶梯，也应将上下贯通的各层作为一个防火分区处理。为了满足防火分区扩大的需要，我国常采用的措施有两种，一种是在自动扶梯开口周边设置与防火墙耐火极限相当的分隔物，如软质隔热性卷帘、复合型防火玻璃等；另一种是在自动扶梯处加钢质卷帘及水幕保护，以达到阻止火灾蔓延的效果。如北京国际贸易中心和长富宫饭店的自动扶梯就采用了这种方法。设防火卷帘的地方，宜在卷帘旁设一扇平开甲级防火门，以利于疏散，见图 6-7。

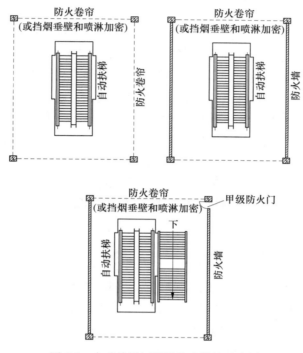

图 6-7　自动扶梯四周设防火设施示意图

6.4.2.5　特殊部位的防火分隔

在烟囱效应作用下，建筑中的各种竖向管井，不仅是火势上下蔓延的主要途径，而且是烟气蔓延的通道，若防火分隔不当或未作适当防火处理，高温烟火会迅速传播扩大，造成扑救困难，严重危及人身安全，增大火灾损失。2009 年 2 月 9 日晚，在建的中央电视台电视文化中心（又称央视新址北配楼）发生特大火灾，是由于燃放的大型高射炮礼花弹爆炸后的高温星体落入文化中心建筑顶部擦窗机检修孔内，引燃检修通道内壁的易燃材料，引发大火。因此，对建筑物中的这些容易形成烟囱效应的各种通道的建筑构造应严格要求，具体应采取以下防火措施：

垃圾道宜靠外墙设置，不应设在楼梯间内，垃圾道的排气口应直接开向室外。垃圾斗应采用不燃烧材料制作，并能自行关闭，以防垃圾道内易燃物被引燃导致火灾蔓延。

电梯是重要的垂直交通工具，电梯井一般都与电梯厅、走道及其他房间相通，若在其中设有可燃气体和易燃、可燃液体、电线（缆），一旦失火会威胁其他管井及整个建筑的安全。电梯井应独立设置，井内严禁敷设可燃气体和甲、乙、丙类液体管道，并不应敷设与电梯无关的电缆、电线等。电梯井井壁除开设电梯门洞和通气孔洞外，不应开设其他洞口。电梯井门的耐火极限不应低于 1.00h，并应符合国家标准《电梯层门耐火试验 完整性、隔热性和热通量测定法》（GB/T 27903）规定的完整性和隔热性要求。

电缆井、管道井、排烟道、排气道、垃圾道等竖向管道井，应分别独立设置，其井壁应采用耐火极限不低于 1h 的不燃烧体。井壁上的检查门应采用丙级防火门。建筑内的电梯井、管道井应在每层楼板处采用不低于楼板耐火极限的不燃材料或防火封堵材料封堵。建筑内的电梯井、管道井与房间、走道等相连通的孔隙应采用不燃材料或防火封堵材料封堵。

建筑物的伸缩缝、沉降缝、抗震缝等各种变形缝是火灾蔓延的途径之一，尤其纵向变形缝具有很强的烟囱效应，为此，必须作好防火处理。变形缝的基层应采用不燃烧材料，其表面装饰层宜采用不燃烧材料，严格限制使用可燃材料。变形缝内不准敷设电缆、可燃气体管道和甲、乙、丙类液体管道。如上述电缆、管道需穿越变形缝时，应在穿过处加不燃材料套管保护，并在孔隙处用不燃材料严密填塞。

冷库、低温环境生产场所采用泡沫塑料等可燃烧材料作墙体内的隔热层时，宜采用不燃烧绝热材料在每层楼板处做水平防火分隔。防火分隔部位的耐火极限不应低于楼板的耐火极限。冷库阁楼层和墙体的可燃绝热层宜采用不燃性墙体分隔。冷库、低温环境生产场所采用泡沫塑料作内绝热层时，绝热层的燃烧性能不应低于 B1 级，且绝热层的表面应采用不燃材料做防护层。

6.4.3　建筑围护结构的防火措施

近年来，由于外墙保温材料和玻璃幕墙等外墙装饰起火导致的重大火灾事故频发，造成了严重的人员伤亡和财产损失。例如，2010 年 11 月 15 日造成 58 人死亡，71 人受伤的上海静安寺教师公寓特别重大火灾事故，其直接原因是焊工无证上岗，违章操作，且现场无防护措施，电焊溅落的金属熔融物引燃下方脚手架防护平台上堆积的聚氨酯保温材料碎块、碎屑引发的。2011 年 2 月 3 日 0 时，沈阳皇朝万鑫国际大厦 A 座住宿人员李某、冯某某等二人，在位于沈阳皇朝万鑫国际大厦 B 座室外南侧停车场西南角处（与 B 座南墙距离 10.8m，与西南角距离 16m），燃放两箱烟花，引燃 B 座 11 层 1109 房间南侧室外平台地面塑料草坪，塑料草坪被引燃后，引燃铝塑板结合处可燃胶条、泡沫棒、挤塑板，火势迅速蔓延、扩大，致使建筑外窗破碎，引燃室内可燃物，形成大面积立体燃烧。因此，应加强对建筑保温材料及围护结构的防火技术和管理措施。

6.4.3.1　建筑保温材料的防火措施

建筑的内外保温系统，宜采用燃烧性能为 A 级的保温材料，不宜采用 B2 级保温材料，严禁采用 B3 级保温材料。

建筑外墙采用内保温系统时，保温系统应符合下列规定：

（1）对于人员密集场所，用火、燃油、燃气等具有火灾危险性的场所以及各类建筑内的疏散楼梯间、避难走道、避难间、避难层等场所或部位，应采用燃烧性能为 A 级的保温材料。

（2）对于其他场所，应采用低烟、低毒且燃烧性能不低于 B1 级的保温材料。

（3）保温系统应采用不燃材料做防护层。采用燃烧性能为 B1 级的保温材料时，防护层的厚度不应小于 10mm。

建筑外墙采用保温材料与两侧墙体构成无空腔复合保温结构体时，该结构体的耐火极限应符合下列规定：

（1）对于住宅建筑：

1）当建筑高度大于 100m 时，保温材料的燃烧性能应为 A 级。

2）建筑高度大于 27m，但不大于 100m 时，保温材料的燃烧性能不应低于 B1 级。

3）建筑高度不大于 27m 时，保温材料的燃烧性能不应低于 B2 级。

（2）除住宅建筑和设置人员密集场所的建筑外，其他建筑：

1）当建筑高度大于 50m 时，保温材料的燃烧性能应为 A 级。

2）建筑高度大于 24m，但不大于 50m 时，保温材料的燃烧性能不应低于 B1 级。

3）建筑高度不大于 24m 时，保温材料的燃烧性能不应低于 B2 级。

除人员密集场所的建筑外，与基层墙体、装饰层之间有空腔的建筑外墙外保温系统，其保温材料应符合下列规定：

（1）当建筑高度大于 24m 时，保温材料的燃烧性能应为 A 级。

（2）建筑高度不大于 24m 时，保温材料的燃烧性能不应低于 B1 级。

当保温材料的燃烧性能为 B1、B2 级时，保温材料两侧的墙体应采用不燃材料且厚度不应小于 50mm，且应符合下列规定：

（1）除采用 B1 级保温材料且建筑高度不大于 24m 的公共建筑或采用 B1 级保温材料且建筑高度不大于 27m 的住宅建筑外，建筑外墙上门窗的耐火完整性不应低于 0.5h。

（2）应在保温系统中每层设置采用燃烧性能为 A 级的水平防火隔离带，且其高度不应小于 300mm。

6.4.3.2 建筑外窗的防火措施

建筑外墙上、下层开口之间应设置高度不小于 1.2m 的实体墙进行防火分隔。当室内设置自动喷水灭火系统时，上下层开口之间的实体墙高度不应小于 0.8m。如果不能满足上述要求时，可采用增设挑檐的方式进行竖向防火。挑檐宽度应不小于 1.0m，长度不小于开口宽度。如图 6-8 所示。

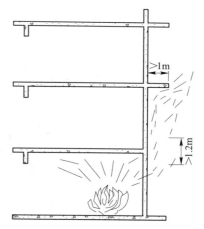

图 6-8 窗口部位的隔火解决方案

6.4.3.3 玻璃幕墙的防火措施

玻璃幕墙是由金属构件和玻璃板组成的建筑外墙面围护结构。作为一种新型的建筑构件，玻璃幕墙以其自重轻、光亮、明快、挺拔、美观、装饰艺术效果好等优点，自 20 世纪 70~80 年代以来，被大量地应用在高层建筑之中。玻璃幕墙多采用全封闭式，分明框、半明框和隐框玻璃幕墙三种。构成玻璃幕墙的材料主要有：钢/铝合金、玻璃、不锈钢和粘接密封剂。幕墙上的玻璃常采用热反射玻璃、钢化玻璃等。这些玻璃强度高，但耐火性能差，一般幕墙玻璃在 250℃ 左右即会炸裂、脱落，使大面积的玻璃幕墙成为火势向上蔓延的重要途径。另一方面，由于建筑构造的要求，垂直的玻璃幕墙与水平楼板之间留有较大的缝隙，若对其没有进行密封或密封不好，火焰烟气就会由此向上扩散，造成蔓延。为了防止建筑发生火灾时通过玻璃幕墙造成大面积蔓延，在设置玻璃幕墙时应符合下列规定：

（1）窗间墙、窗槛墙（窗下墙）的玻璃幕墙，其填充材料应采用岩棉、矿棉、玻璃棉、硅酸铝棉等不燃烧材料。当其外墙面采用耐火极限不低于 1h 的不燃烧体时，其墙内封底材料可采用难燃烧材料，如 B1 级的泡沫塑料等。

（2）无窗间墙、窗槛墙（窗下墙）的玻璃幕墙，应在每层楼板外沿设置耐火极限不低于 1h、高度不低于 0.8m 的不燃烧实体裙墙。还可在建筑幕墙内侧每层设置自动喷水系统保护，其喷头间距宜在 1.8～2.2m 之间，见图 6-9。

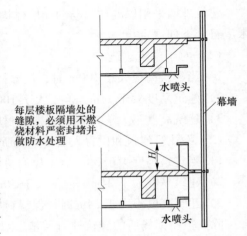

图 6-9　建筑幕墙加装自动喷水灭火系统保护示意图

（3）玻璃幕墙与每层楼板、隔墙处的缝隙，应采用防火封堵材料。

当幕墙遇到防火墙时，应遵循防火墙设置的要求。防火墙应与其框架连接，不应与玻璃直接连接。

6.5　建筑物的防烟分隔

6.5.1　防烟分区的划分原则

防烟分区是指以屋顶挡烟隔板、挡烟垂壁或结构梁为界，从地板到屋顶或吊顶之间的规定空间。防烟分区的合理划分，主要是保证在一定时间内，使火场上产生的高温烟气不致随意扩散，并进而加以排除，使人员避难空间的烟气层高度和烟气浓度处在安全允许范围内，进而达到控制火势蔓延和减小火灾损失的目的。

设置防烟分区时，如果面积过大，会使烟气波及面积扩大，增加受灾面，不利于安全疏散和扑救；如面积过小，不仅影响使用，还会提高工程造价。根据《建筑设计防火规范》的规定，防烟分区的划分，应遵循下列原则：

（1）防烟分区不应跨越防火分区，防火分区和防烟分区的关系见图 6-10。

（2）上、下层之间应该是两个不同防烟分区，防止烟气向上层蔓延，给人员疏散和火灾扑救带来不利。在敞开楼梯和自动扶梯穿越楼板的开口部位应设置挡烟垂壁或卷帘，以阻挡烟气向上层蔓延。

（3）公共建筑、工业建筑防烟分区的最大允许面积及其长边最大允许长度应符合表 6-13 的规定，当工业建筑采用自然排烟系统时，其防烟分区的长边长度尚不应大于建筑内空间净高的 8 倍。

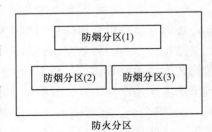

图 6-10　防火分区和防烟分区的关系

表6-13　公共建筑、工业建筑防烟分区的最大允许面积及其长边最大允许长度

空间净高 H/m	最大允许面积/m²	长边最大允许长度/m
$H \leqslant 3.0$	500	24
$3.0 < H \leqslant 6.0$	1000	36
$H > 6.0$	2000	60m；具有自然对流条件时，不应大于75m

注：1. 公共建筑、工业建筑中的走道宽度不大于2.5m时，其防烟分区的长边长度不应大于60m。

2. 当空间净高大于9m时，防烟分区之间可不设置挡烟设施。

3. 汽车库防烟分区的划分及其排烟量应符合现行国家规范《汽车库、修车库、停车场设计防火规范》（GB 50067）的相关规定。

（4）挡烟垂壁等挡烟分隔设施的深度不应小于以下规定的储烟仓厚度：

1）当采用自然排烟方式时，储烟仓的厚度不应小于空间净高的20%，且不应小于500mm。

2）当采用机械排烟时，不应小于空间净高的10%，且不应小于500mm。

同时储烟仓底部距地面的高度应大于安全疏散所需的最小清晰高度。走道、室内空间净高不大于3m的区域，其最小清晰高度不宜小于其净高的1/2，其他区域的最小清晰高度（见图6-11）应按下式计算：

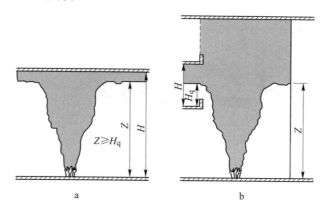

图6-11　最小清晰高度示意图

$$H_q = 1.6 + 0.1H' \qquad (6\text{-}2)$$

式中　H_q——最小清晰高度，m；

H'——对于单层空间，取排烟空间的建筑净高度，m；对于多层空间，取最高疏散楼层的层高，m。

（5）对于一些重要的、大型的综合性高层建筑，尤其是超高层建筑，为保证建筑物内的所有人员在发生火灾时能安全脱险，需设置专门的避难层或避难间，而且，避难层或避难间应单独划分防烟分区，并设独立的防排烟设施。

（6）疏散楼梯间及其前室和消防电梯间及其前室作为人员疏散和火灾扑救的主要通道，应单独划分防烟分区并设独立的防排烟设施。

6.5.2　防烟分区的划分方法

防烟分区一般根据建筑物的种类和要求不同，可按其用途、面积、楼层划分：

（1）按用途划分。对于建筑物的各个部分，按其不同的用途，如厨房、卫生间、起居室、客房及办公室等，来划分防烟分区比较合适，也较方便。国外常把高层建筑的各部分划分为居住或办公用房、疏散通道、楼梯、电梯及其前室、停车库等防烟分区。但按此种方法划分防烟分区时，应注意在通风空调管道、电气配管、给排水管道等穿墙和楼板处，应用不燃烧材料填塞密实。

（2）按面积划分。在建筑物内按面积将其划分为若干个基准防烟分区，这些防烟分区在各个楼层，一般形状相同、尺寸相同，用途相同。不同形状和用途的防烟分区，其面积也宜一致。每个楼层的防烟分区可采用同一套防排烟设施。如所有防烟分区共用一套排烟设备时，排烟风机的容量应按最大防烟分区的面积计算。图 6-12 为典型商场防烟分区的划分示意图。

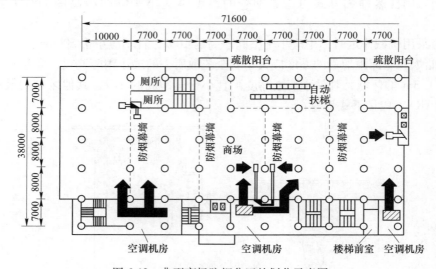

图 6-12　典型商场防烟分区的划分示意图

（3）按楼层划分。从防排烟的观点看，在进行建筑设计时应特别注意的是垂直防烟分区，尤其是对于建筑高度超过 100m 的超高层建筑，可以把一座高层建筑按 15～20 层分段，一般是利用不连续的电梯井在分段处错开，楼梯间也做成不连续的，这样处理能有效地防止烟气无限制地向上蔓延，对超高层建筑的安全是十分有益的。

在高层建筑中，底层部分和上层部分的用途往往不太相同，如高层旅馆建筑，底层布置餐厅、接待室、商店、会计室、多功能厅等，上层部分多为客房。因此，应尽可能根据房间的不同用途沿垂直方向按楼层划分防烟分区。图 6-13a 为典型高层旅馆防烟分区的划分示意图，该设计把底层公共设施部分和高层客房部分严格分开。图 6-13b 为典型高层办公楼防烟分区的划分示意图。从图中可以看出，地下商场是沿垂直方向按楼层划分防烟分区的，地上部分则是沿水平方向划分防烟分区的。

6.5.3　挡烟垂壁

挡烟垂壁是一种以阻碍方式防烟的装置，这种装置用不燃材料制成，常常设置在烟气扩散流动路线上烟气控制区域的分界处，有时也在同一防排烟分区内采用，以便和排烟设

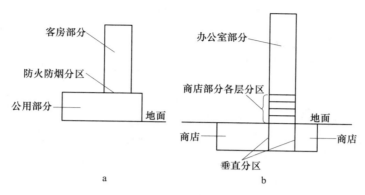

图 6-13　楼层防烟分区的设计实例

a—旅馆；b—高层办公大楼

备配合进行更有效的排烟。

挡烟垂壁是从顶棚、梁或吊顶上垂直向下吊装的一道幕墙，其下垂高度 h_0 一般距顶棚面要在 50cm 以上，称为有效高度，见图 6-14。当室内发生火灾时，所产生的烟气由于浮力作用而积聚在顶棚下面，随着时间的推移，烟层越来越厚。当烟层厚度小于挡烟垂壁的有效高度 h_0 时，烟气就被阻挡在垂壁和墙壁所包围的区域内而不能向外扩散。有时，即使烟气层的厚度小于挡烟垂壁的有效高度 h_0，当烟气流动速度高到一定程度时，流动的烟层能克服浮力作用而越过垂壁的下端，当挡烟垂壁的有效高度 h_0 小于烟气层的厚度或流动烟层的厚度 h 与其下降高度 Δh 之和时，挡烟垂壁防烟失效，见图 6-15。所以，在许多情况下，垂壁往往不是单独使用，而是与排烟设施同时使用，它作为排烟的辅助设施，可有效地提高排烟的效果。

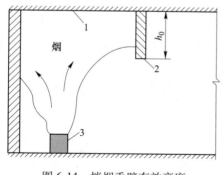

图 6-14　挡烟垂壁有效高度

1—楼板；2—挡烟垂壁；3—火源

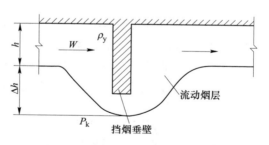

图 6-15　流动烟层克服浮力越过垂壁

下端造成挡烟垂壁失效

挡烟垂壁有固定式和活动式两种。对于人们经常活动的场所，或当建筑物的顶棚较低时，采用固定式垂壁是不适宜的。活动式垂壁平时是紧贴或收缩在顶棚面上或顶棚内，火灾发生时，与感烟探测器等联动而下垂到顶棚面下一定的高度，其下端离地面的高度应不低于安全疏散所需的最小清晰高度。活动挡烟垂壁应具有火灾自动报警系统自动启动和现场手动启动功能，当火灾确认后，火灾自动报警系统应在 15s 内联动相应防烟分区的全部活动挡烟垂壁，60s 以内挡烟垂壁应开启到位。

从结构上看，活动式垂壁有转动式和起落式两种，见图 6-16 和图 6-17。

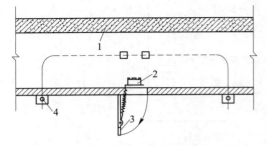 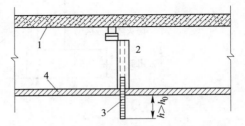

图 6-16　转动式活动挡烟垂壁示意图　　　　　图 6-17　起落式活动挡烟垂壁示意图
1—楼板；2—开关控制器；3—垂壁；4—感烟探测器　　　1—楼板；2—垂壁；3—滑槽；4—顶棚

挡烟垂壁的设置应与顶棚的构造相适应，相应的设置要求如下：

（1）顶棚高度不同时，挡烟垂壁的下垂有效高度 h_y 应从较低的顶棚面上起算，对地上建筑物 $h_y \geqslant 50\text{cm}$；对地下建筑物 $h_y \geqslant 80\text{cm}$，如图 6-18 所示。

（2）顶棚材料为易燃材料时，挡烟垂壁的下垂有效高度 h_y 仍然按顶棚面起算，但垂壁应向上延伸到楼板上，使顶棚内实现隔烟，如图 6-19 所示。

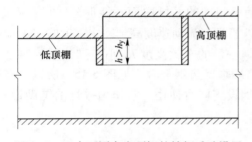 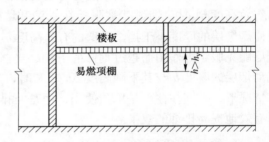

图 6-18　配合不同高度顶棚的挡烟垂壁设置　　　图 6-19　配合易燃顶棚的挡烟垂壁设置

（3）顶棚材料为难燃或非燃材料时，挡烟垂壁无须向上延伸到楼板上，其下垂有效高度 h_y 按顶棚面起算，如图 6-20 所示。

（4）对于格栅式顶棚，由于顶棚本身不隔烟，所以挡烟垂壁应该设置在顶棚内，其下垂有效高度应从楼板底面起算，如图 6-21 所示。

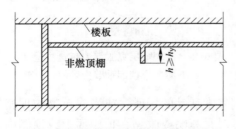 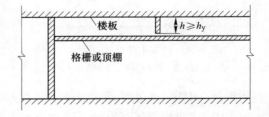

图 6-20　非燃难燃顶棚的挡烟垂壁设置　　　　图 6-21　格栅顶棚的挡烟垂壁设置

（5）如在顶棚某处下垂一梁式构造，其高度超过挡烟垂壁的有效高度 h_y，而宽度小于顶棚总宽度的十分之一，这种垂梁可视为挡烟垂壁，又称为挡烟梁，见图 6-22。

需要注意的是，相对于同一顶棚面来说，若干挡烟垂壁下垂的高度不同时，尽管每个挡烟垂壁的下垂高度都超过了有效高度 h_y，但并不意味着任何两个挡烟垂壁之间都能构成有效的防排烟分区。总的原则是下垂高度小的挡烟垂壁之间所构成的防排烟分区内不应包含下垂高度较大的挡烟垂壁，否则，这个分区是无效的。见图 6-23。

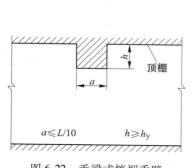

图 6-22 垂梁式挡烟垂壁

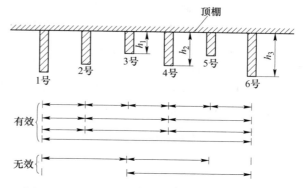

图 6-23 不同下垂高度挡烟垂壁构成的防烟分区

6.6 烟气的控制技术

为达到在火灾初期阶段最大程度降低人员伤亡和财产损失的目的，对火灾烟气的产生和运动进行控制是关键。一个设计良好、工作正常的防排烟体系，能将火场热量的 70%~80%排走，避免和减少火势的蔓延，同时将烟气控制在一定区域，保证疏散路线的畅通。控制烟雾有防烟和排烟两种方式，防烟是防止烟的进入，是被动的措施；排烟是积极改变烟气的流向，使之排出户外，是主动的措施，两者互为补充。

6.6.1 防排烟系统的设置原则

《建筑设计防火规范》（GB 50016—2014）（2018 版）明确规定建筑排烟设施的设计应遵循以下一般原则：

（1）建筑排烟系统的设计应根据建筑的使用性质、平面布局等因素，优先采用自然排烟系统。

（2）同一个防烟分区应采用同一种排烟方式。

（3）建筑的中庭应设置排烟设施。

（4）与中庭相连通的周围场所应按现行国家标准《建筑设计防火规范》（GB 50016—2014）（2018 版）中的规定设置排烟设施。

（5）与中庭相连通的周围场所各房间均设置排烟设施时，回廊可不设，但商店建筑的回廊应设置排烟设施；当周围场所任一房间未设置排烟设施时，回廊应设置排烟设施。

（6）当中庭与周围场所未采用防火隔墙、防火玻璃隔墙、防火卷帘时，中庭与周围场所之间应设置挡烟垂壁。

下列地上建筑或部位，当设置机械排烟系统时，尚应按《建筑防烟排烟系统技术标准》第 4.4.14 条~第 4.4.16 条的要求在外墙或屋顶设置固定窗：

（1）任一层建筑面积大于 2500m² 的丙类厂房（仓库）。

（2）任一层建筑面积大于 3000m² 的商店建筑、展览建筑及类似功能的公共建筑。

（3）总建筑面积大于 1000m² 的歌舞、娱乐、放映、游艺场所。

（4）商店建筑、展览建筑及类似功能的公共建筑中长度大于 60m 的走道。

（5）靠外墙或贯通至建筑屋顶的中庭。

除洁净厂房外，设置机械排烟系统的任一层建筑面积大于 2000m² 的制鞋、制衣、玩具、塑料、木器加工储存等丙类工业建筑，可采用可熔性采光带（窗）替代固定窗，可熔性采光带（窗）的有效面积应按其实际面积计算，且其面积应符合下列规定：

（1）未设置自动喷水灭火系统的或采用钢结构屋顶或预应力钢筋混凝土屋面板的建筑，不应小于楼地面面积的 10%。

（2）其他建筑不应小于楼地面面积的 5%。

6.6.2 自然排烟

自然排烟方式是利用火灾时产生的热烟气流的浮力和建筑物外部空气流动产生的风压，通过建筑物的自然排烟竖井（排烟塔）或开口部分（包括阳台、门窗）向上或向室外排烟，见图 6-24 及图 6-25。

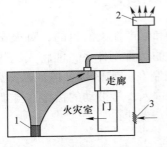

图 6-24　竖井自然排烟方式
1—火源；2—风帽；3—进风口

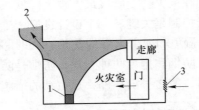

图 6-25　窗口自然排烟方式
1—火源；2—排烟口；3—进风口

除建筑高度超过 50m 的一类公共建筑和建筑高度超过 100m 的居住建筑之外，靠外墙的防烟楼梯间及其前室、消防电梯前室和合用前室，宜采用自然排烟方式，如图 6-26 所示。

自然排烟的优点是构造简单、经济、不需要专门的排烟设备及动力设施；运行维修费用低；排烟口可兼作平时通风换气使用。对于顶棚高大的房间，若在顶棚上开设排烟口，自然排烟效果好。缺点是自然排烟效果受室外气温、风向、风速的影响，特别是排烟口设置在上风向时，不仅排烟效果大大降低，还可能出现烟气倒灌现象，并使烟气扩散蔓延到未着火的区域。

自然排烟的设置应注意以下几个要点：

（1）在进行自然排烟设计时，应将排烟口布置在有利于排烟的位置，并对有效可开启的外窗面积进行校核计算。

（2）对于高层住宅及二类高层建筑，应尽可能利用不同朝向开启外窗来排除前室的烟气。

（3）排烟口位置越高，排烟效果越好。所以，排烟口通常设置在墙壁的上部靠近顶棚

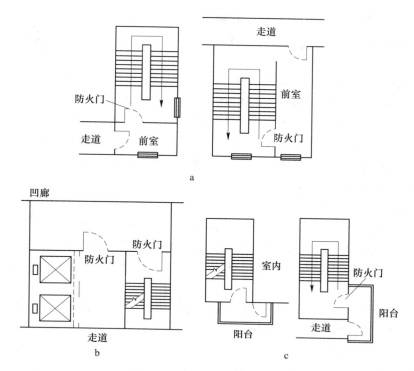

图 6-26　设置自然排烟的场所

a—靠外墙的防烟楼梯间及其前室；b—带凹廊的防烟楼梯间；c—带阳台的防烟楼梯间

处或顶棚上。当房间高度小于 3m 时，排烟口的下缘应在离顶棚面 80cm 以内；当房间高度在 3~4m 时，排烟口下缘应在离地板面 2.1m 以上部位；当房间高度大于 4m 时，排烟口下缘在房间总高度一半以上即可，如图 6-27 所示。

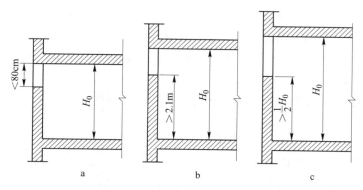

图 6-27　不同高度房间的排烟口位置

a—$H_0 < 3m$；b—$H_0 = 3 \sim 4m$；c—$H_0 > 4m$

（4）对于中庭及建筑面积大于 $500m^2$ 且两层以上的商场、公共娱乐场所，宜设置与火灾报警系统联动的自动排烟窗；当设置手动排烟窗时，应设有可方便开启的装置。

（5）防烟分区内任一点与最近的自然排烟窗（口）之间的水平距离不应大于 30m。当工业建筑采用自然排烟方式时，其水平距离尚不应大于建筑内空间净高的 2.8 倍；当公共建筑空间净高不小于 6m，且具有自然对流条件时，其水平距离不应大于 37.5m。

（6）自然排烟窗、排烟口、送风口应由非燃材料制成，宜设置手动或自动开启装置，手动开关应设在距地坪 0.8~1.5m 处。

（7）为了减小风向对自然排烟的影响，当采用阳台、凹廊为防烟楼梯间前室时，应尽量设置与建筑物色彩、体型相适应的挡风措施。

根据《建筑防烟排烟系统技术标准》（GB 51251—2017），自然排烟窗（口）应设置在排烟区域的顶部或外墙，并应符合下列规定：

（1）当设置在外墙上时，自然排烟窗（口）应在储烟仓以内，但走道、室内空间净高不大于 3m 的区域的自然排烟窗（口）可设置在室内净高度的 1/2 以上。

（2）自然排烟窗（口）的开启形式应有利于火灾烟气的排出。

（3）当房间面积不大于 200m² 时，自然排烟窗（口）的开启方向可不限。

（4）自然排烟窗（口）宜分散均匀布置，且每组的长度不宜大于 3.0m。

（5）设置在防火墙两侧的自然排烟窗（口）之间最近边缘的水平距离不应小于 2.0m。

（6）厂房、仓库的自然排烟窗（口）设置在外墙时，自然排烟窗（口）应沿建筑物的两条对边均匀设置；当设置在屋顶时，自然排烟窗（口）应在屋面均匀设置且宜采用自动控制方式开启；当屋面斜度不大于 12° 时，每 200m² 的建筑面积应设置相应的自然排烟窗（口）；当屋面斜度大于 12° 时，每 400m² 的建筑面积应设置相应的自然排烟窗（口）。

自然排烟窗（口）开启的有效面积应符合下列规定：

（1）当采用开窗角大于 70° 的悬窗时，其面积应按窗的面积计算；当开窗角小于或等于 70° 时，其面积应按窗最大开启时的水平投影面积计算。

（2）当采用开窗角大于 70° 的平开窗时，其面积应按窗的面积计算；当开窗角小于或等于 70° 时，其面积应按窗最大开启时的竖向投影面积计算。

（3）当采用推拉窗时，其面积应按开启的最大窗口面积计算。

（4）当采用百叶窗时，其面积应按窗的有效开口面积计算。

（5）当平推窗设置在顶部时，其面积可按窗的 1/2 周长与平推距离乘积计算，且不应大于窗面积。

（6）当平推窗设置在外墙时，其面积可按窗的 1/4 周长与平推距离乘积计算，且不应大于窗面积。

（7）自然排烟窗（口）应设置手动开启装置，设置在高位不便于直接开启的自然排烟窗（口），应设置距地面高度 1.3~1.5m 的手动开启装置。净空高度大于 9m 的中庭、建筑面积大于 2000m² 的营业厅、展览厅、多功能厅等场所，尚应设置集中手动开启装置和自动开启设施。

（8）除洁净厂房外，设置自然排烟系统的任一层建筑面积大于 2500m² 的制鞋、制衣、玩具、塑料、木器加工储存等丙类工业建筑，除自然排烟所需排烟窗（口）外，尚宜在屋面上增设可熔性采光带（窗）。未设置自动喷水灭火系统的，或采用钢结构屋顶，或采用预应力钢筋混凝土屋面板的建筑，可熔性采光带（窗）的面积不应小于楼地面面积的 10%；对于其他建筑，其面积不应小于楼地面面积的 5%。

6.6.3　机械排烟

火灾时，高温烟气及受热膨胀的空气导致着火区压力高于其他区域 10~15Pa，最高可达 35~40Pa，必须要有比烟气生成量大的排烟量，才有可能使着火区产生一定的负压，以实现对烟气蔓延的有效控制。机械排烟方式是烟气控制的一项有效措施。

机械排烟系统由挡烟垂壁、排烟口、防火排烟阀门、排烟风机和排烟口组成。机械排烟系统可兼作平时通风排风使用，如图 6-28 所示。

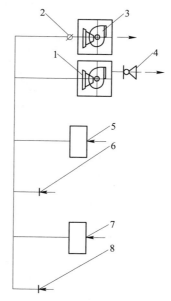

图 6-28　机械排烟和排风合用系统示意图
1—排风机；2—280℃排烟防火阀及止回阀；
3—排烟风机；4—止回阀或电动风阀；
5，7—排烟口；6，8—排风口

6.6.3.1　机械排烟的设置场所要求

机械排烟方式，适合于一类高层建筑和建筑高度超过 32m 的二类高层建筑的下列部位：

（1）无直接自然通风，且长度超过 20m 的内走道，或虽有直接自然通风，但长度超过 60m 的内走道。

（2）面积超过 $100m^2$，且经常有人停留或可燃物较多的地上无窗房间或设固定窗的房间。

（3）不具备自然排烟条件或净空高度超过 12m 的中庭。

（4）除利用窗井等开窗进行自然排烟的房间外，各房间总面积超过 $200m^2$ 或一个房间面积超过 $50m^2$，且经常有人停留或可燃物较多的地下室。

6.6.3.2　机械排烟系统设计的一般要求

建筑物烟气控制区域机械排烟量的设计和计算应遵循以下基本原则。

（1）排烟系统与通风、空气调节系统宜分开设置。当合用时，应符合下列条件：系统的风口、风道、风机等应满足排烟系统的要求；当火灾被确认后，应能开启排烟区域的排烟口和排烟风机，并在 15s 内自动关闭与排烟无关的通风、空调系统。

（2）走道的机械排烟系统宜竖向设置，如图 6-29 所示。房间的机械排烟系统宜按防烟分区设置。

（3）排烟风机的全压应按排烟系统最不利管道进行计算，其排烟量应在计算的系统排烟量的基础上考虑一定的排烟风道漏风系数。金属风道漏风系数取 1.1~1.2，混凝土风道漏风系数取 1.2~1.3。

（4）人防工程机械排烟系统宜单独设置或与工程排风系统合并设置。当合并设置时，必须采取在火灾发生时能将排风系统自动转换为排烟系统的措施。

（5）车库机械排烟系统可与人防、卫生等排气、通风系统合用。

6.6.3.3　机械排烟区域的补风要求

除地上建筑的走道或建筑面积小于 $500m^2$ 的房间外，设置排烟系统的场所应设置补风系统。补风系统的设置应满足以下要求：

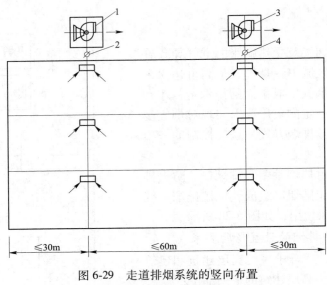

图 6-29　走道排烟系统的竖向布置

1，3—排烟风机；2，4—280 排烟防火阀

（1）补风系统应直接从室外引入空气，且补风量不应小于排烟量的 50%。

（2）补风系统可采用疏散外门、手动或自动可开启外窗等自然进风方式以及机械送风方式。防火门、窗不得用作补风设施。风机应设置在专用机房内。

（3）补风口与排烟口设置在同一空间内相邻的防烟分区时，补风口位置不限；当补风口与排烟口设置在同一防烟分区时，补风口应设在储烟仓下沿以下；补风口与排烟口水平距离不应少于 5m。

（4）补风系统应与排烟系统联动开启或关闭。

（5）机械补风口的风速不宜大于 10m/s，人员密集场所补风口的风速不宜大于 5m/s；自然补风口的风速不宜大于 3m/s。

（6）补风管道耐火极限不应低于 0.50h，当补风管道跨越防火分区时，管道的耐火极限不应小于 1.50h。

6.6.3.4　排烟管道系统

排烟管道必须采用不燃材料制作。管道内风速，当采用金属管道时，不宜大于 20m/s；当采用内表面光滑的混凝土等非金属材料管道时，不宜大于 15m/s。

当吊顶内有可燃物时，吊顶内的排烟管道应采用不燃烧材料进行隔热，并应与可燃物保持不小于 150mm 的距离。

在排烟支管上应设有当烟气温度超过 280℃时能自行关闭的排烟防火阀。

排烟井道应采用耐火极限不小于 1h 的隔墙与相邻区域分隔；当墙上必须设置检修门时，应采用丙级防火门；水平排烟管道穿越防火墙时，应设排烟防火阀；当穿越两个及两个以上防火分区或排烟管道在走道的吊顶内时，其管道的耐火极限不应小于 1h；排烟管道不应穿越前室或楼梯间，如确有困难必须穿越时，其耐火极限不应小于 2h。每层的水平风管不得跨越防火分区。排烟风机可采用离心风机或采用排烟轴流风机，并应在其机房入口处设有当烟气温度超过 280℃时能自动关闭的排烟防火阀。排烟风机应保证在 280℃时连续工作 30min。

排烟风机宜设在建筑物的顶部，烟气出口宜朝上，并应高于加压送风机的进风口，两者垂直距离不应小于 3m，水平距离不应小于 10m。当系统中任一排烟口或排烟阀开启时，排烟风机应能自行启动。

6.6.3.5　排烟口的设置

排烟口应设在顶棚上或靠近顶棚的墙面上，且与附近安全出口沿走道方向相邻边缘之间的最小水平距离不应小于 1.5m。设在顶棚上的排烟口，距可燃构件或可燃物的距离不应小于 1.00m。

用隔墙或挡烟垂壁划分防烟分区时，每个防烟分区应分别设置排烟口，排烟口应尽量设置在防烟分区的中心部位，排烟口至该防烟分区最远点的水平距离不应超过 30m，见图 6-30。

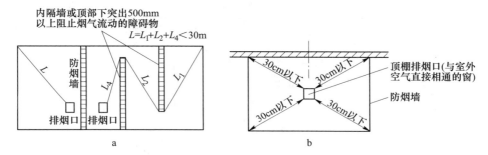

图 6-30　排烟口的水平布置

a—有突出障碍物的排烟口设置；b—顶棚排烟口设置

单独设置的排烟口，平时应处于关闭状态，其控制方式可采用自动或手动开启方式；手动开启装置的位置应便于操作；排风口和排烟口合并设置时，应在排风口或排风口所在支管设置自动阀门，该阀门必须具有防火功能，并应与火灾自动报警系统联动；火灾时，着火防烟分区内的阀门仍应处于开启状态，其他防烟分区内的阀门应全部关闭。排烟口的设置应使烟流方向与人员疏散方向相反，排烟口与安全出口的距离不应小于 1.5m（应尽量远离安全出口），见图 6-31。

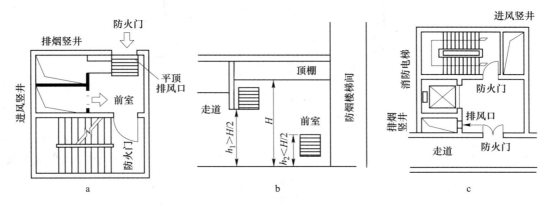

图 6-31　排烟口与安全出口

a——一般楼梯间；b—消防楼梯间；c—带消防电梯的楼梯间

排烟口的风速不宜大于10m/s，排烟口的尺寸可根据烟气通过排烟口有效截面时的速度不大于10m/s进行计算。排烟速度越高，排出气体中空气所占的比率越大，因此排烟口的最小截面积一般不应小于0.04m²。

同一分区内设置数个排烟口时，要求做到所有排烟口能同时开启，排烟量应等于数个排烟口排烟量的总和。

6.6.3.6 防火阀与排烟防火阀

在建筑防排烟系统设计中，合理选用防火阀、排烟防火阀，可以实现防排烟系统的快速响应，在火灾发生时及时、迅速启动防排烟风机，切断重要设备房间与火灾区域的联系，以最大程度的减少火灾危害，见图6-32。下面仅以两种常用的防火阀和排烟防火阀为例说明其工作状态和设置要求。

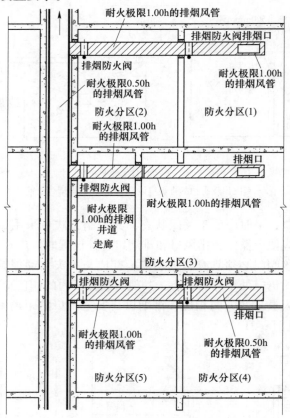

图6-32 排烟管道系统布置示意图

A 防火阀

防火阀适用于有防火要求的通风、空调系统的风管上，平时处于开启状态，当发生火灾时，自动或人工将阀门关闭，切断火焰和烟气沿管道蔓延。

如图6-33所示为防火阀外形示意及电路图。一般有两种类型，一种为矩形，一种为圆形，其内部由阀体和操作装置组成。

防火阀的工作原理：

（1）自动关闭：当发生火灾时，由探测器向消防中心发出火警信号，控制中心将信号送至自动开启装置 DC24，当温度达到（70±3）℃时，熔断器将阀门关闭。

（2）手动关闭：就地操作拉绳使阀门关闭；

阀门可通过手柄调节开启程度，以调节风量。阀门关闭后其联动接点闭合，接通信号电路，可向控制室返回阀门已关闭的信号或对其他装置进行联动控制。

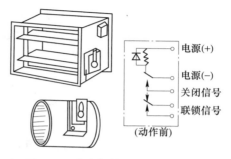

图 6-33　防火阀外形示意及电路图

（3）手动复位：在执行电路中，熔断器更换后，阀门可手动复位。

为防止火灾通过通风、空调系统管道蔓延扩大，在设置防火阀时，应符合下列要求：

（1）通风管道穿越不燃烧体楼板处应设防火阀。通风管道穿越防火分区、防火墙处应设防烟防火阀，或在防火墙两侧分别设防火阀。各层每个防火分区内的通风、空气调节系统均系独立设置时，则被保护防火分区内的送、回风水平风管与总管的交接处可不设防火阀。

（2）送、回风总管穿越通风、空气调节机房的隔墙和楼板处应设防火阀。

（3）送、回风道穿过机房（其他贵重设备）、贵宾休息室、多功能厅、大会议室等性质重要或火灾危险性大的房间隔墙和楼板处应设防火阀。

（4）多层和高层工业与民用建筑的楼板常是竖向防火分区的防火分隔物，在这类建筑中每层的水平送、回风管道与垂直风管交接处的水平管段上，应设防火阀。

（5）风管穿过建筑物变形缝处的两侧，均应设防火阀。

（6）防火阀的易熔片或其他感温、感烟等控制设备一经作用，应能顺气流方向自行严密关闭。并应设有单独支吊架等防止风管变形而影响关闭的措施。

（7）进入设有气体自动灭火系统房间的通风、空调管道上，应设防火阀。

为保持防火管道的完整性和稳定性，须保证管道吊件不被破坏，设计吊件时应按在火灾中能承受管道及其他附件的质量为原则进行。如吊件受到的应力荷载过大，应使用适当厚度的防火材料保护吊件，使吊件可承担管道附加防火被覆的质量。

（8）公共建筑的厨房、浴室、卫生间等，一般可选用带自垂式百叶的卫生间排风扇。若采用机械或自然垂直排风管道，如采取防止回流的措施有困难时，应在排风支管上设置防火阀。

B　排烟防火阀

排烟防火阀是安装在排烟系统管道上，在一定时间内能满足耐火稳定性和耐火完整性要求，起阻火隔烟作用的阀门。

排烟防火阀的设置应符合下列规定：

（1）在排烟系统的排烟支管上，应设排烟防火阀。

（2）排烟管道进入排烟风机机房处，应设排烟防火阀，并与排烟风机联动。

（3）在必须穿过防火墙的排烟管道上，应设排烟防火阀，并与排烟风机联动。

（4）安装在排烟管道上的排烟阀，平时处于常闭状态。火灾时通过火灾探测器或电信号打开，并联动排烟风机启动。

排烟防火阀的组成、形状和工作原理与防火阀相似。其不同之处主要是安装管道和动作温度不同，防火阀安装在通风、空调系统的管道上，动作温度为70℃，而排烟防火阀安装在排烟系统的管道上，动作温度为 280℃。

排烟防火阀由阀体和操作机构组成，如图 6-34 所示。

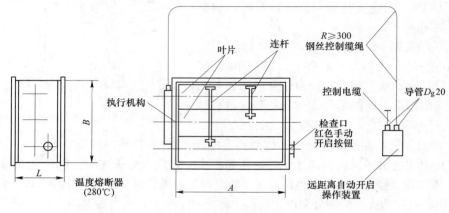

图 6-34　排烟防火阀

排烟防火阀的工作原理如下：

（1）自动开启：当联动的感烟（温）探测器将火灾信号输送到消防控制中心的控制盘上后，由控制盘再将火灾信号输入到自动开启装置的 A 线端 CD（24V）。当 A 线端接受火灾信号后，电磁铁线圈通电，动铁芯吸合，使动铁芯挂钩与阀门叶片旋转轴挂钩脱开，阀门叶片受弹簧力作用迅速开启同时微动开关动作，切断电磁铁电源，并接通阀门关闭显示线接点，将阀门开启信号返回控制盘，联动通风、空调机停止运行，排烟风机启动。

当排烟系统中的烟气温度达到或超过 280℃ 时，阀门自动关闭，防止高温烟气向其他部位蔓延扩大。但排烟风机应保证在 280℃ 时仍能连续工作 30min。全自动排烟防火阀可输出开、闭两个信号，由自控系统来控制关闭。

（2）手动控制：手动操作装置上的拉绳使阀门叶片开启。控制操作装置上的复位把手可使阀门叶片手动复位。

（3）温度熔断器的关闭动作：温度熔断器安装在阀体的另一侧，熔断片设在阀门叶片的迎风侧，当管道内空气温度上升到 280℃ 时，温度熔断片熔断，阀门叶片受弹簧力作用而迅速关闭，同时微动开关动作，显示线同样发出关闭信号，可联动通风，空调风机关闭。

6.6.4　排烟系统设计计算

6.6.4.1　自然排烟储烟仓的设计

当采用自然排烟方式时，储烟仓的厚度不应小于空间净高的 20%，且不应小于500mm；当采用机械排烟方式时，不应小于空间净高的 10%，且不应小于 500mm。同时储烟仓底部距地面的高度应大于安全疏散所需的最小清晰高度，最小清晰高度应按公式（6.2）的规定计算确定。

6.6.4.2　中庭外其他场所一个防烟分区排烟量的计算

中庭外下列场所一个防烟分区的排烟量计算应符合下列规定：

（1）建筑空间净高不大于 6m 的场所，其排烟量应按不小于 $60m^3/(h \cdot m^2)$ 计算，且取值不小于 $15000m^3/h$，或设置有效面积不小于该房间建筑面积 2% 的自然排烟窗（口）。

（2）公共建筑、工业建筑中空间净高大于 6m 的场所，其每个防烟分区排烟量应按式（6-3）～式（6-4）进行计算，或按《建筑防烟排烟系统技术标准》（GB 51251—2017）附录 A 查表选取，且不应小于表 6-14 中的数值，或设置自然排烟窗（口），其所需有效排烟面积应根据表 6-14 及自然排烟窗（口）处风速计算。

$$V = M_\rho T / \rho_0 T_0 \qquad (6-3)$$

$$T = T_0 + \Delta T \qquad (6-4)$$

$$\Delta T = K Q_c / M_\rho c_p \qquad (6-5)$$

式中 V——排烟量，m^3/s；

M_ρ——烟羽流质量流量，kg/s；

ρ_0——环境温度下的气体密度，kg/m^3，通常 $\rho_0 = 1.2 kg/m^3$；

T_0——环境的绝对温度，K，通常 $T_0 = 293.15K$；

T——烟层的平均绝对温度，K；

ΔT——烟层平均温度与环境温度的差，K；

K——烟气中对流放热量因子。当采用机械排烟时，取 $K = 1.0$；当采用自然排烟时，取 $K = 0.5$；

Q_c——热释放速率的对流部分，K_w，一般取 $Q_c = 0.7Q$，Q 为热释放速率（见公式（2-5））；

c_p——空气的定压比热容，一般取 $c_p = 1.01 kJ/(kg \cdot K)$；

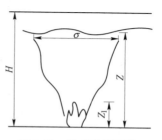

图 6-35 轴对称烟羽流

其中，烟羽流质量流量 M_ρ 的计算宜符合下列规定：

（1）轴对称型烟羽流（见图 6-35）：

当 $Z > Z_1$ 时， $M_\rho = 0.071 Q_c^{\frac{1}{3}} Z^{\frac{5}{3}} + 0.0018 Q_c \qquad (6-6)$

当 $Z \leq Z_1$ 时， $M_\rho = 0.032 Q_c^{\frac{3}{5}} Z \qquad (6-7)$

$$Z_1 = 0.166 Q_c^{\frac{2}{5}} \qquad (6-8)$$

式中 Z——燃料面到烟层底部的高度，m，取值应大于或等于最小清晰高度与燃料面高度之差；

Z_1——火焰极限高度，m。

（2）阳台溢出型烟羽流（见图 6-36）：

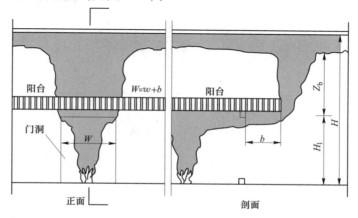

图 6-36 阳台溢出型烟羽流

$$M_\rho = 0.36(QW^2)^{\frac{1}{3}}(Z_b + 0.25H_1) \tag{6-9}$$

$$W = w + b \tag{6-10}$$

式中　H_1——燃料面至阳台的高度，m；

　　　Z_b——从阳台下缘至烟层底部的高度，m；

　　　W——烟羽流扩散宽度，m；

　　　w——火源区域的开口宽度，m；

　　　b——从开口至阳台边沿的距离，m，$b \neq 0$；

表 6-14　公共建筑、工业建筑中空间净高大于 6m 场所的计算排烟量及自然排烟侧窗（口）部风速

空间净高/m	办公室、学校 ($10^4 \mathrm{m}^3/\mathrm{h}$)		商店、展览厅 ($10^4 \mathrm{m}^3/\mathrm{h}$)		厂房、其他公共建筑 ($10^4 \mathrm{m}^3/\mathrm{h}$)		仓库 ($10^4 \mathrm{m}^3/\mathrm{h}$)	
	无喷淋	有喷淋	无喷淋	有喷淋	无喷淋	有喷淋	无喷淋	有喷淋
6.0	12.2	5.2	17.6	7.8	15.0	7.0	30.1	9.3
7.0	13.9	6.3	19.6	9.1	16.8	8.2	32.8	10.8
8.0	15.8	7.4	21.8	10.6	18.9	9.6	35.4	12.4
9.0	17.8	8.7	24.2	12.2	21.1	11.1	38.5	14.2
自然排烟侧窗（口）部风速/m·s^{-1}	0.94	0.64	1.06	0.78	1.01	0.74	1.26	0.84

注：1. 建筑空间净高大于 9.0m 的，按 9.0m 取值；建筑空间净高位于表中两个高度之间的，按线性插值法取值；表中建筑空间净高为 6m 处的各排烟量值为线性插值法的计算基准值。

　　2. 当采用自然排烟方式时，储烟仓厚度应大于房间净高的 20%；自然排烟窗（口）面积=计算排烟量/自然排烟窗（口）处风速；当采用顶开窗排烟时，其自然排烟窗（口）的风速可按侧窗口部风速的 1.4 倍计。

　　3. 当公共建筑仅需在走道或回廊设置排烟时，其机械排烟量不应小于 13000m³/h，或在走道两端（侧）均设置面积不小于 2m² 的自然排烟窗（口）且两侧自然排烟窗（口）的距离不应小于走道长度的 2/3。

　　4. 当公共建筑房间内与走道或回廊均需设置排烟时，其走道或回廊的机械排烟量可按 60m³/(h·m²) 计算且不小于 13000m³/h，或设置有效面积不小于走道、回廊建筑面积 2% 的自然排烟窗（口）。

6.6.4.3　窗口型烟羽流

窗口溢出型烟羽流，见图 6-37。

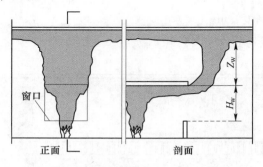

图 6-37　窗口溢出型烟羽流

$$M_\rho = 0.68(A_w H_w^{\frac{1}{2}})^{\frac{1}{3}}(Z_w + \alpha_w)^{\frac{5}{3}} + 1.59 A_w H_w^{\frac{1}{2}} \tag{6-11}$$

$$\alpha_w = 2.4 A_w^{\frac{2}{5}} H_w^{\frac{1}{5}} - 2.1 H_w \tag{6-12}$$

式中　A_w——窗口开口的面积，m²；

　　　H_w——窗口开口的高度，m；

Z_w——窗口开口的顶部到烟层底部的高度，m；

α_w——窗口型烟羽流的修正系数，m。

6.6.4.4 担负多个防烟分区排烟系统排烟量的计算

当一个排烟系统担负多个防烟分区排烟时，其系统排烟量的计算应符合下列规定：

（1）当系统负担具有相同净高场所时，对于建筑空间净高大于 6m 的场所，应按排烟量最大的一个防烟分区的排烟量计算；对于建筑空间净高为 6m 及以下的场所，应按同一防火分区中任意两个相邻防烟分区的排烟量之和的最大值计算。

（2）当系统负担具有不同净高场所时，应采用上述方法对系统中每个场所所需的排烟量进行计算，并取其中的最大值作为系统排烟量。

6.6.4.5 中庭排烟量的设计计算

中庭排烟量的设计应符合下列规定：

（1）中庭周围场所设有排烟系统时，中庭采用机械排烟系统的，中庭排烟量应按周围场所防烟分区中最大排烟量的 2 倍数值计算，且不应小于 107000m³/h；中庭采用自然排烟系统时，应按上述排烟量和自然排烟窗（口）的风速不大于 0.5m/s 计算有效开窗面积。

（2）当中庭周围场所不需设置排烟系统，仅在回廊设置排烟系统时，回廊的排烟量不应小于 13000m³/h，中庭的排烟量不应小于 40000m³/h；中庭采用自然排烟系统时，应按上述排烟量和自然排烟窗（口）的风速不大于 0.4m/s 计算有效开窗面积。

6.6.4.6 其他场所排烟量

其他场所的排烟量或自然排烟窗（口）面积应按照烟羽流类型，根据火灾热释放速率、清晰高度、烟羽流质量流量及烟羽流温度等参数计算确定。排烟口位置设置示意图，见图 6-38。

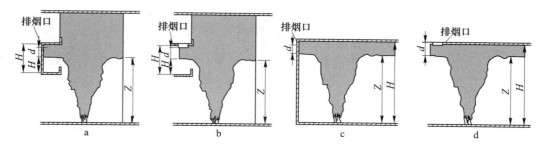

图 6-38 排烟口位置设置示意图

a，c—侧排烟；b，d—顶排烟

机械排烟系统中，如果排烟口排烟量过大，可能造成排烟"风洞"现象，会造成排烟效率降低。因此，单个排烟口的最大允许排烟量 V_{max} 宜按下式计算，或按《建筑防烟排烟系统技术标准》（GB 51251—2017）附录 B 选取。排烟口最高临界排烟量见图 6-39。

$$V_{max} = 4.16 \cdot \gamma \cdot d_b^{\frac{5}{2}} \left(\frac{T - T_0}{T_0} \right)^{\frac{1}{2}} \qquad (6-13)$$

式中 V_{max}——排烟口最大允许排烟量，m³/s；

γ——排烟位置系数；当风口中心点到最近墙体的距离 ≥2 倍的排烟口当量直径时：γ 取 1.0；当风口中心点到最近墙体的距离 <2 倍的排烟口当量直径时：

γ 取 0.5；当吸入口位于墙体上时，γ 取 0.5；

d_b——排烟系统吸入口最低点之下烟气层厚度，m；

T——烟层的平均绝对温度，K；

T_0——环境的绝对温度，K。

图 6-39   排烟口最高临界排烟量

排烟系统风管水力计算不需进行风量平衡，应当选其中风量最大、风管又较长的一支进行。然后对最远的支管进行校核。

【例 6-1】 如图 6-40 所示为建筑物共 4 层，每层建筑面积 2000m²，均设有自动喷水灭火系统。1 层空间净高 7m，包含展览和办公场所，2 层空间净高 6m，3 层和 4 层空间净高均为 5m。假设 1 层的储烟仓厚度及燃料面距地面高度均为 1m。机械排烟管道布图，试计算各管段排烟风量。

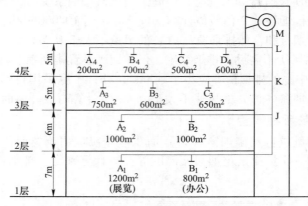

图 6-40   排烟风量计算例题之管道布置图

【解】 各排烟区域面积和管段编号如图 6-40 所示。排烟风量按管段所负担的防烟分区面积和防烟分区数量进行计算，勿需进行风量平衡。各管段风量计算见表 6-15。

表 6-15   排烟风管风量计算表

管段间	负担防烟区段	通过风量 $V(\mathrm{m^3/h})$ 及防烟分区面积 $S(\mathrm{m^2})$	计算方法说明
A_1-B_1	A_1	V_{A_1} 计算值 $=S_{A_1} \times 60$ $=72000 < 91000$，所以取 91000	对于净高 7m 有喷淋的展览厅计算排烟量不应小于 91000
B_1-J	A_1，B_1	V_{B_1} 计算值 $=S_{B_1} \times 60$ $=48000 < 63000 < 91000$，所以取 91000（1 层最大）	当系统负担具有相同净高场所时，对于建筑空间净高大于 6m 的场所，应按排烟量最大的一个防烟分区的排烟量计算
A_2-B_2	A_2	V_{A_2} 计算值 $= S_{A_2} \times 60 = 60000$	对于净高 6m 有喷淋的办公室计算排烟量不应小于 52000
B_2-J	A_2，B_2	$V_{(A_2+B_2)}$ 计算值 $= (S_{A_2} + S_{B_2}) \times 60$ $= 120000$（2 层最大）	当系统负担具有相同净高场所时，对于建筑空间净高为 6m 及以下的场所，应按同一防火分区中任意两个相邻防烟分区的排烟量之和的最大值计算

续表 6-15

管段间	负担防烟区段	通过风量 $V(m^3/h)$ 及防烟分区面积 $S(m^2)$	计算方法说明
J-K	A_1，B_1，A_2，B_2	120000（1、2层最大）	当系统负担具有不同净高场所时，应采用上述方法对系统中每个场所所需的排烟量进行计算，并取其中的最大值作为系统排烟量
A_3-B_3	A_3	V_{A_3} 计算值 $= S_{A_3} \times 60 = 45000$	建筑空间净高不大于 6m 的场所，其排烟量应按不小于 $60m^3/(h \cdot m^2)$ 计算，且取值不小于 $15000m^3/h$
B_3-C_3	A_3，B_3	$V_{(A_3+B_3)}$ 计算值 $= (S_{A_3} + S_{B_3}) \times 60 = 81000$	
C_3-K	A_3，B_3，C_3	$V_{(A_3+B_3)} > V_{(B_3+C_3)}$，所以取 81000 （3层最大）	当系统负担具有相同净高场所时，对于建筑空间净高为 6m 及以下的场所，应按同一防火分区中任意两个相邻防烟分区的排烟量之和的最大值计算
K-L	A_1，B_1，A_2，B_2，A_3，B_3，C_3	120000（1~3层最大）	当系统负担具有不同净高场所时，应采用上述方法对系统中每个场所所需的排烟量进行计算，并取其中的最大值作为系统排烟量
A_4-B_4	A_4	V_{A_4} 计算值 $= S_{A_4} \times 60$ $= 12000 < 15000$，所以取值 15000	建筑空间净高不大于 6m 的场所，其排烟量应按不小于 $60m^3/(h \cdot m^2)$ 计算，且取值不小于 $15000m^3/h$
B_4-C_4	A_4，B_4	$V_{(A_4+B_4)}$ 计算值 $= 15000 + S_{B_4} \times 60$ $= 57000$	当系统负担具有相同净高场所时，对于建筑空间净高为 6m 及以下的场所，应按同一防火分区中任意两个相邻防烟分区的排烟量之和的最大值计算
C_4-D_4	A_4，B_4，C_4	$V_{(B_4+C_4)} = 72000 > V_{(A_4+B_4)}$，所以取 72000	当系统负担具有相同净高场所时，对于建筑空间净高为 6m 及以下的场所，应按同一防火分区中任意两个相邻防烟分区的排烟量之和的最大值计算
D_4-L	A_4，B_4，C_4，D_4	$V_{(B_4+C_4)} = 72000 > V_{(C_4+D_4)} > V_{(A_4+B_4)}$，所以取 72000（4层最大）	
L-M	全部	120000（1~4层最大）	当系统负担具有不同净高场所时，应采用上述方法对系统中每个场所所需的排烟量进行计算，并取其中的最大值作为系统排烟量

6.6.5 加压送风防烟系统

加压送风是利用通风机所产生的气体流动和压力差来控制烟气蔓延的防烟措施。即在建筑物发生火灾时，对着火区以外的走廊、楼梯间等疏散通道进行加压送风，使其保持一定的正压，以防止烟气侵入。此时，着火区应处于负压，着火区开口部位必须保持图 6-41 所示的压力分布，即开口部位不出现中和面，开口部位上缘内侧压力的最大值不能超过外侧加压疏散通道的压力。

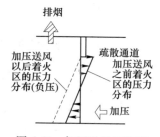

图 6-41 加压送风原理图

着火区内外压差的大小一方面受阻止烟气逆流所需的空气流速和流量确定，同时需考虑门的开启所需的力的大小等因素。当分隔物上存在一个或几个大的开口，则无论对设计还是测量来说都适宜采用空气流速法确定加压控制设备；但对于门缝、裂缝等小缝隙，适宜使用压差法选择加压设备。但同时，需要分别对压差和空气流速进行校核。

6.6.5.1 加压送风防烟系统的设置原则

建筑高度小于或等于 50m 的公共建筑、工业建筑和建筑高度小于或等于 100m 的住宅建筑，其防烟楼梯间、独立前室、共用前室、合用前室（除共用前室与消防电梯前室合用外）及消防电梯前室应采用自然通风系统；当不能设置自然通风系统时，应采用机械加压送风防烟系统。防烟系统的选择，尚应符合下列规定：

（1）当独立前室或合用前室采用全敞开的阳台或凹廊时，楼梯间可不设置防烟系统。

（2）设有两个及以上不同朝向的可开启外窗，且独立前室两个外窗面积分别不小于 $2.0m^2$，合用前室两个外窗面积分别不小于 $3.0m^2$。

（3）当独立前室、共用前室及合用前室的机械加压送风口设置在前室的顶部或正对前室入口的墙面时，楼梯间可采用自然通风系统；当机械加压送风口未设置在前室的顶部或正对前室入口的墙面时，楼梯间应采用机械加压送风系统。

（4）当防烟楼梯间在裙房高度以上部分采用自然通风时，不具备自然通风条件的裙房的独立前室、共用前室及合用前室应采用机械加压送风系统。

（5）建筑地下部分的防烟楼梯间前室及消防电梯前室，当无自然通风条件或自然通风不符合要求时，应采用机械加压送风系统。

防烟楼梯间及其前室的机械加压送风系统的设置应符合下列规定：

（1）建筑高度不大于 50m 的公共建筑、工业建筑和建筑高度不大于 100m 的住宅建筑，当采用独立前室且其仅有一个门与走道或房间相通时，可仅在楼梯间设置机械加压送风系统；当独立前室有多个门时，楼梯间、独立前室应分别独立设置机械加压送风系统。

（2）当采用合用前室时，楼梯间、合用前室应分别独立设置机械加压送风系统。

（3）当采用剪刀楼梯时，其两个楼梯间及其前室的机械加压送风系统应分别独立设置。

封闭楼梯间应采用自然通风系统，不能满足自然通风条件的封闭楼梯间，应设置机械加压送风系统。当地下、半地下建筑（室）的封闭楼梯间不与地上楼梯间共用且地下仅为一层时，可不设置机械加压送风系统，但首层应设置有效面积不小于 1.2 ㎡ 的可开启外窗或直通室外的疏散门。

建筑高度大于 50m 的公共建筑、工业建筑和建筑高度大于 100m 的住宅建筑，其防烟楼梯间、独立前室、共用前室、合用前室及消防电梯前室应采用机械加压送风系统。

建筑高度超过 100m 的建筑，其机械加压送风系统应竖向分段独立设置，且每段高度不应超过 100m。

避难层的防烟系统可根据建筑构造、设备布置等因素选择自然通风系统或机械加压送风系统。

避难走道应在其前室及避难走道分别设置机械加压送风系统，但下列情况可仅在前室设置机械加压送风系统：

（1）避难走道一端设置安全出口，且总长度小于 30m。

（2）避难走道两端设置安全出口，且总长度小于 60m。

6.6.5.2 加压送风量的确定

机械加压送风方式防烟设计一般包括以下内容：加压风机的风压确定；加压送风风量的确定；加压送风系统与消防中心联动控制选择；加压送风道断面尺寸及其送风口断面尺寸确定。

防烟楼梯间、独立前室、共用前室、合用前室和消防电梯前室的机械加压送风的计算风量由三部分组成，包括保持加压部位一定的正压值所需的送风量、开启着火层疏散门时为保持门洞处风速所需的送风量以及送风阀门的总漏风量。其计算风量应按下列公式计算：

$$L_j = L_1 + L_2 \qquad (6-14)$$
$$L_s = L_1 + L_3 \qquad (6-15)$$

式中　L_j——楼梯间的机械加压送风量；

　　　L_s——前室的机械加压送风量；

　　　L_1——门开启时，达到规定风速值所需的送风量，m^3/s；

　　　L_2——门开启时，规定风速值下，其他门缝漏风总量，m^3/s；

　　　L_3——未开启的常闭送风阀的漏风总量，m^3/s。

（1）门开启时，达到规定风速值所需的送风量应按下式计算：

$$L_1 = A_k \times v \times N_1 \qquad (6-16)$$

式中　A_k—— 一层内开启门的截面面积，m^2，对于住宅楼梯前室，可按一个门的面积取值；

　　　v——门洞断面风速，m/s；当楼梯间和独立前室、共用前室、合用前室均机械加压送风时，通向楼梯间和独立前室、共用前室、合用前室疏散门的门洞断面风速均不应小于 $0.7m/s$；当楼梯间机械加压送风、只有一个开启门的独立前室不送风时，通向楼梯间疏散门的门洞断面风速不应小于 $1.0m/s$；当消防电梯前室机械加压送风时，通向消防电梯前室门的门洞断面风速不应小于 $1.0m/s$；当独立前室、共用前室或合用前室机械加压送风而楼梯间采用可开启外窗的自然通风系统时，通向独立前室、共用前室或合用前室疏散门的门洞风速不应小于 $0.6(A_1/A_g + 1)$（m/s）；A_1 为楼梯间疏散门的总面积（m^2）；A_g 为前室疏散门的总面积（m^2）；

　　　N_1——设计疏散门开启的楼层数量；楼梯间：采用常开风口，当地上楼梯间为24m以下时，设计 2 层内的疏散门开启，取 $N_1 = 2$；当地上楼梯间为 24m 及以上时，设计 3 层内的疏散门开启，取 $N_1 = 3$；当为地下楼梯间时，设计 1 层内的疏散门开启，取 $N_1 = 1$。前室：采用常闭风口，计算风量时取 $N_1 = 3$。

（2）门开启时，规定风速值下的其他门漏风总量应按下式计算：

$$L_2 = 0.827 \times A \times \Delta p^{1/n} \times 1.25 \times N_2 \qquad (6-17)$$

式中　A——每个疏散门的有效漏风面积，m^2；疏散门的门缝宽度取 $0.002 \sim 0.004m$；

　　　Δp——计算漏风量的平均压力差，Pa，当开启门洞处风速为 $0.7m/s$ 时，取 $\Delta p = 6.0Pa$；当开启门洞处风速为 $1.0m/s$ 时，取 $\Delta p = 12.0Pa$；当开启门洞处风速为 $1.2m/s$ 时，取 $\Delta p = 17.0Pa$；

　　　n——指数（一般取 $n = 2$）；

1.25——不严密处附加系数；

N_2——漏风疏散门的数量，楼梯间采用常开风口，取 N_2=加压楼梯间的总门数-N_1楼层数上的总门数。

（3）未开启的常闭送风阀的漏风总量应按下式计算：

$$L_3 = 0.083 \times A_f \times N_3 \qquad\qquad (6\text{-}18)$$

式中　0.083——阀门单位面积的漏风量，$m^3/(s \cdot m^2)$；

A_f——单个送风阀门的面积，m^2；

N_3——漏风阀门的数量：前室采用常闭风口取 N_3=楼层数-3。

（4）机械加压送风量应满足走廊至前室至楼梯间的压力呈递增分布，余压值应符合下列规定：1）前室、封闭避难层（间）与走道之间的压差应为 25~30Pa；2）楼梯间与走道之间的压差应为 40~50Pa。

疏散门的最大允许压力差应按下列公式计算：

$$p = 2(F' - F_{dc})(W_m - d_m)/(W_m \times A_m) \qquad (6\text{-}19)$$

$$F_{dc} = M/(W_m - d_m) \qquad\qquad (6\text{-}20)$$

式中　p——疏散门的最大允许压力差，Pa；

F'——门的总推力，N，一般取 110N；

F_{dc}——门把手处克服闭门器所需的力，N；

W_m——单扇门的宽度，m；

A_m——门的面积，m^2；

d_m——门的把手到门闩的距离，m；

M——闭门器的开启力矩，N·m。

当系统负担建筑高度大于 24m 时，防烟楼梯间、独立前室、合用前室和消防电梯前室应按计算值与表 6-16 和表 6-17 的值中的较大值确定。机械加压送风系统的设计风量不应小于计算风量的 1.2 倍。

表 6-16　加压送风的计算风量

系统负担高度 h/m	加压送风量/$m^3 \cdot h^{-1}$		
	消防电梯间前室加压送风	楼梯间自然通风，独立前室、合用前室加压送风	前室不送风，封闭楼梯间、防烟楼梯间加压送风
$24<h\leqslant50$	35400~36900	40400~44700	36100~39200
$50<h\leqslant100$	37100~40200	45000~48600	39600~45800

表 6-17　防烟楼梯间及独立前室、合用前室分别加压送风的计算风量

系统负担层数	送风部位	加压送风量/$m^3 \cdot h^{-1}$
$24<h\leqslant50$	楼梯间	25300~27500
	独立前室、合用前室	24800~25800
$50<h\leqslant100$	楼梯间	27800~32200
	独立前室、合用前室	26000~28400

注意：表 6-16 和表 6-17 的风量按开启 1 个 2.0m×1.6m 的双扇门确定。当采用单扇门时，其风量可乘以系数 0.75 计算。

表 6-16 和表 6-17 中风量按开启着火层及其上下层，共开启三层的风量计算。

表 6-16 和表 6-17 中风量的选取应按建筑高度或层数、风道材料、防火门漏风量等因素综合确定。

封闭避难层（间）、避难走道的机械加压送风量应按避难层（间）、避难走道的净面积每平方米不少于 $30m^3/h$ 计算。避难走道前室的送风量应按直接开向前室的疏散门的总断面积乘以 1.0m/s 门洞断面风速计算。

建筑高度小于或等于 50m 的建筑，当楼梯间设置加压送风井（管）道确有困难时，楼梯间可采用直灌式加压送风系统，并应符合下列规定：

（1）建筑高度大于 32m 的高层建筑，应采用楼梯间两点部位送风的方式，送风口之间距离不宜小于建筑高度的 1/2。

（2）送风量应按计算值或表 6-18～表 6-19 规定的送风量增加 20%。

（3）加压送风口不宜设在影响人员疏散的部位。

设置机械加压送风系统的楼梯间的地上部分与地下部分，其机械加压送风系统应分别独立设置。当受建筑条件限制，且地下部分为汽车库或设备用房时，可共用机械加压送风系统，并应符合下列规定：

（1）应按本节公式规定分别计算地上、地下部分的加压送风量，相加后作为共用加压送风系统风量。

（2）应采取有效措施分别满足地上、地下部分的送风量的要求。

6.6.5.3 加压送风管路系统的设置

机械加压送风风机宜采用轴流风机或中、低压离心风机，其设置应符合下列规定：

（1）送风机的进风口应直通室外，且应采取防止烟气被吸入的措施。

（2）送风机的进风口宜设在机械加压送风系统的下部。

（3）送风机的进风口不应与排烟风机的出风口设在同一面上。当确有困难时，送风机的进风口与排烟风机的出风口应分开布置，且竖向布置时，送风机的进风口应设置在排烟出口的下方，其两者边缘最小垂直距离不应小于 6.0m；水平布置时，两者边缘最小水平距离不应小于 20.0m。

（4）送风机宜设置在系统的下部，且应采取保证各层送风量均匀性的措施。

（5）送风机应设置在专用机房内，送风机房并应符合现行国家标准《建筑设计防火规范》（GB 50016）的规定。

（6）当送风机出风管或进风管上安装单向风阀或电动风阀时，应采取火灾时自动开启阀门的措施。

机械加压送风系统应采用管道送风，且不应采用土建风道。送风管道应采用不燃材料制作且内壁应光滑。当送风管道内壁为金属时，设计风速不应大于 20m/s；当送风管道内壁为非金属时，设计风速不应大于 15m/s；送风管道的厚度应符合现行国家标准《通风与空调工程施工质量验收规范》（GB 50243）的规定。

机械加压送风管道的设置和耐火极限应符合下列规定：

（1）竖向设置的送风管道应独立设置在管道井内，当确有困难时，未设置在管道井内或与其他管道合用管道井的送风管道，其耐火极限不应低于 1.00h。

（2）水平设置的送风管道，当设置在吊顶内时，其耐火极限不应低于 0.50h；当未设置在吊顶内时，其耐火极限不应低于 1.00h。

机械加压送风系统的管道井应采用耐火极限不低于 1.00h 的隔墙与相邻部位分隔，当墙上必须设置检修门时应采用乙级防火门。

采用机械加压送风的场所不应设置百叶窗，且不宜设置可开启外窗。

设置机械加压送风系统的封闭楼梯间、防烟楼梯间，尚应在其顶部设置不小于 $1m^2$ 的固定窗。靠外墙的防烟楼梯间，尚应在其外墙上每 5 层内设置总面积不小于 $2m^2$ 的固定窗。

设置机械加压送风系统的避难层（间），尚应在外墙设置可开启外窗，其有效面积不应小于该避难层（间）地面面积的 1%。有效面积的计算应符合《建筑防烟排烟系统技术标准》（GB 51251—2017）第 4.3.5 条的规定。

机械加压送风的防烟楼梯间及其前室应分别独立设置送风井（管）道，送风口（阀）和送风机。加压送风口的设置应符合下列规定：

除直灌式加压送风方式外，楼梯间宜每隔 2~3 层设一个常开式百叶送风口；

前室应每层设一个常闭式加压送风口，火灾时其联动开启方式应符合《建筑防火设计规范》第 5.1.3 条的规定。并应设手动开启装置。

送风口的风速不宜大于 7m/s。

送风口不易设置在被门挡住的部位。

当机械加压送风系统余压值超过最大允许压力差时应采取泄压措施。通常采用一种可将烟气排到外界的通道进行泄压。这种通道可以是顶部通风的电梯竖井，也可由排气风机完成，图 6-42 所示为防烟楼梯间加压送风、走廊排烟的管道布置情况。

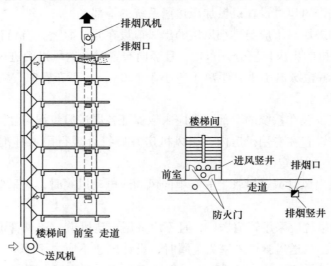

图 6-42　防烟楼梯间正送风：走廊排烟

6.7 地下工程防火技术

地下建筑是指建筑在岩石上或土层中的军事、工业、交通和民用建筑物。按照建造形式，地下建筑大体可分为附建式、单建式两大类。附建式地下建筑是某些地上建筑的地下部分，现在许多大型建筑都有地下室，它们主要作为商场、旅社、歌舞厅、停车场用。单建式地下建筑类型很多，如地下仓库、地下商业街、地下铁路与公路隧道、地下车站、地下电缆沟等。在我国的许多城市中修建的地下人防工程也是一种常见的地下建筑，有的地下建筑离地面很深，有的还具有多层结构。我国已有深 11 层的民用地下建筑，而 3~5 层的地下建筑则相当普遍。不少地下建筑绵延数百、上千米，地下铁路和公路隧道便更长。有的地下建筑还形成庞大的地下网络。

由于地下建筑的外围是土壤或岩石，只有内部空间，没有外部空间，其火灾特征与地上建筑有着很大差别，采取的火灾防治对策应当有所不同，特别是那些改变使用功能的地下建筑，由于历史原因和技术条件，基本上没有系统考虑火灾防治问题，也没有合理的火灾安全管理措施。现在不少地下建筑的功能复杂，装修相当讲究，存放的物品种类繁多，并使用大量电气设备，相当多的可燃材料也常常被存放到地下建筑内。因此防治火灾便成为地下建筑使用中的突出问题之一。

6.7.1 地下建筑防火防爆关键技术

地下建筑没有门窗之类的通风口，它们经由竖直通道与地面上部的空间相连，是相对封闭的建筑空间。与地上建筑相比，这种通风口的面积要小得多，由此造成地下建筑火灾具有以下一些特点。

（1）散热困难。地下建筑内发生火灾，热烟气无法通过窗户顺利排出，又由于建筑物围护结构蓄热性能强，对流散热弱，燃烧产生的热量大部分积聚，造成室内温度上升得很快，容易发生轰燃。

（2）烟气量大。通风口的数量对室内燃烧状况有重要影响。一般说来，地下建筑火灾在初期发展阶段与地上建筑物火灾基本相同，但到中、后期，其燃烧状况要根据通风口的空气供应情况而定。

由于通风口不足，地下建筑火灾中新鲜空气供应不足，不完全燃烧程度严重，可产生相当多的浓烟。同时由于室内外气体对流交换不强，大部分烟气积存在建筑物内，会造成室内压力中性面低，烟气层较厚，对人们生命安全造成的威胁增大。

（3）人员疏散困难。在地下建筑火灾中，人员往地面方向疏散的楼梯间往往同时也是烟气竖向蔓延的主要通道，而烟气流动速度比人群疏散速度快。如果没有合理的措施，烟气就会对人员疏散安全造成很大的危害。同时，与地上建筑相比，地下建筑自然采光量严重不足，也将严重威胁人员的安全疏散。

（4）火灾扑救难度大。地下建筑火灾扑救难度更大，其原因主要体现在以下几方面：

1）地上建筑火灾时，人们可以从不同角度观察火灾状况，从而可以选择多种灭火路线。但地下建筑火灾没有这种方便条件，消防人员无法直接观察到火灾的发展态势，这对组织灭火造成很多困难。

2）消防人员只能通过地下建筑物设定的出入口进入，别无它路可走。于是经常只能是冒着浓烟往里走，加上照明条件极差，不易迅速接近起火位置。

3）由于地下建筑内通风不良，灭火时可以使用的灭火剂受到限制。

4）地下建筑的壁面结构对通讯设备的干扰很大，火灾中地下与地上的及时联络受到一定的影响。

地下建筑的种类很多，功能不同，火灾防治措施和安全分析的重点也不一样。对于地下建筑消防安全问题应当注意以下几个方面：

（1）可燃物的控制。对于引燃易爆物品引发的火灾爆炸事故，消防扑救非常困难。并且，地下建筑泄压困难，爆炸产生的冲击波将产生更严重的影响，甚至会完全摧毁整个地下建筑，在这方面已有不少惨重的教训。因此，地下建筑消防技术的关键首先是加强对地下建筑中存放物品的管理和限制。不允许在其中生产或储存易燃、易爆物品和着火后燃烧迅速而猛烈的物品，严禁使用液化石油气和闪点低于60℃的可燃液体。并且，装修材料的燃烧性质直接关系到室内轰燃出现的时间以及人员可利用安全疏散时间，因此，在地下建筑中使用的装修材料应是难燃、无毒的产品。

（2）合理的防火设计。在这方面主要应注意防火分隔和人员疏散。防火分区是有效防止火区扩大和烟气蔓延的重要措施，在地下建筑火灾中的作用尤其突出。对地下建筑防火分区的要求应当比地上建筑更严格。根据建筑的功能，防火分区面积一般不应超过500m²，安装了自动喷水灭火装置的建筑可适当放宽。

在地下商业街等大型地下建筑的交叉道口处，两条街道的防烟分区不得混合，并用挡烟垂壁或防烟墙分隔，如图6-43所示。

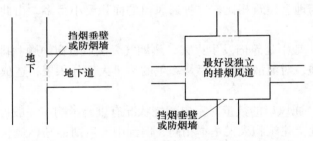

图6-43　交叉道口处的防烟分区设计

（3）有效的烟气控制设施。在地下建筑火灾中，烟气对人的危害更为严重。为了充分保证人员的安全疏散和火灾扑救，在地下建筑中必须设置烟气控制系统，以阻止烟气四处蔓延，并将其迅速排出。设置防烟帘与蓄烟池等方法也有助于限制烟气蔓延。

负压排烟是地下建筑的主要排烟方式，这样可在人员进出口处形成正压进风条件。排烟口应设在走道、楼梯间及较大的房间内。为了确保楼梯前室及主要楼梯通道内没有烟气侵入，还可进行正压送风。对设有采光窗的地下建筑，亦可通过正压送风实现采光窗自然排烟。但采光窗应有足够大的面积，当其面积与室内平面面积之比小于1/50，还应当增设负压排烟方式。对于掩埋很深或多层的地下建筑，应当专门设置防烟楼梯间，在其中安置独立的进风与排烟系统。

当排烟口的面积较大，占地下建筑面积的1/50以上，而且能够直接通向大气时，可以采用自然排烟的方式。设置自然排烟设施，必须防止地面的风从排烟口倒灌到地下建筑内，因此，排烟口应高出地表面，以增加拔烟效应，同时要做成不受外界风力影响的形状。特别是安全出口，一定要确保火灾无烟。安全出口的自然排烟构造如图6-44所示。

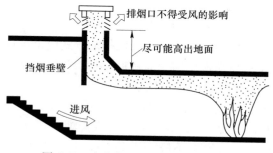

图 6-44　安全出口处的自然排烟设计

（4）合理的火灾探测报警与灭火系统。对于地下工程应当强调加强其火灾自救能力。探测报警设备的重要性在于能够及时准确预报起火位置，这对扑灭地下工程火灾格外重要。应当针对地下工程的特点进行火灾探测器选型，例如选用耐潮湿、抗干扰性强的产品。

安装自动喷水灭火系统也是地下工程的主要消防手段。对地下建筑火灾中使用的灭火剂应当慎重选择，不许使用毒性大、窒息性强的灭火剂，例如四氯化碳、二氧化碳等。这些灭火剂的密度较大，会沉积在地下建筑物内，不易排出，可对人们的生命安全构成严重危害。

（5）智能型的事故照明及疏散诱导设施。地下建筑的空间形状复杂多样，自然采光不足或不具备，这也是造成火灾中人员疏散困难的原因。因此在地下建筑中除了正常照明外，应加强设置事故应急照明灯具，同时应有足够的疏散诱导灯指引通向安全门或出入口的方向。有条件的建筑还可使用音响和广播系统以及智能型疏散标识辅助指挥人员安全疏散。

6.7.2　隧道防火防爆关键技术

隧道是一种狭长的地下建筑，其特殊的结构特点和使用功能，造成隧道火灾爆炸事故和一般的地下建筑火灾爆炸事故相比，具有特殊性。因此，除了应满足一般地下建筑防火防爆的技术要求之外，尤其应该加强活塞风的控制，合理设置防排烟设施。

6.7.2.1　隧道防排烟关键技术

隧道、特别是地铁隧道上方有大大小小的通风、排气孔与地面相连，当高速行驶的列车在隧道内来回往返时，由于隧道空间的相对封闭性，运转形成的强大气流，会让地面的空气通过隧道上方的通风排气孔形成一种上下抽动式的运动——"活塞效应"，产生的强大的不稳定逆转气流加剧火灾的蔓延，使火灾危险性加大。

《建筑设计防火规范》（GB 50016—2014（2018版））规定：

（1）通行机动车的一二三类隧道应设置排烟设施。

（2）机械排烟系统与隧道的通风系统宜分开设置。合用时，合用的通风系统应具备在火灾时快速转换的功能，并应符合机械排烟系统的要求。

（3）隧道内用于火灾排烟的射流风机，应至少备用一组。

（4）隧道的避难设施内应设置独立的机械加压送风系统，其送风的余压值应为30~50Pa。

隧道内排烟系统的设置应符合下列规定：

（1）长度大于3000m的隧道宜采用纵向分段排烟方式或重点排烟方式。

（2）长度不大于3000m的单洞单向交通隧道，宜采用纵向排烟方式。

（3）单洞双向交通隧道，宜采用重点排烟方式。

采用全横向和半横向通风方式时，可通过排风管道排烟。

采用纵向排烟方式时，应能迅速组织气流、有效排烟，其排烟风速应根据隧道内的最不利火灾规模确定，且纵向气流速度不应小于2m/s，并应大于临界风速，有效控制烟气蔓延，保证人员安全疏散。

排烟风机和烟气流经的风阀、消声器、软接等辅助设备，应能在250℃下连续正常运行不小于1.0h。排烟管道的耐火极限不应低于1.00h。

6.7.2.2 高效可靠的灭火系统和排烟系统的联合应用

在隧道灭火设施的配置方面，首先要充分灵活运用隧道内固定灭火设施的作用。东京日本坂隧道位于东京-大阪-名古屋的高速公路上，是日本的大动脉，全长2045m，里面设施齐全而先进，有电视监控系统，1000多只水喷淋，40多个消火栓，300多个探测器。但是发生火灾后，水喷淋工作80min后就停止喷水，高温使电视监控系统失去作用，产生的大量浓烟超过了通风系统的排烟能力。

隧道火灾往往是车辆使用的燃油着火或运载的石化产品倾翻着火造成的。隧道火灾的有效扑救，应要优先考虑配置适宜扑灭油类火灾的灭火设施和系统。实验表明，润滑性强的轻水系统扑灭此类火灾效果较好。细水雾灭火技术对此类火灾的扑救也有很高的效率，高压细水雾灭火技术在欧洲很多国家地铁及公路隧道火灾防护方面得到了广泛的应用。

意大利米兰市CHUBB.SIA公司推出了一种"喷水堵烟系统"，较好地解决了城市地下隧道灭火救援的这个难题。米兰市将该系统在该市50余公里长的地铁隧道上投入装备运行，证明"喷水堵烟装置"具有科学性、先进性、安全性等优点。

6.8 工业建筑防火防爆

在一些生产厂房，使用和生产的可燃气体、可燃蒸汽、可燃粉尘等物质能够与空气形成爆炸危险性的混合物，遇到火源就能够爆炸。

在可燃易爆物质的生产、使用、贮存和运输过程中，能够形成爆炸性混合物或爆炸性混合物能够侵入的场所，称爆炸危险场所。在生产、使用、贮存和运输可燃物质过程中，能够引起火灾危险的场所，称火灾危险场所。

为了防止火灾爆炸事故的发生，减少这些事故造成的损失，应从建筑物上采取的基本措施：一是要有良好的通风条件以排除这些可燃气体、可燃蒸汽和可燃粉尘形成爆炸危险混合物的可能性；二是排除能够引起爆炸危险性混合物燃爆的引火源；三是要求主体结构能耐受一定的压力。

6.8.1　爆炸危险厂房的构造

有火灾爆炸危险性的生产厂房，不但应有较高的耐火等级（不低于二级耐火等级），而且对它的构造也应使之有利于防止爆炸事故的发生和减轻爆炸事故的危险。

（1）采用框架结构。框架结构有现浇式钢筋混凝土框架结构、装备式钢筋混凝土框架结构和钢框架结构等形式。现浇式钢筋混凝土框架结构的厂房整体性好，抗爆能力较强。对抗爆能力要求较高的厂房，宜采用这种结构。装备式钢筋混凝土框架结构由于梁与柱的节点处的刚性较差，抗爆能力不如现浇钢筋混凝土结构；钢框架结构的抗爆能力虽然比较高，但耐火极限低，遇到高温会变形倒塌。因此，在装备式钢筋混凝土框架结构的梁、柱、板等节点处，应对留处的钢筋先进行焊接，再用高标号混凝土连接牢固，做成刚性接头；楼板上还要配置钢筋现浇混凝土垫底，以增加结构的整体刚度，提高气抗爆能力。钢框架结构的外露钢构件，应用非燃材料加做做隔热保护层或喷、刷钢结构防火涂料，以提高其耐火极限。

（2）提高砖墙承重结构的抗爆能力。规模较小的单层防爆厂房有时宜采用砖墙承重结构。由于这种结构的整体稳定性比较差，抗爆能力很低，应该增设封闭式钢筋混凝土圈梁。在砖墙内置钢筋，增设屋架支撑，将檩条与屋架或屋面大梁的连接处焊接牢固等措施，增强结构的刚度和抗爆能力，避免承重构件在爆炸时遭受破坏。

（3）采用不发火地面。散发比空气轻的可燃气体、可燃蒸气的甲类生产厂房和散发可燃纤维或粉尘的乙类生产厂房，宜采用不发火花的地面。一般采用不发火细石混凝土等。其结构与一般水泥地面的结构相同，只是面层上严格选用粒径为 3~5mm 的白云石、大理石等不会发生火花的细石骨料，并有铜条或铝条分格。最后还须经过一定转速的电动金刚砂轮机进行打磨试验，应达到在夜间或暗处，看不到火花产生为合格。

（4）便于内表面清除积尘。有可燃粉尘和纤维的车间，内表面应经粉刷或油漆处理，以便于清除积尘，防止发生爆炸。

（5）防止门窗玻璃聚光。有爆炸危险性的甲、乙类生产厂房，外窗如用普通平玻璃时易受阳光直射，且玻璃中的气泡还有可能将阳光聚焦于一点，造成局部高温，产生事故。应使用磨砂玻璃或能吸收紫外光线的蓝色玻璃，有可燃粉尘产生的厂房，如使用磨砂玻璃时，并应将光面朝里，以便于清扫。

（6）设置防爆墙。防爆房间内或贴邻之间设置的防爆墙，宜能抵抗爆炸冲击波的作用，还要具有一定的耐火性能。有防爆钢筋的混凝土墙应用比较广泛。如工艺需要在防爆墙上穿过管道或传动轴时，穿墙处应有严格的密封设施。当需要在防爆墙上开设防爆观察窗口时，面积不应过大，一般以 0.3m×0.5m 左右为宜；并用角钢框镶嵌夹层玻璃（防弹玻璃或钢化玻璃），也采用双层玻璃窗（木框间用橡胶带密封）。

（7）防止气体积聚。散发比空气轻的可燃气体、可燃蒸汽的甲类生产厂房，应在屋顶最高处设排（放）气孔，并不得使屋顶结构形成死角或做天棚闷顶，以防止可燃气体、可燃蒸气在顶部积聚不散，发生事故。

6.8.2　防爆泄压设施

为了防止建筑物的承重构件因强大的爆炸压力遭到破坏，故将一定面积的建筑构件

（如屋盖、非承重外墙）做成轻体结构，并加大外窗面积（包括易于脱落的门）等，这些面积称为泄压面积。当发生爆炸时，作为泄压面积的建筑构、配件首先遭到破坏，将爆炸气体及时泄出，使室内形成的爆炸压力骤然下降，从而保全建筑物的主题结构。其中以设置轻质屋盖的泄压效果较好。

6.8.2.1　确定泄压面积

泄压面积应布置均匀，靠近可能爆炸的部位；不要面对人员集中的地方和主要交通道路，不要影响临近的建筑物的安全。否则，应在泄压面积外加设保护挡板或墙外留出一段空地设置栏杆，以防伤人。多层防爆厂房内，当供应设备上下相连时，在楼板及操作平台上应开设孔洞或安设铁箅子板，以利于泄爆与自然通风，孔洞面积不应少于楼板面积的 $15\% \sim 20\%$。

泄压面积与厂房体积的比值（ m^2/m^3 ）一般采用 $0.05 \sim 0.10$。对于爆炸下限威力较强的爆炸混合物，应尽量加大比值。如采用 0.20。对有丙酮、汽油、甲醇、乙炔和氢气等爆炸介质的厂房，泄压比更应尽量超过 0.20。对于厂房体积超过 1000m³，开辟泄压面积又有困难时，其泄压比可适当降低，但不应小于 0.03。

6.8.2.2　选择泄压用建筑构件

充当泄压面积的建筑构件要轻质，其自重应小于 $100kg/m^2$，寒冷地区可为 $120kg/m^2$，它们爆炸时应容易被冲开或碎裂。泄压用的建筑材料有石棉瓦、加气混凝土、石膏板和 3mm 厚的普通玻璃等，最好选用既能很好泄压又能防寒、隔热、便于在建筑物上固定的材料。泄压用的门窗要布置成外开，翻窗的中心线应偏向上半部。

国外进行的一些模拟试验表明，对于平行壁面（如相互平行的壁面，与地面平行的天花板）的建筑物，若含有较高浓度的甲烷气、丙烷气和液化石油气，且达到最佳爆炸混合浓度时，在爆炸后期，会出现强烈的声动不稳定燃烧压力峰和压力振荡。这种振荡期间火焰前锋变为一个很宽的带，靠近壁面，火焰明亮，除了压力急剧升高之外，并伴有哨叫声，压力峰值可达 98kPa。压力振荡施加于壁面的冲量很大，是造成建筑物破坏的主要因素。这种声动不稳定燃烧压力峰值，还与可燃气体的特性和浓度有关，但加大泄压面积并不能消除最高压力。因此，单靠增大泄压面积并不能防止建筑物被炸毁。近几年来国内多次发生有泄压孔的厂房被全部炸毁的恶性事故，也充分说明了这一点，这就是现有爆炸泄压防护技术的弱点。

公安部天津消防研究所通过对建筑物的爆炸泄压的研究，尤其是对声动不稳定燃烧的试验及其机理的探讨，研制成功了一种"爆炸减压板"。将这种减压板以特定的方式附于有爆炸危险的建筑物天花板上、墙壁上或容器的内壁上，当发生可燃气体爆炸时，能有效地消除爆炸期间产生的强烈的不稳定燃烧压力振荡，最高压力可由 98kPa 减少至 8kPa，从而能保证建筑物主要结构免遭破坏。爆炸减压板弥补了现有爆炸泄压防护技术的不足，是当今防爆技术的先进科技成果，应该加以推广。

6.8.3　其他设备和设施的防爆要求

工业建筑物的其他设备和设施有的可能产生火花，有的可能传播爆炸物质或火源，如不采用措施加以预防，就有可能成为引起爆炸事故的隐患。

　　对工业建筑设备的防爆要求主要有以下几点：

　　（1）防爆厂房的电气设备，应按其类别和等级，分别选用防爆安全型、隔爆型、防爆充油型、防爆通风、充气型，本质安全型和防爆特殊型等电气设备，以排除产生电火花引起爆炸事故。

　　（2）有爆炸危险的厂房应有避雷设施。

　　（3）有爆炸危险的厂房应设导除静电的接地装置，以排除各生产部门产生的静电，防止引起爆炸。各接地装置应连成环形接地网，其端面不小于15mm×4mm。接地引下线端面不小于25mm×4mm。厂房门外如系沥青路面时，应在门口设接地踏脚板，以导除人员走动摩擦所产生的静电。

　　（4）排放含有易燃、可燃气体的下水道应单独设置，不应穿过非防爆房间。排入厂区或市政下水道前，必须经过水封井或隔油池除油。水封井及隔油池及构造如图所示。

　　（5）可燃气体、易燃、可燃液体的管沟应单独设置，并不应穿过非防爆房间，并且不能与其他管沟相互交叉，如必须交叉时应采取密封措施。

习　题

一、判断题

1. 建筑材料的燃烧性能和建筑构件的耐火极限是影响建筑火灾的重要因素之一。（　　）
2. 不设排烟设施的房间（包括地下室）和走道，应划分防烟分区。（　　）
3. 烟囱效应是造成火灾垂直蔓延的主要原因。（　　）
4. 高层建筑与50m³ 小型甲、乙、丙类液体储罐的防火间距不应小于40m。（　　）
5. 一、二级耐火等级民用建筑防火分区每层最大允许面积不超过2500m²，当建筑内设有自动灭火系统时，每层最大允许建筑面积可以增加一倍。（　　）
6. 化工厂内的火炬与甲、乙、丙生产装置、油罐和隔油池应保持50m的防火间距。（　　）

二、填空题

1. 机械排烟区域所需的补风系统应与排烟系统联动开启，送风口位置宜设在同一空间内相邻的防烟分区且远离排烟口，两者距离不应小于（　　　）。
2. 在排烟支管上应设有当烟气温度超过（　　　）时能自行关闭的排烟阀。
3. 防火阀当烟气温度超过（　　　）时能自行关闭。
4. 耐火性能试验中，构件的耐火极限有以下几个判定条件，即（　　）、（　　）和（　　）。
5. 面积大于（　　　）的地下汽车库应设机械排烟，并且防烟分区面积不大于（　　　），排烟风机风量不小于6次/h换气次数。
6. 除建筑高度超过50m的一类公共建筑和建筑高度超过100m的居住建筑之外，靠外墙的防烟楼梯间及其前室、消防电梯前室和合用前室，宜采用（　　）方式。
7. 内走廊和房间的自然排烟口，至该防烟分区最远点应在（　　）内。
8. 对于地下房间、无窗房间或有固定窗扇的地下房间，以及长度超过20m且无自然排烟的疏散走道，或有直接自然通风，但长度超过40m的疏散内走道，应设（　　）设施。
9. 当汽车库无直接通向室外的汽车疏散口时，该防火分区的机械排烟系统应设置进风系统，且送风量不小于排烟量的（　　　）。

10. 担负一个防烟分区排烟或净空高度大于 6.00m 的不划分防烟分区的房间时，排烟量应不小于（   ），单台风机最小排烟量不应小于（   ）。

二、简答题

1. 引起火灾蔓延的主要因素是什么？
2. 什么是建筑物的耐火极限，如何确定建筑构件的耐火极限？
3. 区域规划和总平面布置的基本防火要求是什么？
4. 高层建筑火灾防治有什么特点？
5. 简述地下工程火灾的特点和防治措施。

第 6 章　课件、习题及答案

典型危险场所防火防爆

本章概要地讨论工业企业中一些典型危险场所的防火与防爆安全措施。

7.1 油　　库

工厂企业的油库是防火与防爆的重点部位。一方面是油库的易燃易爆介质存在着火灾爆炸危险性；另一方面在库房周围往往有较多的火源，如铸造车间的冲天炉、锻工车间加热炉常年喷射火花的烟囱，还有热处理车间和电气焊作业等。因此，油库必须采取切实可靠的防火防爆措施。

7.1.1　油库的火灾爆炸危险性

油库贮存的石油产品如汽油、柴油和煤油等，具有易挥发、易燃烧、易爆炸、易流淌扩散、易受热膨胀、易产生静电以及易产生沸溢或喷溅的燃爆特性。有的油品如汽油的闪点很低，为-39℃，在天寒地冻的严冬季节仍存在发生燃爆危险，即低温火灾爆炸的危险性。

油库火灾主要是由各种明火、静电放电、摩擦撞击以及雷击等原因引起的。例如我国东北某厂在春节前进行安全保卫检查，发现汽油库的铁门关闭不严，则让电焊工修理铁门，当时气温是-20℃，但汽油在此温度下仍具有着火爆炸危险。所以电焊工刚刚引弧，即听到一声巨响，汽油库发生爆炸，把库房炸成平地，紧接着在库房的废墟上爆炸转化为火灾，顿时烈火熊熊，造成三人死亡和严重财产损失。

油库发生火灾爆炸的主要原因有：

（1）使用不防爆的灯具或其他明火照明。

（2）钢卷尺、铁制工具撞击等发生碰撞火花。

（3）进出油品方法不当或流速过快，或穿着化纤衣服等，产生静电火花。

（4）室外飞火进入油桶或油蒸气集中的场所。

（5）油桶破裂，或装卸违章。

（6）维修前清理不合格而动火检修，或使用铁器工具撞击产生火花。

（7）灌装过量或日光曝晒。

（8）遭受雷击，或库内易燃物（油棉丝等）、油桶内沉积含硫残留物质的自燃，通风或空调器材不符合安全要求出现火花，等等。

7.1.2　油库的分类

（1）根据油品火灾危险性的主要标志——闪点，《建筑设计防火规范》和《石油库设计规范》将油品按贮存的要求，分为甲、乙、丙三类，见表7-1。

表 7-1   油品贮存分类

规范名称	类别		油品闪点/℃	举　　例
建筑设计防火规范	甲		<28	汽油、丙酮、石脑油、苯、甲苯、戊烷等
	乙		28≤t<60	煤油、松节油、溶剂油、丁醚、樟脑油等
	丙		≥60	沥青、蜡、润滑油、机油、重油、闪点>60℃的柴油等
石油库设计规范	甲		<28	原油、汽油等
	乙		28≤t<60	喷气燃料、灯用煤油、−35 号轻柴油等
	丙	A	60≤t<120	轻柴油、重柴油、20 号重油等
		B	>120	润滑油、100 号重油等

（2）按油库容量的大小分成四级，如表 7-2 所示。

表 7-2   石油库容量分级

等　　级	总容量/m³
一级	≥50000
二级	10000<N<50000
三级	2500<N<10000
四级	500<N<2500

7.1.3　库址要求

油库发生火灾爆炸事故时，可能出现油品流散的液体火焰，对库房四邻造成威胁。油库四邻发生火灾，特别是带有飞火的火灾，对油库可能造成严重后果，因此，应合理选择库址。

（1）油库的库址应选择在交通方便的地方，尽量便于消防车到达。

（2）库址应地势较为平坦，在全厂总平面图上的位置应在地势较低且不被雨水浸入的地方。

（3）油库四邻有明火时，宜选择在常年主导风向的侧风向方位。当设在侧风向有困难时，应根据明火有无飞火的可能来选择。若无飞火，可选择在明火的下风方位；若有飞火可能的明火，应选择在明火的上风向，但应有足够的安全间距。

（4）闪点低于 28℃的桶装油品库房的防火间距见表 7-3。贮存闪点高于 28℃油品的库房间距，按一般工业厂房的间距确定。

表 7-3   闪点低于 28℃的桶装油品库房的防火间距

名　　称		储量/m	
		≤10t	>10t
民用建筑		25	30
其他建筑	一、二级	12	15
	三级	15	20
	四级	20	25

7.1.4 油库防火与防爆措施

（1）仓库应为耐火材料建造的单层建筑，其耐火等级和建筑面积见表7-4。油库内的建构物耐火等级见表7-5。

表7-4 桶装库房的耐火等级和建筑面积

油品闪点/℃	仓库耐火等级	建筑面积/m²	防火隔墙间面积/m²
<28	一、二级	750	250
28≤t<60	一、二级	1000	—
	三级	500	—
t≥60	一、二级	2100	—
	三级	1200	—

表7-5 油库内建、构筑物的耐火等级

建、构筑物名称	油库类别	耐火等级
油泵房（棚）、阀室（棚）、灌油间、铁路装卸油栈桥和暖库	甲、乙	二级
	丙	三级
桶装油品仓库及敞棚	甲	二级
	乙、丙	三级
消防泵房、化验室、计量室、仪表间、变配电间、修洗桶间、润滑油再生间、柴油发电机间、铁路装卸油品栈桥、高架罐支座（架）、空压机间、汽车油槽车间、消防车库	—	二级
油浸式电力变压器室	—	一级
机修间、器材库、水泵房、汽车库	—	三级

（2）库内地面应不渗漏油品和用不发火的材料铺设。应有1%的坡度，坡向库外集油沟或集油井。

（3）面积在100m²以上贮存汽油等轻质油品的库房，以及面积超过200m²贮存润滑油品的库房，最少要有两个大门，门的宽度不应小于2.01~2.10m，并且库内通行道上任一位置到最近的一个大门的距离不大于30m（轻质油库）或50m（润滑油库）。

（4）库房采用室外布线，库内应采用防爆型灯具和密闭式开关。

（5）库房应有良好的自然通风，通风孔应有防止飞火进入的防护装置。采用机械通风时，通风机壳和叶轮应用不产生火花的有色金属制作。

（6）进入库内不应穿带有金属钉子的鞋，应穿防静电的工作服，严禁穿化纤衣服。库内的操作工具应用铜制或铍铜合金等有色金属制造。工作完毕应切断电源。

（7）为防止油品流散和便于扑救工作，火灾危险性较大的油品堆码层高度应小些。甲类桶装油品堆码高度不应超过两层，乙类及丙A类桶装油品不应超过三层，丙B类桶装油品不应超过四层。

桶装油品仓库单位建筑面积贮存容量见表7-6。

表 7-6　桶装油品仓库单位面积贮存容量

堆码层数/层	单位面积桶数/桶·m^{-2}	单位面积容量/m^3·m^{-2}
一	1.0	0.2
二	1.8~2.0	0.36~0.4
三	2.5	0.5
四	3.0	0.6

（8）油桶灌装油品的量，应按季节气候情况确定。在不同季节，200kg 标准油桶的油品灌装量见表 7-7。

表 7-7　桶装油品灌装量　　　　　　　　　　　（kg）

油品	夏秋季	春冬季	油品	夏秋季	春冬季
车用汽油	138	140	"0" 号轻柴油	160	160
工业汽油	140	142	"10" 号轻柴油	162	162
120 号溶剂汽油	136	138	重柴油	175	175
200 号溶剂汽油	140	142	农用柴油	175	175
煤油	158	158	润滑油	170	170

7.2　电　石　库

　　根据贮存物品的火灾爆炸危险性分类，电石库属甲类物品库房，其防火防爆的安全要求和措施主要有以下几点。

7.2.1　布设原则

　　（1）电石库房的地势要高且干燥，不得布置在易被水淹的低洼地方。
　　（2）严禁以地下室或半地下室作为电石库房。
　　（3）电石库不应布置在人员密集区域和主要交通要道处。
　　（4）企业设有乙炔站时，电石库宜布置在乙炔站的区域内。
　　（5）电石库与其他建、构筑物的防火间距，不应小于表 7-8 的规定。在乙炔站区内的电石库，当与制气厂房相邻的较高一面的外墙为防火墙时，其防火间距可适当缩小：但不应小于6m。

表 7-8　电石库与建、构筑物的防火间距

名　称			防火间距/m	
			贮量<10t	贮量>10t
明火、散发火花的地点			30	30
居住、公共建筑			25	30
其他建筑物	耐火等级	一、二级	12	15
		三级	15	20
		四级	20	25
室外变电站、配电站			30	30
其他甲类物品库房			20	20

注：1. 两座库房（或电石库与厂房）相邻两面外墙为非燃烧体，且无门、窗、洞口和外露的燃烧体屋檐，其防火间距可按本表减少 25%。
　　2. 距人员密集的居住区和重要的公共建筑不宜小于50m。
　　3. 散发火花地点：如有飞火的烟囱和室外的砂轮、电焊、气焊等。

（6）电石库与铁路、道路的防火间距不应小于表 6-11 甲类物品库房与建筑物的防火间距的规定。

电力牵引机车的厂外铁路线的防火间距可减为 20m。至电石库的装卸专用铁路线和道路的防火间距，可不受上列规定的限制。

7.2.2 库房设置安全要求

（1）电石库应是单层的一、二级耐火建筑。库房应设置泄压装置（易掀开的轻质房顶，易于泄压的门、窗和墙等），其泄压面积与库房容积之比一般应达到 $0.14m^2/m^3$。如配置有困难时可适当缩小，但不应低于 $0.1m^2/m^3$。泄压装置应靠近易爆炸部位，不得面对人员集中的地方和主要交通道路。作为泄压的窗不应采用双层玻璃。

电石库的门窗均应向外开启，库房应有直通室外或通过带防火门的走道通向室外的出入口。出入口应位于事故发生时能迅速疏散的地方。

（2）电石库房严禁铺设给水、排水、蒸汽和凝结水等管道。

（3）电石库应设置电石桶的装卸平台。平台应高出室外地面 $0.4～1.1m$，宽度不宜小于 2m。库房内电石桶应放置在比地坪高 0.02m 的垫板上。

（4）装设于库房的照明灯具、开关等电气装置，应采用防爆安全型；或者将灯具和开关装在室外，用反射方法把灯光从玻璃窗射入室内。

库内严禁安装采暖设备。

7.2.3 消防措施

（1）电石库应备有干砂、二氧化碳灭火器或干粉灭火器等灭火器材。

（2）电石库房的总面积不应超过 $750m^2$，并应用防火墙隔成数间，每间的面积不应超过 $250m^2$。

7.3 乙 炔 站

7.3.1 布设原则

（1）同电石库布设原则的（1）~（3）条。

（2）宜靠近使用车间或地点。

（3）应布置在工厂区域内有明火地点或散发火花地点的全年主导风向上风侧。

（4）同一企业有氧气站时，乙炔站应布置在空分设备的吸风口及全年最小频率风向的上风侧。

（5）乙炔站与铁路、道路的间距不得小于下列规定：

厂外铁路（中心线）	34m
厂内铁路（中心线）	24m
厂外铁路（路边）	15m
厂内道路（路边）	10m
厂内次要道路（路边）	5m

（6）乙炔站与建、构筑物的防火间距不应小于表 7-9 的规定。

表 7-9　乙炔站与建、构筑物的防火间距

名　　称		乙炔站耐火等级	
		一、二级	三级（原有）
其他建筑物 耐火等级	一、二级	12	14
	三级	14	16
	四级	16	18
明火或散发火花地点		30	30
居住、公共建筑		25	25
室外变电站、配电站		30	30

注：1. 防火间距应按相邻厂房外墙的最近距离计算，如外墙有凸出的燃烧体，则应从其凸出部分外缘算起。
　　2. 两座厂房相邻较高一面的外墙为防火墙，其防火间距不限。
　　3. 两座厂房相邻两面的外墙均为非燃烧体且无门窗洞口和外露的燃烧体屋檐，其防火间距按本表减少 25%。
　　4. 距人员密集的居住区域或重要的公共建筑不宜小于 50m。

（7）乙炔站与架空电力线的防火间距应符合下列规定：

1）架空电力线的轴线与外墙上无门窗的乙炔站和渣坑的外边缘的水平距离，不应小于电杆高度的 1.5 倍。

2）架空电力线的轴线与外墙上有门窗的乙炔站的水平距离不应小于电杆高度的 1.5 倍，并加 1m。

3）在特殊情况下，对架空电力线采取有效防护措施后，可适当减少距离。

7.3.2　站内设施

（1）乙炔站区具有爆炸危险的生产车间（即发生器间）、贮气罐间、中间电石库、乙炔汇气总管等的厂房建筑，其耐火等级、设备泄压面积及电力装置（包括照明灯具）等的安全要求，同电石库库房设施第（1）条。

（2）乙炔站应设围墙或栅栏。围墙或栅栏至站区有爆炸危险的建筑物、渣坑的边缘和室外乙炔设备的净距，不应小于下列规定：

　　　　实体围墙（高度不低于 2.5m）　　3.5m
　　　　空花围墙或栅栏　　　　　　　　5m

（3）乙炔站在以下部位应装设回火防止器：

1）用数台乙炔发生器共同供气时，在汇气总管与每台发生器之间，必须装设独立的回火防止器。

2）站内乙炔管道在通往厂区管道前，应设置回火防止器。

（4）发生器间的操作平台应铺设不发生火花的材料，室内严禁贮存电石。在给水总管上应装设压力表，在每台发生器的给水管上，应装设止回阀。

（5）乙炔站中间电石库的电石贮存量应符合下列规定：

1）总生产能力不超过 20m³/h 的乙炔站，一般不超过 72h 的电石消耗量。

2）总生产能力超过 20m³/h 的乙炔站，不应超过 24h 的电石消耗量。

3）电石库位于乙炔站区域内时，中间电石库应减少电石贮存量或不设置中间电石库。

（6）乙炔贮气罐之间的防火间距应符合下列规定：

1）水槽式乙炔贮气罐之间的防火间距不应小于相邻较大贮罐的半径。

2）干式乙炔贮气罐之间的防火间距不应小于相邻较大贮罐直径的2/3。

3）水槽式乙炔贮气罐与干式乙炔贮气罐之间的防火间距应按其中较大者确定。

（7）水槽式乙炔贮气罐（容量小于500m³）与建、构筑物的防火间距不应小于表7-10的规定。

表7-10　水槽式乙炔贮气罐的防火间距

名　称			防火间距
明火或散火花的地点，居住、公共建筑，易燃、可燃液体贮罐，易燃材料堆场，甲类物品库房			25
建筑物	耐火等级	一、二级	12
		三级	15
		四级	20
室外变电站、配电站			25

干式乙炔贮气罐与建、构筑物的防火间距应按表7-10的规定增加25%，容量不超过25m³的乙炔贮气罐与乙炔站的间距可不按表7-10的规定，但应考虑贮气罐的安装和检修的方便以及不影响乙炔站的通风和采光的要求。

（8）乙炔站设备布置应紧凑合理，设备与设备或与墙之间的净距规定如下：

1）发生器间的主要通道净宽不宜小于2m。

2）设备与设备之间的间距不宜小于1.5m，设备与墙之间的净距不宜小于1m，但小型设备（如水泵、水封等）的布置间距可适当缩小。

3）灌瓶乙炔压缩机排布置时，两排之间的通道净宽不宜小于2m。

（9）乙炔站的电石渣坑应是敞开的，不应用板覆盖。电石渣应综合利用，严禁排入江、河、湖、海、农田、工厂区和城市排水管沟。澄清水应尽量循环使用。澄清水经综合治理达到现行的《工业"三废"排放试行标准》的要求时，才能排出厂外。电石渣坑严禁做成渗坑。

7.4　气　瓶　库

7.4.1　压缩与液化气瓶库

这类气瓶库主要贮存氧气瓶、氢气瓶、氮气瓶、氩气瓶和氦气瓶等压缩气瓶，以及液化石油气瓶、二氧化碳气瓶等液化气瓶。其防火与防爆要求和措施如下。

（1）气瓶库应为单层建筑，其耐火等级不低于二级。

（2）装有压缩或液化气体的气瓶库和相邻的生产厂房、公用和居住建筑以及铁路公路之间的安全间距应当符合表7-11的规定。

表 7-11　压缩或液化气体气瓶库的安全间距

仓库容量 （换算为 40m³ 的气瓶数）	距离对象	间距/m
≤500 瓶	装有其他气体的气瓶仓库及生产厂房	≥20
500<N≤1500 瓶	装有其他气体的气瓶仓库及生产厂房	≥25
>1500 瓶	装有其他气体的气瓶仓库及生产厂房	≥30
无论仓库的容量多大	住宅	≥50
无论仓库的容量多大	公共建筑物	≥100
无论仓库的容量多大	铁路干线	≥50
无论仓库的容量多大	厂内铁路	≥10
无论仓库的容量多大	公用公路	≥15
无论仓库的容量多大	厂内公路	≥5

（3）库内温度不得超过 35℃，可燃易爆气瓶库严禁明火取暖。地板应采用不产生火花的材料（如沥青混凝土），库房高度自地板至垛口不得小于 7.5m。

贮存气体的爆炸极限< 10%时，仓库应设置易掀开的轻质顶盖，或设置必要的泄压面积。

（4）气瓶仓库的最大容量不应超过 3000 瓶，并用耐火墙分隔成若干小间。每间限贮可燃气体 500 瓶，氧气及不燃气体 1000 瓶。两个小间的中间可开门洞，每间应有单独的出入口。

（5）相互接触后有可能引起燃烧爆炸的气瓶（如石油气、氢气）及油质一类物品，不得与氧气瓶一起存放。如需在同一建筑物内存放时，应以无门、窗、洞的防火墙隔开。存放易燃气体气瓶的库房，如果室内装有电气设备，应采用防爆安全型。

7.4.2　溶解气瓶库

以乙炔为例，溶解气瓶库应注意下列安全要求。

（1）乙炔瓶库与建筑物和屋外变配电站的防火间距不应小于表 7-12 的规定。乙炔瓶库与铁路、道路的防火间距、库房结构、建筑耐火等级、库内电器装置以及与氧气瓶同库贮存时的安全要求同电石库。

当气瓶与散热器之间的距离小于 1m 时，应采取隔热措施，设置遮热板以防止气瓶局部受热。遮热板与气瓶之间，遮热板与散热器之间的距离均不得小于 100mm。

表 7-12　乙炔瓶库与其他建筑物的防火间距

乙炔实瓶贮量/个	其他建筑耐火等级			与民用建筑，屋外变配电站的间距
	一、二级	三级	四级	
≤1500	12	15	20	25
>1500	15	20	25	30

（2）乙炔瓶库可与氧气瓶库布置在同一建筑物内，但仍需以无门、窗、洞的防火墙隔开。

（3）乙炔瓶库的气瓶总贮量（实瓶或实瓶、空瓶贮量）不应超过 3000 个，其中应以防火墙分隔，每个隔间的气瓶贮量不应超过 500 个。

（4）乙炔瓶库严禁明火采暖。集中采暖时，其热管道和散热器表面温度不得超过130℃，库房的采暖温度应≤10℃。

7.5　管　　道

在化工、炼油、冶炼等工厂里，通过管道将许多机器设备互相联通起来。根据管道输送介质的状态、性质、压力和温度等不同，可以分成多种不同管道。这里着重讨论输送可燃介质和助燃介质管道的防爆设施，并且以可燃气体乙炔和助燃气体氧气管道为例，研究管道发生爆炸的原因和应当采取的防爆措施。

7.5.1　管道发生火灾爆炸的原因

（1）管道里的锈皮及其他固体微粒随气体高速流动时的摩擦热和碰撞热（尤其在管道拐弯处），是管道发生火灾爆炸的一个重要因素。

（2）由于漏气，在管道外围形成爆炸性气体滞留的空间，遇明火而发生火灾和爆炸。

（3）外部明火导入管道内部。这里包括管道附近明火的导入，以及与管路相连接的焊接工具由于回火而导入管道内。

（4）管道过分靠近热源，管道内气体过热引起火灾爆炸。

（5）氧气管道阀门沾有油脂。

（6）带有水分或其他杂质的气体在管道内流动时，超过一定流速就会因摩擦产生静电积聚而放电。此外，由于雷击产生巨大的电磁、热、机械效应和静电作用等，也会使管道及构筑物遭到破坏或引起火灾爆炸事故。

7.5.2　管道防爆与防火措施

（1）限定气体流速。乙炔在管道中的最大流速，不应超过下列规定：

厂区和车间的乙炔管道，工作压力为 0.007MPa 以上至 0.15MPa 时，其最大流速为 3m/s。

乙炔站内的乙炔管道，工作压力为 2.5MPa 及其以下者，其最大流速为 4m/s。

氧气在碳素钢管中的最大流速，不应超过表 7-13 的规定。

表 7-13　碳素钢管中氧气的最大流速

氧气工作压力/MPa	≤0.1	0.9~1.6	1.6~3.0	≥10.0
氧气流速/m·s^{-1}	20	10	8	4

（2）管径的限定及管道连接的安全要求：

1）工作压力在 0.007MPa 以上至 0.15MPa 的中压乙炔管道，内径不应超过 30mm。

2）工作压力在 0.15~2.5MPa 的高压乙炔管道，管内径不应超过 20mm。

3）乙炔管道的连接应采用焊接，但与设备、阀门和附件的连接处可采用法兰或螺纹连接。

4）乙炔管道在厂区的布设，应考虑到由于压力和温度的变化而产生局部应力，管道应有伸缩余地。

5）氧气管道应尽量减少拐弯。拐弯时宜采用弯曲半径较大或内壁光滑的弯头，不应采用折皱或焊接弯头。

（3）防止静电放电的接地措施。乙炔和氧气管道在室内外架空或埋地铺设时，都必须可靠接地。

室外管道埋地铺设时，在管线上每隔 200~300m 设置一接地极；架空铺设时，每隔 100~200m 设置一接地极；室内管道不论架空或地沟铺设（不宜采用埋地铺设），每隔 30~50m 设置一接地极。但不管管线的长短如何，在管道的起始端和终端及管道进入建筑物的入口处，都必须设置接地极。接地装置的接地电阻应不小于 20Ω。

对离地面 5m 以上架空铺设的氧气和乙炔管道，为防止雷击放电、静电或电磁感应对管道的作用，要求缩短管道两接地极的距离，一般不超过 50m。

（4）防止外部明火导入管道内部。可采用水封法或采用火焰消除器，以防止火焰导入管道内部和阻止火焰在管道里蔓延。

火焰消除器亦称阻火器，可用粉末冶金片或是用多层细孔铜网（也可用不锈钢网或铝网）重叠起来制成。

（5）防止在管道外围形成爆炸性气体滞留的空间。乙炔管道通过厂房车间时，应保证室内通风良好，并应定期监测乙炔气体浓度，以便及时采取措施排除爆炸性混合气。还应检查管道是否漏气，防止火灾爆炸事故。

地沟铺设乙炔管道时，在沟里应填满不含杂质的砂子；埋地铺设时，应在管道下部先铺一层厚度约 100mm 的砂子。如沟底有坚硬石块以及考虑到局部有不均匀下沉的可能性时，砂层的厚度还应大些，然后再在管子两侧和上部填以厚度不少于 20mm 的砂子。填充砂子的目的是保证管道周围回填密实，没有大的缝隙。当管道一旦发生不均匀下沉时，由于砂子有一定流动性，也随之下沉，不至于在管道附近形成过大的缝隙，造成爆炸性气体有较大的空间聚集停留。

（6）管道的脱脂。氧气和乙炔管道在安装使用前都应进行脱脂。常用脱脂剂二氯乙烷和酒精为易燃液体，四氯化碳和三氯乙烯虽是不燃液体，但在明火和灼热物体存在的条件下，易分解成剧毒气体——光气。故脱脂现场必须严禁烟火。

（7）气密性和泄漏性试验。氧气和乙炔管道除与一般受压管道同样要求作强度试验外，还应作气密性试验和泄漏量试验。

在强度试验合格并用热风吹干后，才可进行气密性试验。试验压力一般为工作压力的 1.05 倍。对于工作压力不大于 0.007MPa 的乙炔管道，其试验压力为工作压力加 0.01MPa，试验介质为空气或惰性气体，用涂肥皂水等方法进行检查。达到试验压力后停压 1h，如压力不下降，则气密性试验合格。

泄漏量试验的压力为工作压力的 1.5 倍，但不得小于 0.1MPa，试验介质为空气或氮气。其泄漏标准为试验 12h 后，泄漏量不超过原气体容积的 0.5% 为合格。泄漏量可按下式计算：

$$V = \left[1 - \frac{p_2(273 + t_1)}{p_1(273 + t_2)} \right] \times 100\% \qquad (7\text{-}1)$$

式中　V——泄漏量，%；

p_1，p_2——试验开始和终结时管道内介质的绝对压力，Pa；

t_1，t_2——试验开始和结束时管道内介质的温度，℃。

（8）埋地乙炔管道不应铺设在下列地点：烟道、通风地沟和直接靠近高于 50℃ 热表面的地方；建筑物、构筑物和露天堆场的下面。

架空乙炔管道靠近热源铺设时，宜采用隔热措施，管壁温度严禁超过 70℃。

（9）乙炔管道可与供同一使用目的的氧气管道共同铺设在非燃烧体盖板的不通行地沟内，地沟内必须全部填满砂子，并严禁与其他沟道相通。

（10）乙炔管道严禁穿过生活间、办公室。厂区和车间的乙炔管道，不应穿过不使用乙炔的建筑物和房间。

（11）氧气管道严禁与燃油管道共沟铺设。架空铺设的氧气管道不宜与燃油管道共架铺设，如确需共架铺设时，氧气管道宜布置在燃油管道的上面，且净距不宜小于 0.5m。

（12）乙炔管路使用前，应用氮气吹洗全部管道，取样化验合格后方准使用。

7.5.3　空气压缩机及其管道爆炸事故

在许多冶金企业的生产过程中，利用压缩空气作动力。空气压缩机中的润滑油雾化，在高温高压的条件下可能发生爆炸。

往复式的活塞空气压缩机及其管道产生燃烧和爆炸的原因有三种：积炭、静电和摩擦发热。

（1）积炭的形成与着火燃烧的机理。空气压缩机的雾化油在高温高压的空气中氧化，并由于氧化金属（特别是铜）的催化作用而加速，油经氧化形成淤渣，后经热分解脱氧而形成积炭。沉积积炭的部位与空气压缩机及其管道的设计有关，最易引起积炭沉积的部位是排气阀箱与排气管的颈部冷却器的前端。其次是排气管的逆止阀及阀门内腔、盲管、变径管、储气罐等处。因为这些部位或因温度较高，或因内腔断面形状复杂而出现气流死角，或因形状改变形成气流涡旋。储气罐中则是由于断面增大而引起压缩空气的流速降低后的惯性作用，因此这些部位较容易使被氧化后的淤渣和废油沉积下来。这些部位沉积的积炭和存积的油混在一起，就继续被空气氧化放热而升温。升温的快慢，与积炭部位的空气流速有关，流速慢时温升快，流速快时一部分热量被空气带走，因此温升慢。当局部温度达到油的闪点时，就会自燃闪火并点燃了裂化气雾化油，而使空气压缩机及其管内燃烧起来。

（2）空气压缩机及其管道内的积炭形成的快慢与油的质量、管道内的气体压力、温度和氧化金属（特别是铜）的催化作用有关，但主要的因素是温度。试验证明，矿物油在常温下不会氧化，但由于压缩空气排出温度高就造成了氧化的条件，氧化的速度随温度升高而加快，当温度在 150℃ 以上时，氧化过程加速 1~2 倍，当温度超过 200℃ 时，产生积炭的现象就严重到了极点。

另外管道内积炭的分布，与大气温度有关。冬天管道内压缩空气散热快，大部分积炭聚集在靠近空气压缩机处，夏天大气温度高，管道散热慢，因此在离空气压缩机排气口很长距离的管道内，还会有润滑油的积存物。

（3）积炭来源于空压机油。空气压缩机和其他机器运行一样，对气缸、活塞、进排气阀，曲拐轴承及滑板必须加油润滑，从而防止或减少机器运动的摩擦发热与磨损，并起到防锈、防漏气的作用。空气在空气压缩机气缸中，经活塞压缩后升温升压。对于二级压缩的空气压缩机来讲，一级排气压力为 2kg/cm²，二级排气压力为 8kg/cm²，排气温度规定不大于160℃，经一段冷却器与二段冷却器冷却后的温度不大于40℃。空气压缩机气缸，活塞，排气阀箱、排气管的颈部，都在较高的温度和压力下运行，因此对于润滑油的规格与质量都有严格的要求。空气压缩机气缸之润滑油，要求闪点要高（215～240℃），在一定温度下有良好的黏度，不易氧化，氧化后生成的积碳不大于0.02%～0.3%。经压缩的空气正常温度应小于160℃，选定规定的压缩机油，油的闪点高于压缩空气的温度55～80℃，在此种情况下，空压机油将不易发生热分解，其他润滑油都不具有空压机油的特殊性能。因此不可用其他油来代替。

（4）空气压缩机气缸曲拐捞轴承箱内按规定加的是40号或50号机油。由于活塞杆在运行中将使一部分机油带入气缸中，油使用有一定期限，迟早要老化变质，使积炭的形成加速。而且油在加压加湿下闪点降低。积炭内部的油很容易达到闪点。

（5）空气压缩机及其管道的着火燃烧，不论是积炭着火，或带有粉尘的空气在管道快速流动时产生的静电放电着火，或摩擦发生过热着火点燃了管道中的裂化气雾化油，引起管道内燃烧起来，不一定都产生爆炸。只有当压缩机及其管道中的雾状油的浓度达到30～42mg/L，或在着火燃烧的同时形成CO和CO_2，当空气与含有12.5%～75%（容积）的CO混合时才可能产生爆炸。

（6）空气压缩机及其管道的着火燃烧，大多数发生在排气管至储气罐内部，因为这些部位的温度高，气体流速降低容易着火。达到着火爆炸点爆炸开始之后，就以超音速传播压力波，使管道内的压力温度急剧升高，促使管壁上的积炭或管内的可燃性混合气体发生作用，在管道内一些局部地方，出现了巨大的瞬时压力，于是造成管道中几个点同时爆炸。例如国内西宁莱钢厂，1976年发生过一次压缩空气管道爆炸事故，在直径为237mm，长300m的管路上，多处同时爆炸，冒烟。

压缩空气管道爆炸并非罕见，德国的爱伦堡有一个1100名职工的锻造厂，在1957年和1962年发生两次压缩空气管道着火，1963年3月9日发生一次压缩空气管道爆炸，170m长的管道大部分被炸裂，造成死亡20人，受伤49人，工厂全毁的重大事故。

国内外压缩空气管道爆炸的原因，大同小异，不外乎维护不良，管路内积炭温度过高着火燃烧，或因冬季严寒，管道加热升温过热，着火燃烧，造成管道内油雾的浓度增加，或使管道内的CO气体达到了爆炸限度而发生。

为防止空气压缩机与压缩空气管道爆炸事故，应注意以下几点：

（1）空气压缩机的气缸润滑，一定要采用合格的压缩机油。

（2）为避免管道积油过量，要控制气缸给油量。

（3）采用合格的压缩机油，经长期运行后，也将产生老化或氧化积炭，因此要定期清洗空气压缩机的气缸及其管道。清洗作业中不可使用挥发油，如果用了，就必须用碱液冲洗脱油。

（4）严格按照压缩机的操作维护规程、安全技术规程，对空气压缩机进行检修、维护与管理。

7.6　煤气储运防火防爆

城市民用和工业用煤气是由几种气体组成的混合气体，其中含有可燃气体和不可燃气体。可燃气体有碳氢化合物、氢和一氧化碳，不可燃气体有二氧化碳、氮和氧等。煤气是一种易燃易爆气体，在制造、储存、输送及使用过程中稍有不慎，就有可能导致严重事故。

7.6.1 煤气成分及主要性质

煤气的种类有很多，民用和工业生产中常用的煤气种类、成分及其主要性质见表7-14。

表 7-14 民用和工业生产中常用的煤气种类、成分及其主要性质

成分/%	种 类				
	高炉煤气	焦炉煤气	发生炉煤气	转炉煤气	天然气
甲烷	0.3	20~30	3~6		95 以上
碳氢化合物	—	2	≤0.5		
一氧化碳	27~30	7	26~31	60~70	—
氢气	1.5~1.8	58~60	9~10		—
氧气	—	1	0.2		
氮气	55~57	7~8	55		
二氧化碳	8~12	3~3.5	1.5~3		—
发热量（标态）/kcal·m^{-3}	850~950	3900~4400	1400~1700	1800~2200	8500~9000
爆炸极限范围	46~68	5.6~30.4	20.7~73.7	20.3~71.5	5.0~15.0
密度/kg·m^{-3}	1.295	0.45~0.55	1.08~1.25	—	0.7~0.8
主要性质	无色无味 有剧毒 易燃易爆	无色有臭味 有毒性 易燃易爆	有色有臭味 有剧毒 易燃易爆	无色无味 有剧毒 易燃易爆	无色有蒜臭味 有窒息性麻醉性 极易燃易爆

其中，高炉煤气是冶金工厂炼铁时的副产品，主要成分是一氧化碳和氮气，发热值（标态）约为3800~4200kJ/m^3。高炉煤气可用作炼焦炉的加热煤气，以取代焦炉煤气供应城市；也常用作锅炉的燃料或与焦炉煤气掺混用于冶金工厂的加热工艺。

焦炉煤气是利用焦炉对煤进行干馏而成的，这类煤气中甲烷和氢的含量较高，发热值（标态）一般在16000~18000kJ/m^3。是我国若干城市煤气供应的重要气源之一。

发生炉煤气的主要组分为一氧化碳和氢气，发热值低，毒性大，不可以单独作为城市煤气供应的起源，但可用来加热焦炉，以顶替出发热值较高的焦炉煤气，增加城市的供气量。也可以和焦炉煤气、油制气等掺混，调节供气量和调整燃气发热值，作为城市煤气供应的调度气源。发生炉煤气还可作工厂及燃气轮机的燃料。

7.6.2 城市煤气管网系统的防火防爆

城市煤气是具有一定毒性的爆炸性气体，又是在压力下输送和使用的。由于管道及设备材质和施工方面存在的问题或者使用不当，容易造成漏气，有引起爆炸、火灾和人身中毒的危险性。

7.6.2.1　城市煤气管网系统的压力级制

燃气管道之所以要根据输气压力来分级，主要是因为燃气管道的气密性与其他管道相比，有特别严格的要求，漏气可能导致火灾、爆炸、中毒或其他事故。燃气管道中的压力越高，管道接头脱开或管道本身出现裂缝的可能性和危险性也越大。当管道内燃气的压力不同时，对管道材质、安装质量、检验标准和运行管理的要求也不同。

我国城市燃气管道根据输气压力一般分为：

（1）低压燃气管道：$p \leqslant 0.01MPa$。

（2）中压 B 燃气管道：$0.01MPa < p \leqslant 0.2MPa$。

（3）中压 A 燃气管道：$0.2MPa < p \leqslant 0.4MPa$。

（4）次高压 B 燃气管道：$0.4MPa < p \leqslant 0.8MPa$。

（5）次高压 A 燃气管道：$0.8MPa < p \leqslant 1.6MPa$。

（6）高压 B 燃气管道：$1.6MPa < p \leqslant 2.5MPa$。

（7）高压 A 燃气管道：$2.5MPa < p \leqslant 4.0MPa$。

居民用户和小型公共建筑用户一般直接由低压管道供气。低压管道输送人工燃气时，压力不大于 2kPa；输送天然气时，压力不大于 3.5kPa；输送气态液化石油气时，压力不大于 5kPa。

中压 B 和中压 A 管道必须通过区域调压站或用户专用调压站才能给城市分配管网中的低压和中压管道供气，或给工厂企业、大型公共建筑用户以及锅炉房供气。

一般由城市高压 B 燃气管道构成大城市输配管网系统的外环网。高压 B 燃气管道也是给大城市供气的主动脉。高压燃气必须通过调压站才能送入中压管道、高压储气罐以及工艺需要高压燃气的大型工厂企业。

高压 A 输气管通常是贯穿省、地区或连接城市的长输管线，它有时也构成大型城市输配管网系统的外环网。

城市燃气管网系统中各级压力的干管，特别是中压以上压力较高的管道，应连成环网，初建时也可以是半环形或枝状管道，但应逐步构成环网。

7.6.2.2　高层建筑室内煤气管道的防火防爆

室内燃气管道应为明管敷设。当建筑物或工艺有特殊要求时，也可采用暗管敷设，但应敷设在有人孔的闷顶或有活盖的墙槽内。为了满足安全、防腐和便于检修需要，室内燃气管道不得敷设在卧室、浴室、地下室、易燃易爆品仓库、配电间、通风机室、潮湿或有腐蚀性介质的房间内。当输送湿燃气的室内管道敷设在可能冻结的地方时，应采取防冻措施。

A　高层建筑燃气供应系统

对于高层建筑的室内燃气管道系统应考虑三个特殊的问题：

（1）补偿高层建筑的沉降。高层建筑物自重大，沉降量显著，易在引入管处造成破坏。可在引入管处安装伸缩补偿接头以消除建筑物沉降的影响。伸缩补偿接头有波纹管接头、套筒接头和软管接头等形式。图 7-1 为引入管的软管补偿接头，建筑物沉降时由软管吸收变形，以避免破坏。软管前装阀门，设在阀门井内，便于检修。

（2）克服高程差引起的附加压头的影响。燃气与空气密度不同时，随着建筑物高度的增大，附加压头也增大，而民用和公共建筑燃具的工作压力，是有一定的允许压力波动范围的。当高程差过大时，为了使建筑物上下各层的燃具都能在允许的压力波动范围内正常工作，可采取下列措施以克服附加压头的影响：

1）分开设置高层供气系统和低层供气系统，可分别满足不同高度的燃具工作压力的需要。

2）设用户调压器，各用户由各自的调压器将燃气降压，达到燃具所需的稳定压力值。

3）采用低—低压调压器，分段消除楼层的附加压头。

（3）补偿温差产生的变形。高层建筑燃气立管的管道长、自重大，需在立管底部设置支墩。为了补偿由于温差产生的胀缩变形，需将管道两端固定，并在中间安装吸收变形的挠性管或波纹管补偿装置。

挠性管补偿装置和波纹管补偿装置如图 7-2 所示。

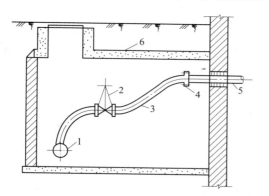

图 7-1　引入管的软管接头

1—庭院管道；2—阀门；3—铅管；
4—法兰；5—穿墙管；6—阀门井

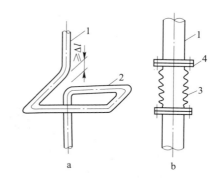

图 7-2　燃气立管的补偿装置

a—挠性管；b—波纹管

1—燃气立管；2—挠性管；3—波纹管；4—法兰

B　超高层建筑燃气供应系统的特殊处理

通常 32 层以上，或建筑的高度超过 100m 时，便称作超高层建筑。对这类建筑供应燃气时，除了使用在普通高层建筑上采用的措施以外，还应注意以下问题：

（1）为防止建筑沉降或地震以及大风产生的较大层间错位破坏室内管道，除了立管上安装补偿器以外，还应对水平管进行有效的固定，必要时在水平管的两固定点之间也应设置补偿器。

（2）建筑中安装的燃气用具和调压装置，应采用黏结的方法或用夹具予以固定，防止地震时产生移动，导致连接管道脱落。

（3）为确保供气系统的安全可靠，超高层建筑的管道安装，在采用焊接方式连接的地方应进行 100% 的超声波探伤和 100% 的 Z 射线检查，检查结果应达到 Ⅱ 级片的要求。

（4）在用户引入管上设置切断阀，在建筑物的外墙上还应设置燃气紧急切断阀，保证在发生事故等特殊情况时随时关断。燃气用具处应设立燃气泄漏报警器和燃气自动切断装置，而且燃气泄漏报警器应与自动燃气切断装置联动。

（5）建筑总体安全报警与自动控制系统的设置，对于超高层建筑的燃气安全供应是必需的，在许多现代化建筑上已有采用，该系统的主要目的是：

　　1）当燃气系统发生故障或泄漏时，根据需要能部分或全部地切断气源。

　　2）当发生自然灾害时，系统能自动切断进入建筑内部的总气源。

　　3）当该建筑的安全保卫中心认为必要时，可以对建筑内的局部或全部气源进行控制或切断。

　　4）可以对建筑内的燃气供应系统运行状况进行监视和控制。

7.6.2.3　工业企业煤气管道的防火防爆

工业企业煤气系统压力级制和系统形式的选择应考虑以下原则：

　　（1）连接引入管处的城市燃气分配管网的燃气压力。

　　（2）各用气车间燃烧前所需的额定压力。

　　（3）用气车间在厂区分布的位置。

　　（4）车间的用气量及用气规模。

　　（5）与其他管道的关系及管道维修条件。

　　燃气从引入管通过厂区管道送到用气车间。厂区管道可以采用地下敷设，也可以采用架空敷设。通常厂区燃气管道采用架空敷设。厂区架空燃气管道应尽可能地简单而明显，以便于施工安装、操作管理和日常维修。厂区管道一般采用钢管。

　　由于大气温度的变化，通常在管道上每隔一段距离，设一固定支架以固定管道，在相邻两固定支架之间，设置一个补偿器。用这样的方法，把管道划分为若干个区段，各区段管道的胀缩量靠本段管道内的补偿器进行补偿。如果固定支架之间的距离很长，其间还应设活动支架，仅作为管道的支撑点，而不约束管道胀缩。

　　厂区燃气管道的末端应设放散管。通常吹扫厂区管道时不允许使用车间的放散管，以避免粉尘和悬浮物积聚在车间管道的某些部位，但对某些小型工业企业而言，由于厂区管道较短，故吹扫也可以利用车间的放散管进行放散。

　　架空管道不允许穿越爆炸危险品生产车间、爆炸品和可燃材料仓库、配电间和变电所、通风间、易使管道腐蚀的房间、通风道或烟道等场所。架空敷设的管道应避免受到外界损伤，如接触有强烈腐蚀作用的酸、碱等化学药品，受到冲击或机械作用等。架空管道应间隔300m左右设接地装置。输送湿燃气的管道坡度不小于0.003，低点设排水器，两个排水器之间的距离一般不大于500m。管道的支架应采用难燃或不燃材料制成。当采用支架架空敷设时，管底至人行道路、厂区道路路面及厂区铁路轨顶分别保持2.2m、4.5m及5.5m的垂直净距。低支架敷设时，管底至地面的垂直净距一般不小于0.4m。

　　燃气管道与给水、热力、压缩空气、氧气等管道共同敷设时，燃气管道与其他管道的水平净距不小于0.3m。当管径大于300mm时，水平净距应不小于管道直径。燃气管道与输送酸、碱等腐蚀物质的管道共架敷设时，燃气管道应放在这些管道的上层。

　　架空管道与其他建筑物平行时，从方便施工和安全运行考虑，与公路边线及铁路轨道的最小净距分别为1.5m及3.0m，对于架空输电线，根据不同电压应保持2.0~4.0m的水平净距。

　　给水、排水、供热及地下电缆等管道或管沟至架空燃气管道支架基础边缘的净距不小于1.0m。

　　与露天变电站围栅的净距不小于10.0m。

架空敷设的燃气管道与架空高压输电线交叉时，一般燃气管道应在下层，两者之间必须有保护隔网，燃气管道应接地，其净距随电压不同而异，应不小于 3.0~4.0m。与一般通信电缆，照明电线和其他管道交叉时，垂直净距不小于 0.15m。

7.6.2.4　煤气储配站防火防爆

A　低压储配站防火防爆

低压储配站的作用是在低峰时将多余的燃气储存起来，在高峰时，通过储配站的压缩机将燃气从低压储罐中抽出压送到中压管网中，保证正常供气。当城市采用低压气源，而且供气规模又不特别大时，燃气供应系统通常采用低压储气，与其相适应，需建设低压储配站。

储配站通常是由低压储气罐、压缩机室、辅助间（变电室、配电室、控制室、水泵房、锅炉房）、消防水池、冷却水循环水池及生活间（值班室、办公室、宿舍、食堂和浴室等）组成。储配站的平面布置示例见图 7-3。

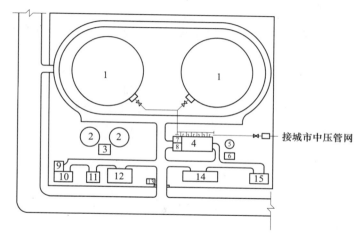

图 7-3　低压储配站平面布置图

1—低压储气罐；2—消防水池；3—消防水泵房；4—压缩机室；5—循环水池；
6—循环泵房；7—配电室；8—控制室；9—浴池；10—锅炉房；11—食堂；
12—办公楼；13—门卫；14—维修车间；15—变电室

储罐应设在站区年主导风向的下风向；两个储罐的间距等于相邻最大罐的半径；储罐的周围应有环形消防车道；并要求有两个通向市区的通道。锅炉房、食堂和办公室等有火源的构筑物宜布置在站区的上风向或侧风向。站区布置要紧凑，同时各构筑物之间的间距应满足建筑设计防火规范的要求。

当压缩有爆炸危险的各种燃气时，电动机要有防爆性能。在功率较小的场合下可选用标准型的封闭式防爆电动机；当采用非防爆电动机时，应将电动机放在用防火墙和压缩机间隔开的厂房内，电动机轴穿过防火墙处应以填料密封。大型压缩机采用封闭式的防爆电机有困难时，电动机可做成正压通风结构。

B　高压储配站防火防爆

当燃气以较高的压力送入城市时，使用低压储罐显然是不合适的，这时一般采用高压储罐和高压储配站。高压储配站的主要设备包括高压储罐、调压装置、流量计、引射器、除尘装置、加臭装置、放散管等。其防火防爆的重点除了罐区管网系统的检漏、监测、防静电等措施外，高压储罐和罐区是防火防爆的重点。

高压罐按其形状可分为圆筒形和球形两种。

在球形罐的顶部必须设置安全阀。

储罐除安装就地指示压力表外，还要安装远传指示控制仪表。此外根据需要可设温度计。

储罐必须设防雷静电接地装置。

习　题

一、判断题

1. 化工生产过程中，系统压力受各方面影响发生变化，可以造成物料倒流、正压系统变负压、负压系统变正压，最终引起事故。（　　）

2. 温度、压力、进料量与进料温度、原料纯度等工艺参数各有特点，互不干扰。（　　）

3. 不可以把锂、钠、钾、铷、铯和钠钾合金等金属浸没于矿物油或液体石蜡等物质中贮存（　　）。

4. 存放易燃气体气瓶的库房，如果室内装有电气设备，应采用防爆安全型。（　　）

5. 控制化工工艺参数，即控制反应的速度、放热量，控制投料的量、速度、顺序以及原材料的纯度和副反应等。（　　）

6. 液体产生静电荷的多少，除与液体本身的介电常数和电阻率有关外，还与输送管道的管材和管道的布置有关。（　　）

7. 乙炔站的甲类生产厂房（库房）与民用建筑、明火或散发火花地点的防火间距必须满足 30m；与重要的公共建筑距离不小于 50m。（　　）

8. 用数台乙炔发生器共同供气时，在汇气总管与每台发生器之间，必须装设独立的回火防止器。（　　）

二、选择题

1. 在有爆炸危险的生产中，如果机器设备不能用不发生火花的各种金属制造，应当使其在真空中或（　　）中操作。

　　A. 封闭空间　　　B. 良好的通风环境　　　C. 惰性气体

2. 依据《仓库防火安全管理规则》，进入库区的所有机动车辆，必须安装（　　）。

　　A. 刮雨器　　　B. 防护栏板　　　C. 防火罩

3. 液化石油气的残液应该由（　　）负责倾倒。

　　A. 燃气供应企业　　B. 使用者个人　　　C. 燃气供应企业或个人

4. 发现液化石油气灶上的导气管有裂纹，应（　　）。

　　A. 用燃着的打火机查找漏气地方　　　　B. 用着的火柴查找漏气地方

　　C. 把肥皂水涂在裂纹处，起泡处就是漏气的

5. 凡是在特级动火区域内的动火必须办理（　　）。

　　A. 相关手续　　　B. 许可证　　　　C. 特级动火证　　　D. 动火证

6. 氧气管道发生着火爆炸的原因有（   ）。

    A. 摩擦热和碰撞热   B. 漏气

    C. 管道内流速过快   D. 氧气管道阀门沾有油脂

7. 空气压缩机发生火灾爆炸的主要原因有（   ）。

    A. 积炭

    B. 带有粉尘的空气在管道快速流动时产生的静电放电着火

    C. 摩擦发生过热着火，点燃了管道中的裂化气雾化油，引起管道内燃烧

    D. 使用黑色金属工具

8. 钢制燃气管道防止电化学腐蚀的措施主要有（   ）。

    A. 绝缘防腐层   B. 外加电源阴极保护法

    C. 牺牲阳极保护法

三、问答题

1. 煤气输配管道系统中的放散阀的主要功能是什么？

2. 简述液化石油气储配站防火防爆基本措施。

3. 在生产过程中，有大量可燃物泄漏应采取哪些处理措施？

4. 乙炔站工业静电产生的主要原因有哪些？

5. 氧气管道防火防爆的措施有哪些？

6. 电石库的防火防爆措施？

7. 煤气管道输配系统应采取的防火防爆措施有哪些？

四、应用分析题

1. 1989 年 8 月 12 日 9 时 55 分，黄岛地区雷雨交加，油罐作业仍在进行中，黄岛一期工程储油 16000t 的 5 号半地下储油罐因遭雷击爆炸起火，火光瞬时冲天而起，火焰高达数十米，形成 3400 余平方米的大火。下午 2 时左右，风向突然由东南风转为西北风，4 号罐猝然爆炸。3000 多平方米的水泥罐顶揭盖而起，3000 多吨原油冲向天空，1、2、3 号罐也先后爆炸起火，3 万多吨原油倾泻而出，到处是一片火海，形成了 15 万平方米的大面积火灾。8 月 16 日晚 18 时 10 分，大火连续燃烧了 104h 后被彻底扑灭。请针对黄岛油库爆炸事故进行案例分析。

2. 某化工厂的乙炔发生器出气接头损坏后，焊工用紫铜做成接头，使用了一段时间，发现出气孔被黏性杂质堵塞，则用铁丝去捅，正在来回捅的时候，突然发生爆炸，该焊工当场被炸死亡。

第 7 章   课件、习题及答案

8 工业企业的防火与防爆

各种工业企业生产的特点不同，防火与防爆措施的重点也有所不同，下面将着重介绍几类具有重大火灾爆炸危险性的企业生产过程中火灾爆炸事故的预防与控制。

8.1 焊割作业中的防火防爆

工厂企业的各种燃料容器（桶、箱、柜、罐和塔等）与管道，在工作中因承受内部介质的压力及温度、化学与电化学腐蚀的作用，或由于存在结构、材料及焊接工艺的缺陷（如灰渣、碎孔、咬边、错口、熔合不良和焊缝的延迟裂纹等），在使用过程中可能产生裂缝和穿孔，因而在生产过程中的抢修和定期检修时，经常会遇到装盛可燃易爆物质的容器与管道需要动火焊补。这类焊接操作往往是在任务急、时间紧、处于易燃、易爆、易中毒的情况下进行。尤其化工、炼油和冶炼等具有高度连续性生产特点的企业，有时还会在高温高压下进行抢修，稍有疏忽就会酿成火灾、爆炸和中毒事故。而且这类事故往往会引起整座厂房或整个燃料供应系统的爆炸着火，后果极其严重。例如某化工厂的深冷提氢装置因管道漏气需焊补，虽然事先采取了置换的安全措施，但在焊补过程中滞留在保温材料里的氢气陆续逸出，使动火条件发生变化而引起爆炸，造成全市的氢气供应不足。因此对燃料容器焊补操作采取切实可靠的防火防爆与防毒技术措施，对安全生产有着重要意义。

8.1.1 焊割作业发生火灾事故的一般原因

燃料容器与管道的焊补，目前主要有置换动火与带压不置换动火两种方法。其发生火灾爆炸事故的主要原因有以下几种。

（1）焊接动火前对容器内可燃物置换得不彻底，或取样化验及检测数据不准确，或取样检测部位不适当，结果在容器管道内或动火点周围存在着爆炸性混合物。

（2）在焊补操作过程中，动火条件发生了变化。

（3）动火检修的容器未与生产系统隔绝，致使易燃气体或蒸气互相串通，进入动火区域；或是一面动火，一面生产，互不联系，在放料排气时遇到火花。

（4）在尚具有火灾和爆炸危险的车间仓库等室内进行焊补检修。

（5）烧焊未经安全处理或未开孔洞的密封容器。

8.1.2 置换动火的安全措施

置换动火就是在焊补前实行严格的惰性介质置换，将原有的可燃物排出，使容器内的可燃物含量降低至不能形成爆炸性混合物，保证焊补操作的安全。

置换动火是人们从长期生产实践中总结出来的经验，是比较安全妥善的方法，在检修动火工作中一直被广泛采用。其缺点是容器需暂停使用。以惰性气体或其他惰性介质进行置换，置换过程中要不断取样分析，直至可燃物含量达到安全要求后才能动火。动火以后在投产前还要再置换。这种方法手续多，耗费时间长，影响生产。此外，如果系统设备的弯头死角和支叉较多，往往不易置换干净而留下隐患。为确保安全，必须采取下列安全技术措施，才能有效地防止火灾爆炸事故的发生。

（1）安全隔离。燃料容器与管道停止工作后，通常采用盲板将与之连接的出入管路截断，使焊补的容器管道与生产的部分完全隔离。为了有效地防止爆炸事故的发生，盲板除必须保证严密不漏气外，还应保证能承受管路的工作压力，避免盲板受压破裂。为此，在盲板与阀门之间应加设放空管或压力表，并派专人看守，否则应将管路拆卸一节。有些短时间的动火检修工作可用水封切断气源，但必须有专人在场看守水封溢流管的溢流情况，防止水封失效。

安全隔离的另一种措施是在厂区和车间内划分固定动火区。凡可拆卸并有条件移动到固定动火区焊补的物件，必须移至固定动火区内进行，从而尽可能减少在车间和厂房内的动火工作。固定动火区必须符合下列防火与防爆要求：

1）无可燃物管道和设备，并且其周围距易燃易爆设备管道 10m 以上。

2）室内的固定动火区与防爆的生产现场要隔离开，不能与门窗、地沟等串通。

3）在正常放空或一旦发生事故时，可燃气体或蒸气不能扩散到固定动火区。

4）要常备足够数量的灭火工具和设备。

5）固定动火区内禁止使用各种易燃物质，如易挥发的清洗油、汽油等。

6）周围要划定界线，并有"动火区"字样的安全标志。

在未采取可靠的安全隔离措施之前，不得动火焊补检修。

（2）可燃物含量的控制。焊补前，通常采用蒸气蒸煮，接着用置换惰性介质吹净等方法将容器内部的可燃物质和有毒性物质置换排出。

在置换过程中要不断地取样分析，严格控制容器内的可燃物含量达到合格量，以保证符合安全要求，这是置换动火焊补作业防火防爆的关键。在可燃容器外焊补，而操作者不进入容器，其内部的可燃物含量不得超过爆炸下限的 1/5；如果确需进入容器内操作，除保证可燃物不得超过上述的含量外，由于置换后的容器内部是缺氧环境，所以还应保证含氧量为 18%~21%，毒物含量应符合《工业企业设计卫生标准》的规定。

常用的置换介质有氮气、二氧化碳、水蒸气或水等。置换方法应考虑到与被置换介质之间的密度关系，当置换介质比被置换介质的密度大时，应由容器的最低点送进置换介质，由最高点向室外放散。必须指出，以气体作为置换介质时，其需用量不能以超过被置换介质容积的几倍来估算。因为某些被置换的可燃气体或蒸气具有滞留性质，或者同置换气体密度相差不大时，还应注意到置换的不彻底或两相间的互相混合。在有些情况下还要采用加热气体介质来置换，才能把潜在容器内部的易燃易爆混合气排出来。因此，置换作业必须以气体成分的化验分析结果作为合格与否的标准。应该指出，容器内部气体的取样部位应是具有代表性的部位，而且应以动火前取得的气体样品分析值是否合格为准。以水作为置换介质时，将容器灌满即可。

未经置换处理，或虽已置换而分析化验气体成分尚未合格的燃料容器，均不得随意动火焊补。

（3）容器清洗的安全要求。置换作业后，容器的里外都必须仔细清洗，特别应当注意有些可燃易爆物质被吸附在容器内表面的积垢或外表面的保温材料中，由于温差和压力变化的影响，置换后也还会陆续散发出来，导致焊补操作中容器内可燃气浓度发生变化，形成爆炸性混合物而发生火灾爆炸事故。

采用火碱清洗时，应先在容器中加入所需数量的清水，然后以定量的碱片分批逐渐加入，同时缓慢搅动，待全部碱片均加入溶解后，方可通入蒸汽煮沸。必须注意通入蒸汽的管道末端应伸至液体的底部，以防通入蒸汽后有碱液泡沫溅出伤人。这项操作不得先将碱片预放在容器内然后加入清水，尤其是暖水和热水，因为碱片溶解时会产生大量的热，而使碱液涌出容器外，往往使操作者受伤。

在无法清洗的特殊情况下，在容器外焊补动火时应尽量多灌装清水，以缩小容器内可能形成爆炸性混合物的空间，容器顶部需留出与大气相通的孔口，以防止容器内压力的上升。并且应当在动火时保证不间断地进行机械通风换气，稀释可燃气体和空气混合物的积聚。

国外有采用惰性气体防护维修法，即将氮的泡沫吹入已置换的容器内，使容器的内侧表面覆盖上厚厚的一层，这样便可在容器未经清洗干净的情况下进行焊接或切割等高温作业，能够保证在设备外部进行操作时的安全，从而大大节约了时间。这种方法已应用于化工设备、贮罐甚至大型船舶的补焊。

（4）空气成分的分析和监测。在置换作业过程中和检修动火开始前 0.5h 内，必须从容器内外的不同地点取混合气样品进行化验分析，检查合格后才可开始动火焊补。而且在动火过程中，还要用仪表监测。除了可能从保温材料中陆续散发出可燃气体外，有时虽经清水或碱水清洗过，焊补时也会爆炸。这往往是由于焊接的热量把底脚泥或桶底卷缝中的残油赶出来，蒸发生成可燃蒸气而导致爆炸。所以焊补过程中需要继续用仪表监测，发现可燃气浓度上升到危险浓度时，要立即暂停动火，再次清洗直到合格为止。

（5）作业前的准备。动火焊补时应打开容器的人孔、手孔、清洗孔和放散管等。严禁焊补未开孔洞的密封容器。进入容器内动火气焊时，点燃和熄灭焊枪的操作均应在设备外部进行，防止过多的乙炔气聚集在设备内。

（6）安全组织措施。

1）在检修动火前必须制定计划，计划中应包括进行检修动火作业的程序、安全措施和施工草案。施工前应与生产人员和救护人员联系，并应通知厂内消防队。

2）在工作地点周围 10m 内应停止其他用火工作，并将易燃物品移到安全场所，电焊机的二次回路线及气焊设备的乙炔胶管要远离易燃物，防止操作时因线路发生火灾或乙炔胶管漏气而起火。

3）检修动火前除应准备必要的材料、工具外，还必须准备好消防器材。在黑暗处或在夜间工作，应有足够的照明，并准备好带有防护罩的手提低电压（12V）灯等。

8.1.3 带压不置换动火的安全措施

带压不置换动火，目前在燃料油和燃料气容器管道的焊补中都有采用。主要是严格控制氧含量，使可燃气体浓度大大超过爆炸上限，从而不能形成爆炸性混合物；并且在正压条件下让可燃气体以稳定不变的速度，从容器的裂缝向外扩散逸出，与周围空气形成一个燃烧系统，并点燃可燃气体。只要以稳定条件保持这个扩散燃烧系统，即可保证焊补工作的安全。

带压不置换法不需要置换容器原有的气体，有时可以在不停车的情况下进行（如焊补气柜），需要处理的手续少，作业时间短，有利于生产。但是它的应用有一定局限性，只能在容器外面动火，而且需在连续保持一定正压的条件下进行。没有正压就不适用，因为无法肯定容器内是否为负压、有无进入空气等，而且在这种情况下取样分析也不可能准确反映系统的气体成分。为确保带压不置换动火的安全性，必须注意下列安全要求。

（1）严格控制氧含量。带压动火焊补之前，必须进行容器内气体成分的分析，以保证其中氧的含量不超过安全值。所谓安全值就是在混合气中，当氧的含量低于某一极限值时，就不会形成达到爆炸极限的混合气，也就不会发生爆炸。氧含量的这个安全值也称极限含氧量。通过控制这一指标，可使焊补得以安全进行。例如氢气的爆炸下限为 4.0%，上限为 75%。在 75% 时，空气占 25%，氧的含量为 5.2%，亦即当氧的含量小于 5.2% 时就不会形成达到爆炸极限的混合气。不过爆炸性混合气在不同的管径、压力和温度等条件下，有不同的爆炸极限范围。不能将常温、常压下测得的数据与理论计算的数据，应用在高压情况下；同时尚需考虑仪表和检测的误差等。目前有的部门规定氢、一氧化碳、乙炔和发生炉煤气等的极限含量以 1% 作为安全值，这个数据具有一定的安全系数。

在动火前和在整个焊补过程中，都要始终稳定地控制系统中的氧含量，使之低于安全值。这就要求生产负荷要平衡，前后工段要加强统一调度，关键岗位要有专人把关，并要加强气体成分分析（可安置氧气自动分析仪）。当发现系统中氧含量增高时，应尽快找出原因及时排除，氧含量超过安全值时应立即停止焊接。

（2）正压操作。动火前和在整个焊补操作过程中，容器必须连续保持稳定的正压，这是带压不置换动火安全操作的关键。一旦出现负压，空气就会进入动火的容器，那就难免会发生爆炸。

压力的大小应控制在不产生猛烈喷火为宜。因为焊补前要引燃从裂缝逸出的可燃气，形成一个稳定的扩散燃烧系统，如果压力太大即气体流速大，喷出的火焰就很猛烈，焊条熔滴容易被大气流吹走，给焊接操作造成困难。而且穿孔部位的钢铁，在火焰高温作用下易于变形或使熔孔扩大，从而喷出更大的火焰，造成事故。如果压力太小，易造成压力波动，会使空气渗入容器里，形成爆炸性混合气。因此，压力一般可控制在 $2 \times 10^4 \sim 6.7 \times 10^4 Pa$ 之间，以保证正压而又不猛烈喷火为原则。

（3）严格控制动火点周围可燃气体的含量。无论在室内还是室外，进行容器的带压不置换动火焊补时，还必须分析动火点周围滞留空间的可燃气含量，以小于爆炸下限的 1/3 至 1/4 为合格。取样部位应考虑到可燃气的性质（如密度、挥发性）和厂房建筑的特点等，应注意检测数据的准确性和可靠性，确认安全可靠再动火焊补。

（4）焊接操作的安全要求。

1）在焊补前要引燃从裂缝逸出的可燃气，操作时焊工不可正对动火点，以免发生烧伤事故。

2）焊机的电流大小应预先调节好，特别是对压力在 0.1MPa 以上且钢板较薄的容器，焊接电流过大容易熔扩穿孔，在介质的压力下将会产生更大的孔和裂纹，易造成事故。

3）遇到动火条件有变化，如系统内压力急剧下降到所规定的限度，或氧含量超过安全值时，都要立即停止动火。待查明原因，采取相应对策，方可进行焊补。

4）焊补过程中如果发生猛烈喷火，应立即采取消防措施。动火未结束以前不得切断可燃气来源，也不得降低系统的压力，以防容器吸入空气形成爆炸性混合气。

5）焊工要有较高的技术水平，焊接操作要均匀、迅速。焊工还需预先经过专门培养和训练，不允许技术差、经验少和未经培训的焊工带压焊补。

总体来说，燃料容器带压不置换焊补作业防火防爆技术的重点是严格控制系统内的氧含量和动火点周围的可燃物的含量，使之达到安全要求，并保持正压操作。

燃料容器的带压不置换动火是一项新技术，爆炸因素比置换动火变化多，稍不注意就会给国家财产和人身安全带来严重威胁。它要求必须做好严密的组织工作，要有专人进行严格统一的指挥；值班调度人员，有关车间、工段的生产负责人要在现场参加工作；控制系统压力和氧含量的岗位和化验分析等要有专人负责；消防部门应密切配合等。

8.2　喷漆作业中的防火防爆

喷漆方法主要有空气喷漆和静电喷漆两种。目前不少工厂还大量采用空气喷漆的方法，即利用喷枪来压缩空气气流，将漆料从喷嘴以雾状喷出，沉积在产品表面。漆料和稀释剂大多是硝基物质，喷成雾状后有50%以上扩散在空中，在液滴的四周形成可燃性混合气体，并首先燃烧，所产生的燃烧热使邻近的液滴气化成可燃性混合气体，依次进行燃烧反应并不断加速，最终发展成气体爆炸，又称喷雾爆炸。

由于喷漆中的溶剂含量比较高，而且喷漆要求快干，所用物料的沸点低，容易挥发，喷漆作业中喷雾爆炸的危险性很大。因此防火防爆是喷漆作业安全管理的重点。其安全要求主要有以下几点。

（1）喷漆属于甲类生产，其车间厂房应为一、二级耐火结构，不宜设在二层以上的建筑物上。贮存和调漆应在符合防火要求的专门房间内进行。地面应采用耐火且不易碰出火花的材料。

（2）喷漆厂房与明火操作场所的距离应大于30m。

（3）喷漆车间和喷漆料、溶剂的贮存、调配间的各种电器应符合电气防爆规范要求。如采用无防爆灯具，可在墙外设强光灯通过玻璃照射。工作人员不得携带火柴、打火机等火种进入生产场所。

（4）动火检修时，必须采取防火措施。例如事先清除油漆及其沉淀物、增设灭火器材、专人监护等。还必须经消防保卫部门审批同意后，才能动火。

（5）车间应根据生产情况设置足够的通风和排风装置，将可燃气体及时迅速排出。中小型零件喷漆时，最好采用水帘过滤抽风柜。通风机必须采用专门的防爆风机，排风扇叶轮应采用有色金属制作，并经常检查，防止摩擦撞击。所有电气设备应有良好接地。如果车间没有严格的保温要求，最好尽量采用自然通风。

（6）操作时应控制喷速，空气压力应控制在0.2～0.4MPa，喷枪与工件表面的距离宜保持在300～500mm。

（7）车间里的油漆和溶剂贮存量以不超过一日用量为宜。为减少挥发量，容器应加盖。

（8）在特殊情况下，例如大型机械、机车等机件庞大且又不宜搬动的喷漆操作，若确需在现场进行，而现场的电气设备又不防爆时，应将现场电源全部切断，待喷漆结束、可燃蒸气全部排除后方可通电。

（9）在露天进行喷漆操作时，应避开焊割作业、砂轮、锻造、铸造等明火场所。

（10）喷漆的防火工作还应当从改进工艺和材料着手。如采用静电喷漆，材料利用率可提高到80%～98%以上，扩散的漆雾大大减少。如采用电泳涂漆，以水作溶剂，可以大大消除溶剂中毒和火灾的危险，等等。

高压油、润滑油是具有可燃性的有机物，虽然燃点相当高，在通常状态下难以燃烧，但当它在空气中成为雾状时，亦会引起喷雾爆炸。

8.3 冶金企业防火防爆

8.3.1 冶炼过程中的喷溅事故

冶炼过程是高温条件下的化学反应过程。这些化学反应过程应控制在一定的条件下进行，如果反应条件失去控制，则往往发生事故。在炼钢及炼铜等过程中都曾发生过喷溅或爆炸事故。

8.3.1.1 炼钢过程中的喷溅及爆炸事故

炼钢过程主要是氧化过程，其反应多为渣、钢之间反应。

反应速度与温度和气相压力有密切关系。主要还是碳的氧化反应，脱碳反应：

$$[FeO] + [C] \Longrightarrow [Fe] + [CO]$$

碳氧反应同时，产生大量CO气体。所产生的气体能否顺利排除，与熔渣的沸腾有直接关系。也就是说，熔渣的碱度适当、流动性好，促使熔池有活跃沸腾，达到碳的氧化反应条件。

依据碳的氧化反应机理，分析平炉冶炼期熔池产生大喷溅或爆炸的原因是：

（1）在熔池中熔渣多，渣子黏，流动性不好，熔池沸腾差的情况下，便加入氧化剂，由于碳氧反应产生大量气体（CO），因渣黏促使气体不能顺利排除。同时促成熔池产生巨大压力，在此瞬间形成大喷溅或爆炸。

（2）低温操作或是往炉内加入的氧化剂材料过急且批数多、数量大造成。因为低温操作破坏熔池中碳氧反应条件，往往是在熔池未形成一定性能的碱性渣（化完后熔渣碱度低）或温度低的情况下，就急于集中往炉内加入氧化剂（矿石），结果造成反应不完全，所加入的氧化剂浮在熔渣中。当熔池温度上来或从炉门插管吹氧时，达到碳氧反应的条件，突然进行急剧碳氧反应，产生大量气体。这些气体不能顺利排除，导致大喷溅或爆炸。

（3）由于熔池温度过高或熔池的上下温差大。当存在炉子倾动或插管吹氧等一些因素时，便促使熔池形成对流作用，而引起熔池激烈反应，产生大喷溅或爆炸。

造成熔渣流动性不好的原因一般有以下几个：

（1）熔渣碱度低。初期渣放的少或白灰加的少。有时虽然加入大量的白灰，但因温度低或时间短，白灰未熔化而产生此种现象。

（2）往往由于炉体被冲刷下来的碱性耐火材料混入熔渣中，促成氧化镁量增大。因氧化镁熔点为 2800℃，不易熔化，在熔渣中形成颗粒状，促成熔渣流动性不好。形成这样的熔渣大多是因为在补炉时温度低或一次所投补炉材料多而厚，烧结不牢，当铁水兑入熔池后被冲刷掉而造成的。

（3）上炉剩下大量残渣和残钢，因炉体局部上浮等因素而引起熔池流动性不好。剩残渣、残钢是因炉床或出钢口形状不正常或装入量多等因素造成的。

为防止炼钢过程中的大喷溅或爆炸，可采取如下一些措施：

（1）首先，必须维护好炉体。在补炉时要高温正压，分层投补，保证烧结好。防止一次投补大量耐火材料；要保持炉床形状和出钢口形状正常，防止剩残钢，残渣，防止炉床局部上浮。

（2）要保证有良好的熔渣。因为炼钢反应多为渣钢之间反应，其熔渣的好坏不只是影响钢的产量、质量，与安全生产关系更为密切。

所以要炼好渣，熔渣碱度适当，流动性好，沸腾活跃，一般称为高温薄渣活跃沸腾。为此要尽量多放初期渣，提前在熔化期进行造渣，使熔渣碱度控制在 20~25℃。

（3）严禁低温操作。要认真执行操作规程，严禁在熔池温度低的情况下，加入氧化剂（矿石、铁皮）。

（4）要控制好如入的氧化剂。要分批适量加入，严禁集中和批量过大。特别要防止所加入的氧化剂未完全进行碳氧反应，又连续加入。同时要注意所加入的氧化剂未反应完，不能从炉门插管吹氧。并且要适当控制供给燃料。

（5）控制好熔池温度，严防熔池上下温差过大。顶吹氧平炉，在吹炼中严禁吊枪吹氧，防止熔池表面温度过高或过氧化现象产生，顶吹平炉氧枪距渣面不能超过 250mm。

8.3.1.2 铜冶炼过程中的转炉喷溅事故

含有铜、镍、金、银等金属的矿石经密闭鼓风炉熔炼，使有用金属富集，得到冰铜。冰铜的主要成分是硫化亚铜（Cu_2S）及硫化亚铁（FeS）。熔融态的冰铜送入转炉进一步吹炼。

冰铜在转炉吹炼是周期性作业，每一周期分两个阶段。第一个阶段为造渣期，此阶段分批往转炉注入鼓风炉所产的液态冰铜及石英熔剂，同时向熔体内鼓风。由于分解压的不同，冰铜中硫化亚铁氧化为二氧化硫及氧化亚铁，氧化亚铁与所加石英熔剂造渣。这阶段的基本反应为：

$$2FeS(s) + 3O_2(g) \longrightarrow 2FeO(s) + 2SO_2(g) \qquad \Delta_r H_m^{\ominus}(298.15K) = 936.38kJ/mol$$

$$2FeO(s) + SiO_2(g) \longrightarrow 2FeO \cdot SiO_2(s) \qquad \Delta_r H_m^{\ominus}(298.15K) = 92.88kJ/mol$$

在此阶段，如果：

（1）炉温低。

（2）熔剂加入量不足。

（3）放渣不及时。

（4）发生过吹。

具有其中原因之一，都可大大降低渣的流动性，尤其后三种原因，促使四氧化三铁大量生成。由于渣黏度增加，阻碍二氧化硫气体排出，极易引起炉喷。其反应式为：

$$3FeS(s) + 5O_2(g) \longrightarrow Fe_3O_4(s) + 3SO_2(g) \qquad \Delta_r H_m^{\ominus}(298.15K) = 1789.33kJ/mol$$

在第一阶段将结束时，放出最后一批渣，此次力求将渣排净，即进入第二阶段，此时冰铜中硫化亚铁基本上已完全形成炉渣和放出二氧化硫，余下的熔体基本上是极纯的硫化亚铜。

第二阶段为造铜期，此阶段不加冰铜和熔剂，也无渣生成，只继续鼓入空气进行吹炼，使硫化亚铜氧化，最后获得含铜98.5%右的粗铜。此阶段反应式如下：

$$2Cu_2S(s) + 3O_2(g) \longrightarrow 2Cu_2O(s) + 2SO_2(g) \quad \Delta_r H_m^{\ominus}(298.15K) = 776.13kJ/mol$$
$$2Cu_2O(s) + Cu_2S(s) \longrightarrow 6Cu(s) + SO_2(g) \quad \Delta_r H_m^{\ominus}(298.15K) = -372.3kJ/mol$$

在正常生产中，上述反应是逐步进行的，随着吹炼的进行，生成的氧化亚铜即与熔体中硫化亚铜反应而消失，故能维持生产在平稳状态下进行。若两者在高温熔融状态下大量相混，情况就不大相同，将随着相混量的多少及加入的缓急，轻者炉内熔体自炉口漫出，重者造成炉内熔体大量外喷。

某冶炼厂，铜冶炼车间砖炉2段丙班1号转炉吹炼完毕，急待出铜，但下一工序平炉（精炼炉）尚需半小时才能浇铸完毕。因转炉无加温装置，铜水温度必然下降，故班长决定将白冰铜2t左右从3号转炉倒入1号转炉。认为这样既可利用这半小时时间，又解决了铜水冷凝问题。但由于倒得急，造成严重炉喷。十余吨高温铜水喷射10余米远，大量熔体喷入吊车驾驶室，引起着火，吊钩钢丝绳亦被烧断，铜包落地，包内白冰铜泻于地面。一名吊车工从驾驶室跳下，落在地面熔体中，当即被烧死。另一名吊车工重伤。班长与精炼炉班长炉喷时正在附近，亦被烧伤。

一般在转炉生产中，未能及时停止吹炼，造成"过吹"，是可以缓慢加入固态冰铜或缓慢加入液态冰铜，将过吹生成的氧化亚铜还原成金属铜，但不是加入白冰铜。两者不同点在于：冰铜是以硫化亚铁和硫化亚铜为主的固熔体，而白冰铜基本上为较纯净的硫化亚铜。

在与冰铜的反应中，由于金属与硫的亲和力不同，硫化亚铁首先氧化，消耗一定量熔体中氧化铜中的氧，因而减缓了反应的速度。而白冰铜系较纯净的硫化亚铜，又由于高温熔融状态时倒入，起到剧烈的搅拌作用，加速了氧化亚铜和硫化亚铜的化学反应，结果发生喷溅事故。

8.3.2 热处理工艺中的防火防爆

热处理工艺通常包括退火、正火、淬火、回火、化学热处理等项目。按照工艺方法的不同，还有很多不同类别，其中油浴淬火和盐浴淬火的火灾危险性较大，以下着重讨论它们的防火要点。

8.3.2.1 油浴淬火

油浴是以油类作为介质，其淬火的过程是先将工件加热到相当的温度，再经一定时间的保温，将工件全部浸没在油浴介质内，随即进行快速的冷却，待冷却后再将工件取出。油浴淬火，因一般采用机油、煤油、变压器油等可燃液体作为冷却介质，而金属工件又需加热至灼热状态，所以容易发生着火事故，需特别注意防火。

（1）淬火工段应设在一级或二级耐火建筑内并加强通风，及时排出挥发的油蒸气。

（2）淬火用油料应具有较高的闪点，一般宜采用闪点在180~200℃以上的油料。淬火油槽不要装满，至少应留有1/4高度。

（3）为防止淬火油温升高发生自燃，应采取循环冷却措施，使油槽的油温控制在

80℃以下。

（4）淬火过程中严格控制油温，当接近规定的极限温度时，应暂停淬火。不允许油温超过其自燃点。

（5）淬火时，灼热的金属工件必须迅速浸入油液中，不得有部分露出液面以防引燃油蒸气造成着火。

（6）谨防水分进入油槽内，否则水沸腾后将使油料外溢起火。

（7）油液使用过久会氧化变质，闪点下降，增加火灾危险性。因此，要定期检验油液质量并及时更新。

（8）淬火工段不得存放其他可燃物质，除待用油液外，其余备用的油液应存放在仓库内。

（9）用于吊运工件的各种起重设备和工具，必须经常维修保养，保证使用时的安全可靠。

防止在淬火时发生故障，造成工件由高处坠落入油槽，使油液四处溅出，引起灼烫和火灾；或是造成工件长期停留在油液液面上，引起火灾。

（10）淬火工段应配备充足的消防器材。一般油槽灭火以采用二氧化碳为宜。

8.3.2.2 盐浴淬火

盐浴淬火是以熔融的盐类作为冷却金属工件的介质，通常使用的有硝酸盐、氯化物、碳酸盐及其混合物。熔融温度随盐类或混合盐的组成而异，一般都在250℃以上。

高温的熔融盐类遇有机物时易燃烧起火，如果接触水分还会因体积急剧膨胀5000倍左右而发生爆炸，所以其危险性比油浴淬火大。尤其是硝盐槽因采用氧化剂硝酸钾或硝酸钠作介质，因此是盐浴槽中比较危险的一种。有些硝盐槽体积大，用硝盐量多，危险性则更大。硝盐淬火的安全要求主要有以下几点：

（1）预防泄漏。硝盐槽包括内、中、外三个槽子。外槽起保护作用，中槽起防止硝盐漏出的作用，内槽是盛放硝盐进行淬火的工作部分。

泄漏是硝盐槽最大的事故隐患，应保证在加热过程中不漏泄硝盐，因此必须保证内槽的焊接质量；应当安装泄漏报警器，硝盐泄漏报警器的两电极分别被置于内、中槽之间的底部，一旦熔融的硝盐漏入中槽，两电极就会接通，则电流发出报警信号；应注意定期检验报警器的工作性能是否正常，并及时维修。

（2）盐类加热时，为使盐内所含水分能充分蒸发，升温不宜过快。如果是硝酸盐，应控制加热温度不得超过500℃，以防高温分解发生危险。

在加入盐类之前，应彻底清除槽内的各种杂质，并烤干冷却，否则加热至熔融时有发生爆炸的危险。盐内不得含有煤粉或其他有机杂质，以免熔融时起火。

（3）淬火前应仔细清除工件上的水、油和其他杂质。

（4）盐浴淬火工段应单独设置在与其他厂房车间分隔开的室内，室内不得存放有机易燃物品。在盐浴槽上方或附近，不允许设置可能漏水的给水管道。此外，还应防止雨雪侵入盐浴槽发生爆炸事故。

（5）新装或大修后的盐槽，在第一次通电试用前应采取安全措施。首先是根据盐槽容量准备盛盐铁槽、掏盐工具和干砂，以便在盐槽发生大量泄漏时可以抢救；其次应在盐类未熔化前安装排气管，以便导出蒸发的气体。

8.3.3 高压氧气管道的火灾爆炸事故

在炼钢炼铁等冶炼过程中广泛使用氧气。氧气输送管道输送过程中，曾发生许多次操作阀门时的氧气管道破裂，氧气喷出，造成人员伤亡及设备严重损坏的事故。

这种事故的发生，是由于某种原因，如氧气中的一些物质着火燃烧以致管壁强度降低、变薄、穿孔，在内部高压气体作用下破裂的结果。在气体喷出之即发出爆炸声，在继续喷出的氧气流中，钢管成为自热状态而继续燃烧。所以，一般人们把它误认为是发生了爆炸事故。但是，它不是真正的爆炸现象，只不过是伴随金属火灾的管道破裂现象。

8.3.3.1 铁在氧气中的燃烧

金属被加热到一定的着火温度以上才能在氧气中燃烧。

根据实验测定，各种粒度的铁粉在常压的氧气（99.5%以上）中的瞬时着火温度为：$10 \sim 20$ 筛目时，421℃；$20 \sim 30$ 筛目时，408℃；$30 \sim 50$ 筛目时，392℃；100 筛目时，382℃。可见，随着铁粉的粒度变细，着火温度降低。另外一些实验结果表明，200 筛目铁粉的着火温度为 315℃，而约 10g 重的铁块的着火温度为 930℃。在常压的氧气中铁的着火温度为 948℃，同样的试料在 $35kg/cm^2$ 的高压氧中的着火温度为 842℃。

因此，可以认为，在常压的氧气中，铁粉末在 315℃ 左右时就能着火燃烧，而铁块则至少要加热到 930℃ 以上才能着火；在 $30kg/cm^2$ 以上的高压氧中，铁的着火温度较常压时降低几十度甚至近百度。

铁的熔点在 1500℃ 左右，高于氧气中铁的着火温度。因此，在铁熔融之前，铁以固体状态着火燃烧。

在氧气中铁的燃烧产生大量的燃烧热，温度急剧上升而进入白热状态。燃烧过程产生的氧化铁呈熔融状借气流排除。只要不中断供给氧气，就会继续剧烈地燃烧。

铁在氧气中燃烧的化学反应式如下：

$$4Fe(\alpha) + 3O_2(g) \longrightarrow 2Fe_2O_3(s) \quad \Delta_r H_m^{\ominus}(298.15K) = -1644.2kJ/mol$$

由于氧气的热导率较低，粉末状的铁燃烧产生的燃烧热容易蓄积在生成的氧化铁颗粒上。这些热量一部分通过热传导到达周围气体或管壁，一部分经热辐射放出。如果这些燃烧热绝热的蓄积在这些颗粒上，则其温度可高达几千度。

在常温常压下，每克铁的燃烧消耗氧气约 300mL。由于铁的相对密度是 7.86，比容是 0.127mL/g，所以为了使铁继续燃烧，就要供给相当于铁的体积的 2360 倍左右的氧气。

当氧气管道发生燃烧事故时，管道的燃烧发生在氧气供给侧。所以，切断氧气供应，就可较容易地消灭管道燃烧。

8.3.3.2 着火机理

为使氧气管道着火燃烧，至少应该将管壁加热到块状铁的着火温度 $800 \sim 900℃$ 以上。作为加热的热源，可能有如下几种：

（1）高速气流引起的铁鳞摩擦。氧气管道中的铁鳞颗粒随高速气流运动时，与管壁摩擦而生热。若把若干铁鳞颗粒放在氧气管道中，可以看到从管道的末端喷出已成炽热的颗粒。当氧气厂向大气中排放氧气时也会看到这种情况。这是由于铁鳞与管壁之间摩擦发热造成的。氧气流速越高，这种现象就越显著。

铁鳞颗粒很轻，热容量很小。管壁既有较大的热容量，且有较高的热导率，故由于摩擦热造成的管壁升温并不显著。因此，这种摩擦不会把管壁加热到着火温度。

（2）管道内的可燃物燃烧。如果管道内存在着可燃物，则微小的火源也会引燃它们而开始燃烧。由于燃烧在高纯的氧气气流中，其燃烧速度非常快，在极短的时间内发出大量的燃烧热，火焰温度相当高。如果火焰与管壁接触，则管壁如同受到氧气切割喷枪的火焰加热一样，很容易达到着火温度，使管道开始燃烧。

氧气中可能出现的可燃物有如下几种：

1）润滑油的油雾随着氧气气流进入管道，凝结在管接头或阀门等气流死角处。

2）清洗管道用的洗涤剂残留在管道内，有些洗涤剂，如三氯乙烯，虽然在空气中是不燃的，但在氧气中是可燃的。

3）管道系统有可燃型密封材料。实验证明，可燃性纤维的密封片在氧气中一旦着火便猛烈燃烧，引起法兰连接部分的铁材燃烧。

（3）红热的铁粉。在氧气管道内生成的铁鳞中，含有没有完全氧化的氧化亚铁、四氧化三铁，甚至金属铁粒子。

铁鳞中的铁粉可能是铁鳞从管壁上剥落下来时，或由于管壁与铁鳞摩擦引起的磨损而产生的。

如前所述，铁粉的着火温度远低于铁块的着火温度，在高压氧气中比在常压氧气中的着火温度低数十度。所以，当铁粉随着氧气气流流动时，由于与管壁摩擦，很容易达到着火温度而开始燃烧。由于燃烧热的蓄积，使铁粉成为温度约达 $100\sim200℃$ 的红热粒子流。

呈红热状态的正在燃烧着的铁粉粒子若与管道内的可燃物接触，则足以把可燃物引燃。特别是，自身正在进行燃烧反应的铁粒子表面带有中间生成的活性氧，所以与单纯的物理上的高温粒子相比，更容易引燃可燃物。

红热的铁粉粒子除了作为引火源能够引燃可燃物之外，它还能直接使管道穿孔。在管道的 T 字部分等地方，高速气流冲击管壁，红热的铁粉粒子附着在管壁上并且在那里堆积，与铁粉切割相同，使管壁穿孔，引起管道燃烧。

（4）绝热压缩。当处于高压管道与低压管道之间的阀门突然打开时，低压气体被迅速压缩，接近于绝热压缩过程。由于绝热压缩使气体温度升高。

8.3.3.3 预防措施

为防止氧气输送过程发生燃烧事故，一般从下面几个方面采取措施：

（1）高压氧气管道的内壁、阀门、接头、螺栓等能与氧气流接触的表面，应尽量平滑而无突起，避免形成气流流动的死角。

（2）管路上的衬垫、填料等避免使用可燃性材料。

（3）由于气流急速变化部分的管道受到红热粒子冲击，容易着火燃烧，故尽量采用直线管道，防止急转弯。

（4）定期清扫管道，排出管道内的铁鳞等固体粒子。

（5）潮湿的氧气可能使管道生锈，应尽量不通过潮湿的氧气。若必须通过潮湿的氧气时，则应避免通过潮湿氧气后再通过干燥的氧气，因为这可能使生成的锈垢脱落下来。

（6）采用不锈钢代替碳钢可以避免或减少生成铁锈。

（7）管道内的氧气压力及流速应符合规程要求。

（8）阀门应缓慢开阀，当阀门两侧压差较大时，可采用充氮保护及减少压差等措施。

8.4 矿山防火防爆

8.4.1 矿山火灾爆炸事故特征及其危害

8.4.1.1 矿山火灾事故特征及其危害

发生在矿山企业内的火灾统称矿山火灾。发生在厂房、仓库、办公室或其他地面建筑物及设施里的火灾叫做地面火灾；发生在矿井的各种巷道、硐室、采矿场或采空区中的火灾叫做矿内火灾。在矿井井口附近发生的地面火灾，如果所产生的高温和烟气随风流进入矿井，威胁井下人员安全时，也被叫做矿内火灾。

矿山火灾按其发生的原因，有内因火灾与外因火灾之分。

矿山内因火灾是由于矿岩缓慢氧化而自燃引起的。尽管内因火灾的发生有个相对漫长的发展过程，并会出现一些可能被人们早期发现的预兆，但是，由于引起燃烧的火源往往存在于人员难以接近或根本无法接近的采空区、矿柱里，很难被扑灭，使得燃烧可能持续数月、数年或数十年。矿山内因火灾产生的大量热和有毒有害气体恶化矿内作业环境，威胁人员健康和安全，甚至造成大量矿产资源损失。非煤矿山的内因火灾，主要发生在开采有自燃倾向的硫化矿物的矿山。

矿山外因火灾是由于矿岩自燃以外的原因，如吸烟、明火或电气设备故障等引起的火灾。据统计，在我国冶金、有色、黄金等金属非金属矿山中，外因火灾占矿山火灾事故的80%～90%，是矿山火灾的主要形式。

与地面设施相比较，矿井内部只有少数出口与外界相通，近似于一种封闭空间。因此，矿内火灾有许多不同于地面火灾的特点。

（1）矿内火灾时的燃烧特征。矿山火灾发展过程与地面建筑物室内火灾发展过程类似。在火灾初起阶段，由于燃烧规模较小，与室内火灾的情况没有什么区别。在火灾成长期，火势迅速发展，但是，当火势发展到一定程度时，由于矿内供给燃烧的空气量不足，不完全燃烧现象十分明显，产生大量含有有毒有害气体的黑烟。一般来说，发生在矿内井巷中的火灾很少出现爆燃现象。

矿内一旦发生火灾，火灾产生的高温和烟气随风流迅速在井下传播，对矿内人员生命安全构成严重威胁。根据理论计算，巷道里的一架木支架燃烧所产生的有毒有害气体足以使2km以上巷道里的人员全部中毒死亡。

矿内火灾时高温空气的热对流产生类似矿井自然风压的火风压，破坏原有的矿井通风制度，引起矿内风流紊乱，增加烟气控制的困难性。

（2）矿内火灾时消防与疏散的困难性。金属非金属矿山井下作业面多且分散，使得早期发现矿内火灾比较困难，往往在火势已经发展到了成长期以后才被发现，错过了初期灭火的时机。

矿内火灾形成以后，受矿井条件限制，矿内火灾的消防工作比较困难。

（1）地面人员很难获得矿内火灾的详细信息，很难掌握火灾动态，因而消防指挥者很难对火灾状况做出正确的判断并采取恰当的消防措施。

（2）火灾时矿内巷道充满浓烟和热气，增加消防活动的困难性。有的时候，火灾产生的浓烟和热气从矿井主要出入口涌出，会阻碍消防人员进入矿井。

（3）受井巷尺寸、提升设备和运输设备以及矿内供水系统等方面的限制，有时无法把消防设备、器材运到火灾现场，或消防能力不足，不能迅速扑灭火灾或控制火势。

另一方面，矿内发生火灾时烟气迅速随风流蔓延，对人员的安全疏散极为不利。一般来说，从工作面到矿井安全出口的距离都比较远，往往要经过一些竖直或倾斜井巷才能抵达地表，并且，远离火灾现场的人员缺乏对火灾情况的确切了解，成功地撤离到地面是相当不容易的。因此，在人员疏散方面必须采取一些专门措施。

8.4.1.2 矿山爆炸事故及其危害

炸药爆炸是矿山最常见的化学爆炸。炸药是一种不稳定的化学物质，在受到冲击后便迅速分解，产生高温高压并释放出巨大的能量。受到控制的炸药爆炸可以造福于人类，在矿山生产过程中人们就是利用炸药爆炸释放出的能量采掘矿岩的。失去控制的炸药爆炸，即炸药意外爆炸称为爆破事故。一旦发生爆破事故，炸药爆炸释放的能量可能摧毁矿山设施、建筑物，伤害人员。因此，在加工制造、运输保管及使用炸药过程中，必须采取恰当的安全措施，避免发生炸药意外爆炸。

在矿山生产过程中有时要利用或产生可燃性气体，可燃性气体与适量的空气混合后，形成可燃性气体，遇到火源则可能发生猛烈的氧化反应，发生气体爆炸。例如，使用乙炔气体切割、焊接金属作业不慎，或电石受潮放出乙炔气体与空气混合后，遇到明火或火源则会发生乙炔气体爆炸。又如，空气压缩机中的润滑油雾化形成可燃性混合物，在高温高压下可能发生爆炸，毁坏空气压缩机及附属设施，伤害人员。此外，生产过程中某些可燃性粉尘弥散在空气中，遇到火源会发生粉尘爆炸。

压力容器爆炸是典型的物理爆炸。矿山生产中使用的各种高压气体贮罐、气瓶，空气压缩机的储气罐等压力容器，在其内部介质压力作用下发生破裂而爆炸。

8.4.2 矿内火灾原因及预防

8.4.2.1 矿内外因火灾及预防

金属非金属矿山井下存在的可燃物种类较少，主要是木材、油类、橡胶或塑料、炸药及可燃性气体等。其中，木材主要用于各种巷道、硐室的支架；油类包括各种采掘设备和辅助设备的润滑油、液压设备用油及变压器油等，橡胶、塑料主要用于电线、电缆包皮及电气设备绝缘等。矿山生产中广泛使用的硝铵类炸药，除了可以被引爆之外，遇到明火会被引燃。

A 矿内外因火灾原因分析

引起矿内外因火灾的引火源主要有明火、电弧和电火花、过热物体3类。

（1）明火。金属非金属矿山井下常见的明火有电石灯火焰、点燃的香烟、乙炔焰等。矿工照明用的电石灯，其火焰温度很高，很容易引燃碎木头、油棉纱等可燃物。香烟头的热量看起来微不足道，实际上因乱抛烟头引起火灾的例子却屡见不鲜。据实验测定，香烟燃烧时其中心温度约为 $650 \sim 750$℃，表面温度也有 $350 \sim 450$℃。在干燥、通风良好的情况下，随意抛在可燃物上的烟头可能引起火灾。矿山井下用于切割、焊接金属的乙炔焰，以及北方矿山井口取暖用的火炉（安全规程明令禁止用火炉或明火直接加热井下空气，或用明火烘烤井口冻结的管道）等，都可能引起矿山火灾。

（2）电弧和电火花。井下电气线路、设备短路、绝缘击穿、电气开关熄弧不良等，会产生强烈的电弧或电火花，瞬间温度可达 1500~2000℃，足以引燃可燃性物质。由于各种原因产生的静电放电也会产生电火花，引燃可燃性气体。

（3）过热物体。过热物体的高温表面是常见的矿山火灾引火源。井下各种机械设备的转动部分在润滑不良、散热不好或其他故障状态下，会因摩擦发热而温度升高到足以引燃可燃物的程度。随着矿山机械化、自动化程度的提高，井下电气设备越来越多。如果使用、维护不当，电气线路和设备可能过负荷而发热。另外，井下使用的电热设备、白炽灯也是不可忽视的引火源。例如，60~500W 的白炽灯点亮时，其表面温度约为 80~110℃，内部炽热的钨丝温度可达 2500℃。在散热不良而热量蓄积的情况下，可以引燃附近的可燃物。《金属非金属矿山安全规程》规定，井下不得使用电炉和灯泡防潮、烘烤和采暖。

此外，爆破时产生的高温有可能引燃硫化矿尘、可燃性气体或木材。图 8-1 为金属非金属矿山外因火灾原因分析的故障树。

B　矿内外因火灾预防

由于矿内空气的存在是不可避免的，所以防止矿山外因火灾应该从消除、控制可燃物和外界引火源入手，并且避免它们相遇。一般地，可以采取如下具体措施：

（1）采用非燃烧材料代替木材。矿井井架及井口建筑物必须采用非燃烧材料建造，以免一旦失火殃及井下。入风井筒、入风巷道的支护要采用非燃烧材料，已经使用木支护的应该逐渐替换下来。井下主要硐室，如井下变电所、变压器硐室、油库等，都必须用非燃烧材料建筑或支护。

（2）加强对井下可燃物的管理。对井下经常使用的可燃物，如油类、木材、炸药等要严格管理。生产中使用的各种油类应该存放在专门硐室中，并且硐室中应该有良好的通风。油桶要加盖密封。使用过的废油、废棉纱等应该放入带盖的铁桶内，及时运到地面处理。

（3）严格控制明火。禁止在井口或井下用明火取暖；携带、使用电石灯要远离可燃物；教育工人不能随意乱扔烟头。

（4）焊接作业时要采取防火措施。在井口建筑物内或井下进行金属切割或焊接作业时，应该采取适当的防火措施。在井筒内进行切割或焊接作业时，要有专人监护，作业结束后要认真检查、清理现场。一般地，这类作业应该尽量在没有可燃物的地方进行。如果必须在木支护的井筒内进行金属切割、焊接作业时，应该在作业点周围挡上铁板，在下部设置接收火星、熔渣的设施，并指定专人喷水淋湿及扑灭火星。

（5）防止电线及电气设备过热。应该正确选择、安装和使用电线、电缆及电气设备，正确选用熔断器或过电流保护装置，电缆或设备电源线接头要牢固可靠。挂牢电线、电缆，防止受到意外的机械性损伤而发生短路、漏电。

8.4.2.2　矿山内因火灾及其预防

矿山内因火灾是由于矿物氧化自燃引起的，金属非金属矿山的内因火灾主要发生在开采有自燃倾向硫化矿床的矿山。据粗略统计，我国已开采的硫化铁矿山的 20%~30%，有色金属或多金属硫化矿的 5%~10% 具有发生内因火灾的危险性。矿山内因火灾是在空气

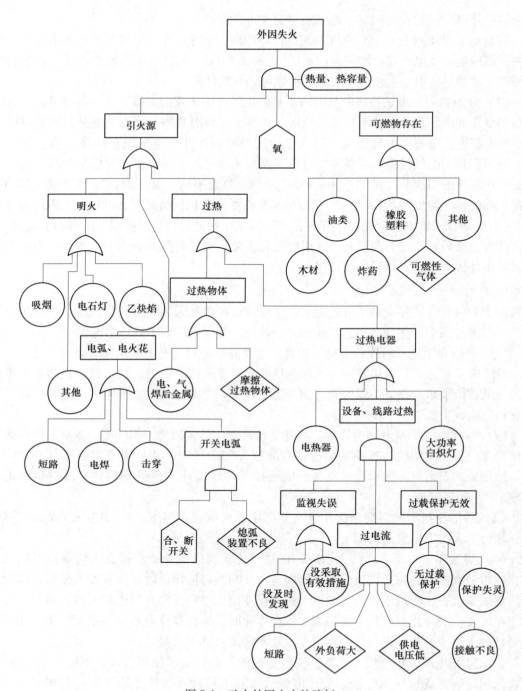

图 8-1　矿内外因火灾故障树

供给不足的情况下缓慢发生的，通常无显著的火焰，却产生大量有毒有害气体，并且发火
地点多在采空区或矿柱里，给早期发现和扑灭带来许多困难。

　　A　硫化矿石自燃的主要原因及影响因素

　　硫化矿石在空气中氧化发热，是硫化矿石自燃的主要原因。硫化矿石的氧化发热过程可以划分为两个阶段。首先，硫化矿石以物理作用吸附空气中的氧分子，释放出少量的热，然后，转入化学吸收氧阶段，氧原子侵入硫化物的晶格，形成氧化过程的最初产物硫酸盐矿物，同时释放出大量的热，在通风不良的情况下，热量聚积而温度升高，加速矿石氧化过程。当温度超过200℃时，硫化矿石氧化生成大量二氧化碳气体，放出更多的热量，逐渐由自热发展为自燃。

根据实验研究和矿内观察，导致自燃发生的基本要素包括矿石的氧化性或自燃倾向，空气供给条件，以及矿岩与周围环境间的散热条件。在实际矿山条件下，影响硫化矿石自燃发火的因素可归结为如下3个方面：

（1）硫化矿石的物理化学性质。硫化矿石中硫的含量是决定其自燃倾向的主要因素。当矿石的含硫量达到12%以上时，则有可能发生自燃；当含硫量增加到40%~50%以上时，其火灾危险性大大增加。当硫化矿石中含有石英等造岩矿物时，或含有其他惰性杂质时，其自燃性减弱。

松脆和破碎的矿石因其表面积大，自燃发火的可能性大；潮湿的矿石较干燥的矿石容易自燃。

（2）矿床地质条件。矿体厚度、倾角及围岩的物理力学性质等影响硫化矿石的自燃。例如，矿体厚度越大，倾角越陡，自燃发火的危险性越高。根据实际资料，厚度小于8m的硫化矿床很少发生自燃。

（3）采矿技术条件。影响硫化矿石自燃的采矿技术条件包括开采方式、采矿方法以及通风制度等。它们决定残留在采空区里的矿石、木材的数量和分布，以及向采空区漏风的情况。

B 矿山内因火灾的早期识别

早期识别内因火灾，对防止火灾发生及迅速扑灭火灾具有重要意义。可以通过观测内因火灾的外部预兆、化学分析和物理测定等方法识别内因火灾。

（1）矿山内因火灾的外部预兆。硫化矿石的自热与自燃过程中，往往在井巷内出现一些外部预兆。根据这些预兆，人们可以判断内因火灾已经发生，或判断自热自燃已经发展到什么程度。

1）硫化矿石自热阶段温度上升，同时产生大量水分，使附近的空气呈过饱和状态，在巷道壁和支架上凝结成水珠，俗称"巷道出汗"。在冬季，可以看到从地表的裂缝、钻孔口冒出蒸汽，或者出现局部地段冰雪融化的现象。

2）在硫化矿石的自燃阶段产生 SO_2，人们会嗅到它的刺激性臭味。

3）火区附近的大气条件使人感觉不适。例如，头疼、闷热、裸露的皮肤有微痛，精神过于兴奋或疲劳等。

这些预兆出现在矿石氧化自热已经发展到相当程度以后，甚至已经开始发火燃烧了。况且，有时仅凭人的感觉和经验也不太可靠。所以，为了更早地、准确地识别矿山内因火灾，还要依赖更科学的方法。

（2）化学分析法。分析可疑地区的空气成分和地下水成分，可以早期发现硫化矿石自燃。

1）分析可疑地区的空气成分。在有自然发火危险的地区定期地采集空气试样进行分析，观测矿井空气成分的变化，可以确定矿石自热的有无及发展情况。当有木材参与自热过程时，基本上可以利用空气中的 CO_2、CO 和 O_2 含量的变化来判断。由于 SO_2 能溶解于水，所以在火灾初期的气体分析中很难测出。当空气中的 CO 和 SO_2 含量稳定或者逐渐增加时，可以认为自热过程已经开始了。

2）分析可疑地区的地下水。硫化矿石氧化时产生硫酸盐及硫酸，并且析出的 SO_2，也容易溶解于水，使得矿井水的酸性增加，矿物质含量增加，甚至木材水解产物也增加。为了便于分析比较，必须预先查明正常条件下该地区地下水的成分，然后系统地观测地下水成分的变化，判断内因火灾的危险程度。

（3）物理测定法。通过测定可疑地区的空气温度、湿度和岩石温度，可以最直接、最准确地鉴别内因火灾的发生、发展情况。

系统地测定和记录可疑地区的空气温度和湿度，综合各种测定方法获得的资料，就可以做出正确的判断。当被观测地区的气温和水温稳定地上升，超过 25℃ 以上时，可以认为是内因火灾的初期预兆。

为测定岩石温度，可以在预先钻好的 4~5m 深的钻孔底部放入温度计（水银温度计、热电偶或温度传感器），孔内灌满水，孔口封闭。当岩石温度稳定地上升 30℃ 以上时，认为自热过程已经开始了。

我国一些煤矿已经利用束管法连续监测井下自然发火。束管由许多塑料细管外裹套管组成，其状如同芯电缆。束管把井下各取样点处的空气送到地表的气体分析仪，经计算机处理后做出火灾预报。图 8-2 为束管监测系统的示意图。

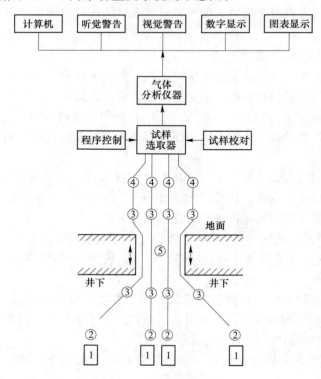

图 8-2　束管监测系统示意图

1—取样点；2—粉尘过滤器；3—水分捕集器；4—抽气泵；5—束管

C 预防矿山内因火灾的专门措施

防止硫化矿石自热自燃的基本原则是：减少、限制矿石与空气的接触以限制氧化过程，以及防止自热过程中产生的热量蓄积。

a 合理选择开拓方式和采矿方法

合理地选择开拓方式和采矿方法，可以干净、快速地回采矿石，在时间上和空间上减少矿石与空气的接触。主要技术措施如下：

（1）在围岩中布置开拓和采准巷道，减少矿体暴露，减少矿柱，并易于隔离采空区。

（2）合理设计采区参数，加速回采，使开采时间少于矿石的自燃发火期，并在采完后立即封闭。

（3）遵循自上而下、自远而近的开采顺序安排生产。

（4）选择合理的采矿方法，降低开采损失，减少采空区中残留的矿石和木材量，并避免它们过于集中。选用的采矿方法应该有较高的回采强度和便于严密封闭采空区。

b 建立合理的通风制度

建立合理的通风制度可以有效地减少向采空区的漏风。

（1）采用机械通风，保证矿井风流稳定，风压适中。主扇应该有反风装置并定期检查，保证能够在 10min 内使矿井风流反向。

（2）选择合理的通风系统，降低总风压，减少漏风量。混合式通风方式最适合于有自燃发火危险的矿井。采用并联方式向各作业区独立供风，既可以降低总风压，又便于调节和控制风流。

（3）加强对通风构筑物和通风状况的检查和管理，降低有漏风处的巷道风阻，提高密闭、风门的质量，防止向采空区漏风。

（4）正确选择通风构筑物的位置。在通风构筑物，如风门、风窗或辅扇处会产生很大的风压差。应该把它们布置在岩石巷道中或地压较小的地方，防止出现裂隙向采空区漏风。另外，还要注意这些设施能否使通风状况变得对防火不利。

c 封闭采空区或局部充填隔离

利用封闭或局部充填措施把可能发生自燃的地段与外界空气隔绝，可以防止硫化矿石氧化。用泥浆堵塞矿柱裂隙可以将其封闭。为了封闭采空区，除了堵塞裂隙外，还要在通往采空区的巷道口上建立防火墙。防火墙有临时防火墙和永久防火墙两类。

（1）临时防火墙。临时防火墙用于暂时遮断风流，阻止自燃以便准备灭火工作，或者用以保护工人在安全的条件下建造永久防火墙。临时防火墙应该结构简单、建造迅速。金属非金属矿山常用木板条敷泥做临时防火墙（见图 8-3）和预制混凝土板做防火墙。近年来，出现了各种塑料充气快速密闭墙。

（2）永久防火墙。永久防火墙用于长期严密隔绝采空区，因而要求坚固和密实。为此，永久防火墙必须有足够的厚度，并且其边缘应该嵌入巷道周壁 0.5m 以上的深度。为了测温、采集空气样和放出积水，在墙上安设 2~3 根钢管。常用的永久防火墙有砖砌防火墙（见图 8-4）和短木柱堆砌并注入黏土或灰浆的防火墙。前者适

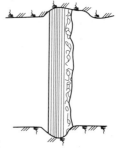

图 8-3 临时防火墙

用于地压不大的巷道；后者适用于地压较大的巷道。

用防火墙封闭采空区后，要经常检查防火墙的状况，观测漏风量、封闭区内的气温和空气成分。由于任何防火墙都不能绝对严密，所以必须设法降低封闭区进、回风侧之间的风压差。当发现封闭区内有自热预兆时，应该采取灌浆等措施。

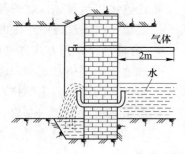

图 8-4　砖砌防火墙

d　预防性灌浆

预防性灌浆是把泥浆灌入采空区来防止硫化矿石自燃的方法。由黄土、砂子和水按一定比例混合制成的泥浆被灌入采空区后，覆盖在矿石上，渗入到裂隙中，把矿石与空气隔开，阻止氧化；另一方面，泥浆也增加了采空区封闭的严密性，可减少漏风。泥浆脱水过程中的冷却作用可以降低封闭区内的温度，泥浆中的水分蒸发可以增加封闭区内的湿度。这样，灌浆不仅可以预防火灾发生，而且可以阻止已经发生的自燃过程，起到灭火作用。

灌浆之前，先在巷道里建造防火墙封闭采空区。必要时，预先在防火墙内侧 5~10m 的位置上建造过滤墙，以便滤水和阻挡泥砂。灌注泥浆之后，要堵塞沟通地表的裂缝。

对灌浆材料的要求是，容易脱水，泥浆水排出流畅，渗透性强，能充填微小裂隙，收缩率小，不含可燃物，材料来源广泛和成本低等。一般采用地表沉积的天然黏土和粒度不超过 2mm 的砂子的混合物。为了增加泥浆的凝结性，防止迅速稀化，可以在泥浆中加入一定量的石灰乳液。

泥浆制备工艺分为水力制浆和机械制浆两种。前者直接用水枪冲采地表土制成泥浆；后者采用搅拌设备制浆。制备的泥浆通过管道或沟槽输送到需要灌浆的地方。

进行灌浆作业时，必须保证及时滤出泥浆中的水，防止泥浆溃决及泥浆向工作面漫溢。为了及时掌握水情，必须详细观测、记录和统计灌入和排出的水量。当发现采空区中积水过多时，应该立即停止灌浆，疏通滤水水道或打钻孔放水。

根据矿山的具体地质、采矿技术条件，可以采用不同的灌浆方式，参见表 8-1。

表 8-1　金属非金属矿山常用灌浆方法

适用条件 灌浆方式	矿体倾角/(°)	矿体厚度/m	采矿方法	灌浆区所处深度/m	采准方法	备　注
通过崩落区的坑陷和裂缝灌浆	>45	>10~12	崩落法	<30~40	脉外或脉内	
通过钻孔灌浆： （1）地面钻孔；	不限	>5~8	不限	<100~120	脉外或脉内	钻孔间距为 6~15m 或稍大
（2）井下钻孔	>45	<75~80	不限	不限	脉外	当矿体厚度不大于 35~40m 时，可从上盘或下盘注浆
通过巷道中的管道灌浆： （1）管道位于脉外巷道的密闭墙中；	不限	<50~60	分层或分段崩落法	不限	脉外	当矿体厚度不大于 25~30m 时，可从上盘或下盘单侧注浆，土水比 1:1
（2）管道位于脉内巷道的密闭墙中	不限	5~8	分层崩落法	不限	脉外或脉内	每层注入泥层高约为 0.8~1m，土水比 1:1

续表 8-1

适用条件 灌浆方式	矿体倾角 /(°)	矿体 厚度/m	采矿 方法	灌浆区所 处深度/m	采准 方法	备 注
掘进专用消火巷道通 达火区进行灌浆	不限	<12~15	充填法	不限	脉外	从消火道打钻,或利用它揭 露的缝隙等
混合方式灌浆	根据混合方式中所包含的方式而定					

　　e　均压通风防火

　　均压通风防火是利用矿井通风中的风压调节技术,使采空区的进出风侧的风压差尽量小,从而减少或消除漏风,防止硫化矿石自燃的方法。在已经发生火灾的情况下,利用均压通风,可以减少或控制对火区的供氧而达到灭火的目的。实现均压通风的方法很多,如风窗调节法、风机调节法、风机与风窗调节法、风机与风筒调节法,以及气室调节法等。图 8-5 为利用风机调压的气室调节法。

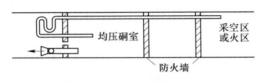

图 8-5　气室调节法

　　f　阻化剂防火

　　由一定的钙盐、镁盐类或其化合物的水溶液制成的阻化剂可以抑制、延缓硫化矿石的氧化反应。目前,这项新防火技术主要用于灌浆防火受到限制的地方。

8.4.3　矿内灭火方法

　　扑灭矿内火灾的方法有直接灭火法、封闭灭火法和联合灭火法。应该根据矿内火灾性质、发生地点、发展阶段、波及范围和现有灭火手段等选择适当的灭火方法。

　　(1) 直接灭火法。一旦发生矿内火灾时,应该优先考虑采用直接灭火法。用水、灭火剂、空气泡沫流或砂土等在火源地直接将火扑灭,或将火源挖出运走。

　　(2) 封闭灭火法。当用直接灭火法不能把火扑灭时,应该考虑封闭灭火法。

　　采用封闭灭火法时,要根据迅速而严密地控制和封闭火区的迫切性,以及封闭作业过程中引起可燃性气体爆炸的可能性,慎重地决定防火墙的类型、强度、建造地点和施工速度,施工过程中的通风,以及最后封闭的程序等。一般地,先在进风侧建造临时防火墙,待火势减弱后再从回风侧封闭。回风侧有毒有害气体浓度较高,应该由救护队砌筑。在临时防火墙的保护下,再砌筑永久性防火墙。

　　火区封闭后应该设法加速火的熄灭,其主要措施是减少向火区的漏风。为此,可利用均压通风技术来减少火区进、出风侧的风压差。

　　(3) 联合灭火法。在采用封闭灭火法不能消灭矿内火灾的场合,应该立即采用联合灭火法,向封闭的火区灌浆或充入惰性气体。

　　灭火灌浆与预防性灌浆在技术上大体相同,只是灌浆方式和灌浆参数应该根据灭火需要来确定。灌浆灭火的一般原则是,弄清了火源中心及其发展动向之后,用泥浆包围火源附近的燃烧蔓延区，在该区域内先外围后中心地全面灌浆；或者在火势蔓延的前方灌注一带泥浆"篱笆"阻止火灾发展。应该注意，利用钻孔灌浆时，不要把钻孔布置在地表塌陷区，也不要把钻孔打入采空区的矿柱中；利用消火巷道注浆时，要考虑在火区附近掘进消火巷道的安全性。

　　向封闭火区里灌注惰性气体灭火效果好，但是成本高，且要求封闭非常严密。

8.4.4　火灾时期矿内风流控制

　　矿内火灾发生后，火灾所波及的巷道里的空气成分将发生变化，并且空气被加热而容重减少，形成与自然热风压类似的热风压。这种热风压叫做火风压。

$$\Delta H = z\rho_0\left(\frac{T - T_0}{T}\right) g \qquad (8\text{-}1)$$

式中　　ΔH——火风压值，Pa；

　　　　z——高温烟气流经的巷道的始末端高差，m；

　　　　ρ_0——空气的密度，kg/m^3；

　　　　g——重力加速度，m/s^2。

　　显然，在水平巷道里不会产生火风压，只有在竖直或倾斜巷道里才会出现明显的火风压。火势越旺，火焰把空气加热得温度越高，则火风压值越大。矿内发生火灾时，最大火风压不一定出现在火源地所在的巷道里，高温烟气所流经的巷道的始末端高差越大，则产生的火风压越大。并且，随着烟气在矿内的传播，在高温烟气流经的非水平巷道中可能相继出现火风压。此时，全矿火风压等于各巷道里产生的局部火风压的代数和。

　　【例 8-1】　某巷道两端高差 100m，火灾前该巷道内空气平均温度 13℃，火灾发生时巷道内空气温度升高了 200℃，求火风压值。

　　解：根据式（8-1），代入已知条件

$$\Delta H = 100 \times 1.2 \times \frac{200}{273 + 13} = 84$$

所以，火风压值为 84Pa。

　　矿内火灾时产生的烟气随着井下风流迅速传播，特别是火风压可能引起风流逆转等风流紊乱现象，加剧了烟气的传播，对井下人员生命安全构成严重威胁。所以，火灾时期矿内风流控制具有十分重要的意义。

　　火风压的出现，好像在巷道里安装了一台辅助扇风机，使矿内局部的或全矿的风流状况发生变化，扰乱原有的通风制度，加剧火烟的扩大传播。

　　（1）火风压对主扇工况的影响。火灾时期全矿火风压与主扇风机的风压共同起作用，好像两台扇风机串联工作。当火风压与矿井总风压作用方向一致时，火风压特性曲线与主扇风机特性曲线相叠加，构成新的联合特性曲线，见图 8-6。在矿井通风阻力一定的场合，正常通风时的主扇工况点在 C 点。火灾发生后，火风压与主扇的联合工况点为 D 点，与此相对应的主扇工况点为 E 点。即，主扇的风压由原来的 $h_{扇}$ 减到 $h'_{扇}$，风量由原来的 Q 增加到 Q'，功率由原来的 N 增加到 N'。如果火风压值相当大，矿井通风阻力相对的小，则主扇风机的风压可能降为零，甚至为负值。主扇风机功率消耗增加可能使离心式扇风机的电机烧毁。

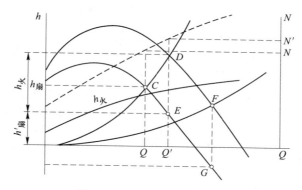

图 8-6　火风压对扇风机的影响

（2）火风压对通风网络的影响。局部火风压的出现，如同在矿井通风网络中增加了一台或几台辅扇，导致一些巷道风量增加或降低，甚至出现风流逆转等紊乱现象。

在火风压出现在上行风流的情况下，火风压作用方向与原风流方向一致，结果使出现火风压的巷道里风量增加，而旁侧风流可能发生逆转（见图8-7）

在火风压出现在下行风流中的情况下，火风压的作用方向与原风流方向相反，可能使该巷道中风流逆转，而旁侧风流不会发生逆转（见图8-8）。

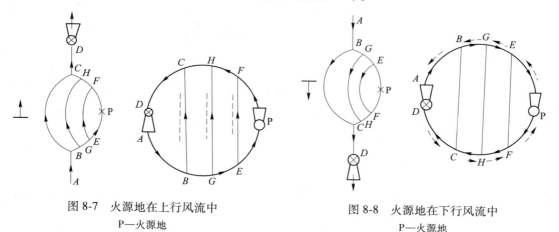

图 8-7　火源地在上行风流中
P—火源地

图 8-8　火源地在下行风流中
P—火源地

无论风流逆转现象发生在哪些巷道里，都会破坏原有的矿内通风制度而使烟气迅速地扩散到井下各处。因此，必须努力防止发生风流逆转现象。

8.4.5　火区管理与启封

火区封闭之后，要建立火区管理档案，经常观测和检查火区情况，以便判断火是否已经熄灭了。

要定期地检查火区防火墙，发现漏风的裂隙及时堵塞。要定期采集火区内的空气试样进行气体成分分析，测定火区内的温度和流出水的温度，并做好记录。如果观测结果出现下列情况时，则可以认为火已经熄灭：

（1）火区内的空气温度和矿岩温度已经稳定地降低到30℃以下。

（2）火区内没有 CO 和 SO$_2$，或者它们的含量始终保持在"痕迹"水平。

（3）火区流出水的温度降至 25℃以下，其酸性逐渐减弱。

启封火区是一件危险的工作，一定要谨慎从事。只有在确认火灾已经熄灭之后，才能考虑重开火区，恢复生产。启封前要编制安全措施计划和工程计划，报请主管部门审批，并做好万一启封失败，死灰复燃而必须重新封闭火区的思想准备和物质准备。

由于矿内火灾性质、地点、规模不同，矿井通风系统非常复杂等原因，使得矿内风流逆转情况也非常复杂，必须具体情况具体分析，采取恰当的防治措施。一般地，可以从以下几个方面来采取措施。

（1）降低火风压。采取直接灭火措施控制火势的发展；在火源上风侧关闭原有的防火门或构筑临时防火墙，减少向火源供风；在火源的下风侧用水幕降低烟气温度等。

（2）在矿井通风的分支风流中发生火灾的场合，应该维持主扇风机的运转。特别是在灭火、救人阶段，不允许随意停止主扇风机运转或降压运转。必要时（例如在下行风流中发生火灾时），还可以暂时加大火区供风量以稳定风流，便于抢救人员。

（3）尽可能利用火源附近的巷道，将烟气直接导入总回风道，排到矿外。

（4）如果火灾发生在总入风流中（入风井口、入风井筒内、总进风道或井底车场等），一般地应该进行全矿性反风，阻止烟气随风流进入井下生产作业区域。

（5）火灾发生在总回风流中时，只有维持原来风流方向才能够把烟气迅速排出。

8.5　铝镁粉及其合金粉爆炸事故的预防与控制

铝镁粉及铝镁合金粉均为易燃易爆物质，在粉材加工过程中，在一定条件下易产生火灾或爆炸。所以铝镁粉生产企业的燃爆危险性为一级防火、二级防爆。目前我国铝镁粉及铝镁合金粉生产量很大，在国民经济中应用广泛，生产设备又是产生火灾爆炸的重要环节，如何防止铝镁粉生产过程中的着火和爆炸是极为重要的。

8.5.1　铝镁粉的燃烧爆炸条件

（1）浓度。当空气中粉尘浓度达到表 8-2 所列的爆炸极限范围，如遇到明火或火花就能产生爆炸事故。

表 8-2　铝镁粉的爆炸极限

品　　种	粉尘爆炸极限/$g \cdot m^{-3}$	
	爆炸上限	爆炸下限
铝粉	40	3.1
镁粉	25	3.25
铝镁合金粉	32.5	5.63

（2）温度。

1）干燥的铝粉达 700℃可自燃。

2）干燥的镁粉在空气中的燃点为 550℃，含有 4%～48% 水分的湿镁粉，其燃点为 360～370℃。

3）干燥的铝镁合金粉在一定温度下也可自燃。

（3）氧气。铝粉、镁粉、铝镁合金粉氧化过程强烈并结束得快。因为它与空气接触表面积大，尤其是当它处于悬浮状态且有大量的氧气存在的条件下，活泼的铝粉和镁粉经常能燃烧，放出大量的热和强烈的光线，引起火灾和使人目眩，甚至造成人暂时的失明。悬浮粉尘的强烈燃烧还会引起局部压力增高，此压力的急速扩散，像爆炸的波浪一样，进一步引发爆炸。

铝粉和镁粉能与水起化学反应，在高温下分解出氢和氧，并产生"爆鸣气"。

（4）火源。直接明火或撞击火花是引起铝粉和镁粉粉尘火灾爆炸的直接原因。

自燃现象取决于粉状金属的缓慢氧化：当氧化地点排热不良，造成超细金属粉温度增高，氧化过程大大加快，粉尘爆炸的危险性增大。

8.5.2 预防铝镁粉粉尘爆炸的措施

铝粉和镁粉燃烧时放出耀眼的白光，冒白烟，并放出大量的热量。一公斤铝粉燃烧可放出 7140kcal 的热量，火焰温度可达 3000℃ 左右。一公斤铝粉燃烧可放出 6000kcal 的热量，火焰温度可达 3000℃ 以上。

由于铝、镁粉及铝镁合金粉燃烧温度高，爆炸的威力大，特别是悬浮粉尘极易爆炸，必须采取切实有效的防火防爆措施。

（1）控制悬浮粉尘的浓度。喷制铝粉的沉降器是负压作业，为防止粉尘逸出飞扬形成粉尘云，沉降器系统严禁产生正压。并且沉降器的上盖必须安设防爆膜，一旦铝粉着火，可预防沉降器爆炸。

（2）利用惰化技术防爆。球磨铝粉、铝镁合金粉的安全生产，在氮气或氩气等惰性气体的保护下进行，可有效防止粉尘爆炸事故的发生。正常运转时球磨机系统的氧含量为 $2\% \sim 8\%$，氮气压力为 $20 \sim 150mmH_2O$。当超出上述规定时，应立即进行调整，如果无法进行调整时必须紧急停车处理。

（3）禁止用黑色金属工具检修设备。生产设备的检修，应采取有效措施预防火灾爆炸事故。

（4）防止电火花。为了防止电火花，所有的设备和系统要有保护性接地，清除产生的静电。一切电气设备均应采取防爆式的。

（5）自动封闭系统。在镁粉生产系统、铣床和集尘器之间安有自动隔板。当铣床因铣屑产生火花被抽入管道内时，使光敏电阻动作，带动隔板，自动封闭系统，可防止集尘器和多管除尘器爆炸。

习　题

一、解释名词

火风压

二、简答题

1. 矿山内因火灾征兆有哪些？如何有效防止矿山内因火灾？

3. 矿山外因火灾的主要引火源有哪些？如何控制这些引火源？

4. 影响硫化矿石自燃的主要因素有哪些？防止硫化矿石自燃的基本原则是什么？

5. 火灾时期矿内风流紊乱原因是什么，应该怎样防治？

6. 置换动火焊接作业中应采取哪些防火防爆措施？

7. 带压不置换动火作业的安全措施有哪些？

第 8 章   课件、习题及答案

参 考 文 献

［1］ Babrauskas V. Burning rate, chapter3-1, SFPE Handbook of Fire protection Engineering ［J］. Fire Protection Association, MA, 1995.

［2］ Drysdale D. An Introduction to Fire Dynamics (Third Edition) ［J］. A John Wiley & Sons, Ltd, Publication, 2011.

［3］ Fan C G, Li X Y, Mu Y, et al. Smoke movement characteristics under stack effect in a mine lanewayfire ［J］. Applied Thermal Engineering, 2017, 110 (1)：70～79.

［4］ Forney G P. User's Guide for Smokeview Version 5-A Tool for Visualizing Fire Dynamics Simulation Data. NIST Special Publication 1017-1, National Institute of Standards and Technology, Gaithersburg, Maryland, August ［R］. 2007.

［5］ 范维澄，孙金华，陆守香，等. 火灾风险评估方法学 ［M］. 北京：科学技术出版社，2004.

［6］ Graham T L, Makhviladze G M, Roberts J P. On the Theory of Flash over Development ［J］. Fire Safety Journal, 1995, 25：229～259.

［7］ Gerhardt H J, Kruger O. Wind and train driven air movements in train stations ［J］. Journal of Wind Engineering and Industrial Aerodynamics, 1998, 74～76：589～597.

［8］ Heskestad G. Physical modeling of fire ［J］. Journal of Fire and Flammability, 1975, 6 (3)：253～273.

［9］ Heskestad G. On Q^* and the dynamics of turbulent diffusion flames ［J］. Fire Safety Journal, 2003, 30 (2)：215～227.

［10］ Huggett C. Estimation of rate of heat release by means of oxygen consumption measurements ［J］. Fire and materials, 1980, 4 (1)：61～65.

［11］ Ji J, Gao Z H, Fan C G, et al. A study of the effect of plug-holing and boundary layer separation on natural ventilation with vertical shaft in urban road tunnel fires ［J］. International Journal of Heat and Mass Transfer, 2012, 55 (21-22)：6032～6041.

［12］ Quintiere J G. Scaling applications in fire research ［J］. Fire Safety Journal, 1989, 15 (1)：3～29.

［13］ Rehm R G, Baum H R. The Equations of Motion for Thermally Driven, Buoyant Flows ［J］. Journal of Research of the NBS, 1978, 83：297～308.

［14］ Standard on Water Mist Fire Protection Systems NFPA 750-2015 ［S］. NFPA, 1 Batterymarch Park, Quincy, MA, 02169-7471.

［15］ Strege S, Ferreira M. Characterization of StackEffectin High-Rise Buildings Under Winter Conditions, Including the IMPact of Stairwell Pressurization ［J］. Fire Technology, 2017, 53 (1)：211～226.

［16］ Thomas P H. Studies of fires in buildings using models ［J］. Combustion and Flame, 1960, 22 (1)：87-99.

［17］ Thomas P H, Bullen M L, Qunitiere J G, et al. Flashover and Instabilities in Fire Behavior ［J］. Combustion and Flames, 1980, 38：159～171.

［18］ Tsai K C, Chung W T. Clarifying the mechanism of flashover from the view of unburned fuel volatiles and secondary fuels ［J］. Proceedings of the Combustion Institute, 2011, 33：2649～2656.

［19］ 钟茂华. 火灾过程动力学特性分析 ［M］. 北京：科学出版社，2007.

［20］ Zhong W, Tu R, Yang J P, et al. A study of the fire smoke propagation in subway station under the effect of piston wind ［J］. Journal of Civil Engineering and Management, 2015, 21 (4)：514～523.

［21］ 中华人民共和国公安部. GB 51298—2018 地铁设计防火标准 ［S］. 北京：中国计划出版社，2018.

［22］ 中华人民共和国公安部. GB 50016—2014 (2018 版) 建筑设计防火规范 ［S］. 北京：中国计划出版社，2018.

［23］ 中华人民共和国公安部．GB 50140—2005 建筑灭火器配置设计规范［S］．北京：中国计划出版社，2005.

［24］ 中华人民共和国公安部．GB 51251—2017 建筑防烟排烟系统技术标准［S］．北京：中国计划出版社，2005.

［25］ 中华人民共和国公安部．GB 50116—2013 火灾自动报警系统设计规范［S］．北京：中国计划出版社，2014.

［26］ 中华人民共和国公安部．GB 50084—2017 自动喷水灭火系统设计规范［S］．北京：中国计划出版社，2017.

［27］ 中华人民共和国住房和城乡建设部．GB 50898—2013 细水雾灭火系统技术规范［S］．北京：中国计划出版社，2013.

［28］ 中华人民共和国公安部．GB 50067—2014 汽车库、修车库、停车场设计防火规范［S］．北京：中国计划出版社，2014.

［29］ 中华人民共和国住房和城乡建设部．GB 50243—2016 通风与空调工程施工质量验收规范［S］．北京：中国计划出版社，2016.

［30］ 全国防爆电气设备标准化技术委员会．GB 12476.2—2010 中华人民共和国国家标准．可燃性粉尘环境用电气设备　第 2 部分：选型和安装［S］．北京：中国标准出版社，2010.

［31］ 全国防爆电气设备标准化技术委员会．GB 12476.3—2007 可燃性粉尘环境用电气设备　第 3 部分：存在或可能存在可燃性粉尘的场所分类［S］．北京：中国标准出版社，2007.

［32］ 全国防爆电气设备标准化技术委员会．GB 12476.4—2010 可燃性粉尘环境用电气设备　第 4 部分：本质安全型"iD"［S］．北京：中国标准出版社，2010.

［33］ 全国防爆电气设备标准化技术委员会．GB 12476.5—2013 可燃性粉尘环境用电气设备　第 5 部分：外壳保护型"tD"［S］．北京：中国标准出版社，2013.

［34］ 全国防爆电气设备标准化技术委员会．GB 12476.5—2010 可燃性粉尘环境用电气设备　第 6 部分：浇封保护型"mD"［S］．北京：中国标准出版社，2010.

［35］ 全国防爆电气设备标准化技术委员会．GB 12476.7—2010 可燃性粉尘环境用电气设备　第 7 部分：正压保护型"pD"［S］．北京：中国标准出版社，2010.

［36］ 中国工程建设标准化协会．GB 50058—2014 爆炸危险环境电力装置设计规范［S］．北京：中国计划出版社，2014.

［37］ 全国防爆电气设备标准化技术委员会．GB 3836.1—2010 爆炸性环境　第 1 部分：设备通用要求［S］．北京：中国标准出版社，2010.

［38］ 全国防爆电气设备标准化技术委员会．GB 3836.2—2010 爆炸性环境　第 2 部分：由隔爆外壳"d"保护的设备［S］．北京：中国标准出版社，2010.

［39］ 全国防爆电气设备标准化技术委员会．GB 3836.3—2010 爆炸性环境　第 3 部分：由增安型"e"保护的设备［S］．北京：中国标准出版社，2010.

［40］ 全国防爆电气设备标准化技术委员会．GB 3836.4—2010 爆炸性环境　第 4 部分：有本质安全型"i"保护的设备［S］．北京：中国标准出版社，2010.

［41］ 全国防爆电气设备标准化技术委员会．GB 12476.1—2000 可燃性粉尘环境用电气设备　第 1 部分：用外壳和限制表面温度保护的电气设备　第 1 节电气设备的技术要求［S］．北京：中国标准出版社，2000.